铁及铁合金的激光熔覆加工技术

苗学敏　主编

东北林业大学出版社
Northeast Forestry University Press
·哈尔滨·

图书在版编目（CIP）数据

铁及铁合金的激光熔覆加工技术/苗学敏主编.--哈尔滨:东北林业大学出版社,2024.4
ISBN 978-7-5674-3500-1

Ⅰ.①铁… Ⅱ.①苗… Ⅲ.①铁合金-激光熔覆 Ⅳ.①TG174.445

中国国家版本馆CIP数据核字(2024)第072007号

责任编辑：姚大彬
封面设计：郭　婷
出版发行：东北林业大学出版社（哈尔滨市香坊区哈平六道街6号　邮编：150040）
印　　装：北京四海锦诚印刷技术有限公司
开　　本：185 mm×260 mm　16开
印　　张：15
字　　数：252千字
版　　次：2024年6月第1版
印　　次：2024年6月第1次印刷
书　　号：ISBN978-7-5674-3500-1
定　　价：82.00元

如发现印装质量问题，请与出版社联系调换。（电话：0451-82113296　82191620）

前　言

党的二十大报告明确提出，推动高质量发展是当前阶段的主题任务，而实施扩大内需战略与深化供给侧结构性改革的有机结合，则是实现这一目标的重要途径。本书在这一背景下，通过深入探讨铁及铁合金材料的激光熔覆加工技术，为实现高质量发展提供了有力的支持。本书从粉末冶金的概述入手，系统地介绍了这一领域的基础知识，为读者提供了全面的学科背景。激光焊接技术、铁冶金、粉末结构与性能分析等章节则深入解析了相关的核心概念和技术原理，为读者建立起坚实的理论基础。

本书聚焦于铁及铁合金材料的生产和加工技术，涵盖了铁合金生产、激光切割、激光熔覆和选区激光熔化等关键领域。这有助于读者深入了解铁及铁合金材料的制备过程、性能特点以及应用前景，为实际应用提供了丰富的信息。对于激光熔覆加工技术的应用提供了详尽的指南，通过对激光焊接、激光切割等技术的深入讨论，读者可以获得在这一领域实践的实用指导。粉末冶金材料与技术应用的章节则进一步展示了激光熔覆技术在实际工程中的应用案例，为读者提供了宝贵的经验分享。

本书强调了当前经济发展中的一些重要方向，如城乡融合、区域协调发展等，与党的二十大报告中提到的推动高质量发展密切相关。通过着力提高全要素生产率、推动产业链供应链韧性和安全水平的探讨，本书为实现现代化经济体系的建设提供了理论支持和实践参考。本书旨在为各类读者，包括材料工程师、研究人员、学生和从业者，提供全面的关于激光熔覆加工技术在铁及铁合金领域的指南。通过对基础知识和实际应用的深入讲解，本书有望成为读者在这一领域中的重要参考资料，促进相关领域的发展和创新。

目　录

项目一　粉末冶金概述

项 目 导 读

粉末冶金是一门以微米级粉末为原料，通过压制和高温烧结等工艺步骤制备材料的高新技术领域。其核心原理在于利用微米级粉末颗粒，通过特定的工艺步骤实现材料的成型和致密化，而无需熔化过程。粉末冶金技术不仅可以制备具有特殊性能和优越性能的材料，而且广泛应用于航空航天、汽车、电子、医疗等领域。通过五个任务，我们将逐一揭示粉末冶金的方方面面，从基本概念、科学定义到工艺流程、特点与应用，最终追溯其发展历程并展望未来趋势。任务一将带领读者深入了解冶金的基本概念，从冶金学科的根本出发，探讨其在材料领域的基础知识和起源，为读者提供对整个冶金领域的清晰认识。在任务二中，我们将聚焦于粉末冶金科学的基本定义，深入挖掘其在冶金领域中独特的地位和作用。这将有助于读者全面理解粉末冶金的科学根基以及它如何在复杂的材料制备中发挥关键作用。任务三将展开对粉末冶金工艺的深入研究，详细讨论其核心步骤和原理。通过揭示从粉末制备到最终烧结的工艺流程，我们将为读者呈现这一技术的实质性内容，使其对粉末冶金的操作性有更为具体的认识。任务四将进一步剖析粉末冶金科学与技术的特点，以及其在不同领域中的广泛应用。我们将深入挖掘粉末冶金的独特之处，以及它如何满足材料在汽车、航空航天、电子和医疗等多个领域的复杂需求。任务五将引领读者回顾粉末冶金的发展历程，了解其演变过程和取得的重要里程碑。同时，我们将展望未来趋势，洞察这一领域可能面临的挑战和机遇，使读者对粉末冶金的前景有更深入的洞察。通过这五个任务，深入了解粉末冶金的理论基础、实践应用和未来发展，从而更好地把握这一备受关注的材料制备技术的核心要点。

学 习 目 标

1. 理解冶金的基本概念：通过任务一，学习冶金学科的核心概念、起源和基础知识，建立对冶金领域的整体认识。

2. 掌握粉末冶金科学的基本定义：在任务二中，深入了解粉末冶金的科学定义，理解其在冶金学科中的独特地位，为后续深入学习奠定基础。

3. 了解粉末冶金的工艺流程：通过任务三，熟悉粉末冶金的工艺步骤和原理，包括粉末制备、混合、压制、烧结等关键环节，为实际操作提供基础。

4. 分析粉末冶金科学与技术的特点与应用：在任务四中，深入挖掘粉末冶金的独特之处，了解其特点以及在汽车、航空航天、电子和医疗等多个领域中的应用，为实际应用提供理论支持。

思 政 之 窗

这一学习项目不仅仅是一次对粉末冶金技术的专业深入了解，同时也提供了广泛的思政视角，涵盖社会责任、可持续发展、科技伦理等多个方面。以下是每个任务在思政教育方面的相关思考：社会责任意识：通过学习冶金的基本概念，我们可以认识到冶金在社会发展中的重要性，促使学习者思考冶金技术如何服务社会、推动产业升级，以及在资源利用方面的社会责任。科技伦理观念：学习粉末冶金的科学定义将引导学习者思考科技发展对社会和个体的影响，提高对科技伦理问题的敏感性，培养对科技创新的负责任态度。可持续发展观念：在学习粉末冶金工艺时，可以思考材料制备过程中的资源利用效率，推崇绿色、环保的生产方式，培养学习者对可持续发展的理解和实践意识。产业发展理念：通过了解粉末冶金在汽车、航空航天等领域的应用，学习者可以思考技术创新如何推动产业的发展，促使其对产业升级、科技驱动经济发展的认知。未来社会责任：学习粉末冶金的发展历程和未来趋势，有助于学习者预见未来社会可能面临的挑战，培养对未来科技发展对社会产生的影响的深刻理解和关切。通过将思政教育融入粉末冶金学习项目，我们旨在培养学习者更全面、深刻的社会责任感、科技伦理观念以及对可持续发展和产业升级的深刻认知。这种综合性的学习方式有助于学生更好地理解专业知识，并将其运用到实际社会问题中。

任务一　冶金的基本概念

冶金作为一门古老而又不断发展的工程科学，贯穿着人类文明的演进历程。其基本概念涉及到从矿石提取金属到制造和加工各种金属材料的广泛范围。冶金的诞生可以追溯到远古时代，当人类开始使用金属制品，标志着冶金学的雏形。如今，冶金不仅仅是一门传统的工艺学科，更是现代科技和产业的基石之一，推动着各行各业的发展。在这篇文章中，我们将深入研究冶金的基本概念，探讨其在历史演变中的关键里程碑，以及对现代社会产生的深远影响。冶金的基本概念可以从其两个主要方面入手：金属提取和金属加工。金属提取是冶金的最早阶段，涉及从矿石中提炼金属的过程。远古人类首次发现并运用金属的历史，标志着冶金的诞生。最早的金属可能是自然发生的，但随着人类文明的进步，他们开始运用火和其他方法，从矿石中提取出金属。这一过程不仅涉及对矿石的物理和化学处理，还需要对火的利用进行深入研究，这可以被视为冶金学的最初形态。随着社会的不断发展，人们对金属的需求逐渐增加，促使冶金学逐渐演化出更为复杂的技术和方法。在古代文明如埃及、中国和印度等地，人们开始探索冶炼各种金属的方法，并逐渐形成了独特的冶金工艺。例如，古埃及人在公元前 3 000 年前后就已经熟练地掌握了铜的冶炼技术，这一技术在古代文明的建设中发挥了关键作用。第二个主要方面是金属加工，即将提取出的金属进行进一步的制造和加工。这一阶段标志着冶金从简单的金属提取发展为更为综合和复杂的学科。随着冶金技术的不断进步，人们开始运用金属制造工具、武器、装饰品等，拓展了金属的应用领域。古代希腊和罗马文明时期，冶金技术得到了显著的提升，铁器时代的到来更是为人类文明注入了新的动力。在中世纪和文艺复兴时期，冶金学经历了一次重大的转变。这一时期的科学家和工匠们开始运用实验方法，推动冶金学从经验主义向科学理论的发展。同时，人们对冶金学的理论基础进行了深入思考，如《冶金学百科全书》等著作的出现使冶金学得到了更为系统的总结。这一时期的技术和理论进步为工业革命的到来奠定了基础，标志着冶金学正式迈入现代阶段。在现代，冶金学不仅涵盖了传统的金属提取和制造技术，还涉及到复杂的材料科学、工程学和环境科学等多个学科领域。随着现代科技的不断发展，新材料的涌现、纳米材料的研究以及环保型冶金技术的推广等成为冶金学面临的新挑战和机遇。同时，冶金学的应用领域也不断拓展，覆盖了电子、汽车、航空航天等多个工业领域，为各个行业的发展提供了强大的支持。冶金的基本概念贯穿了整个人类文明史，从最早的金属提取到现代复杂的材料科学和工程技术。通过深入研究冶金的基本概念，我们能够更好地理解人类文明发展的进程，同时也为未来冶金学的创新和发展提供了重要的参考和借鉴。冶金学的演变不仅是技术的发展，更是科学、文明和社会的演进过程，值得我们深入思考和研究 。(图1–图2) 金属加工

图1　金属加工

图2　金属加工

任务二　粉末冶金科学的基本定义

粉末冶金科学是一门涵盖粉末制备、混合、成型、烧结和后处理等多个关键环节的先进制造技术领域。在这一过程中，原材料首先被转化为微小的粉末颗粒，通过精密的混合工艺确保组分均匀性，然后通过成型技术将粉末压缩成所需的形状，接着经过高温处理（烧结）将粉末颗粒结合成致密的材料。最后，可能需要进行各种后处理步骤，以调控材料性能和形态。粉末冶金的基础在于对微米级粉末的制备和处理，这些粉末可由金属、合金或非金属材料制成。粉末冶金的第一步是粉末制备，采用机械研磨、气化、溶液法等多种方法。混合阶段至关重要，以确保所得混合物具有均匀的成分，这对最终产品的性能和质量至关重要。接下来，通过成型技术，粉末被压缩成

所需的形状，产生的绿体在烧结过程中通过高温处理，颗粒间结合，形成致密的材料。烧结是粉末冶金过程的核心，通过高温处理，绿体中的颗粒在原子级别结合，形成具有良好力学性能和结构的最终产品。这个阶段的控制对于确保最终材料的质量至关重要。烧结完成后，可能需要进行后处理步骤，如热处理、表面处理等，以调节材料的性能，满足特定应用的需求。粉末冶金技术在各个工业领域都得到了广泛应用。汽车工业、航空航天领域、电子行业、医疗器械等都采用了粉末冶金技术制造零件和材料。其优势在于能够高效利用原材料，实现复杂形状的制备，以及生产具有卓越性能的材料。然而，粉末冶金也面临一些挑战，如粉末制备的均匀性、成型过程中的变形问题以及烧结过程中的收缩等，这些问题需要通过先进的工艺和技术手段得以解决。粉末冶金科学作为一门现代先进制造技术，不仅在提高生产效率、降低成本方面具有巨大潜力，同时也推动了材料科学和工程的发展。通过深入研究粉末冶金的基本定义及相关工艺，可以更好地理解这一领域的原理和应用，为未来制造业的发展提供坚实的基础。（图3）为典型的粉末冶金产品生产工艺路线

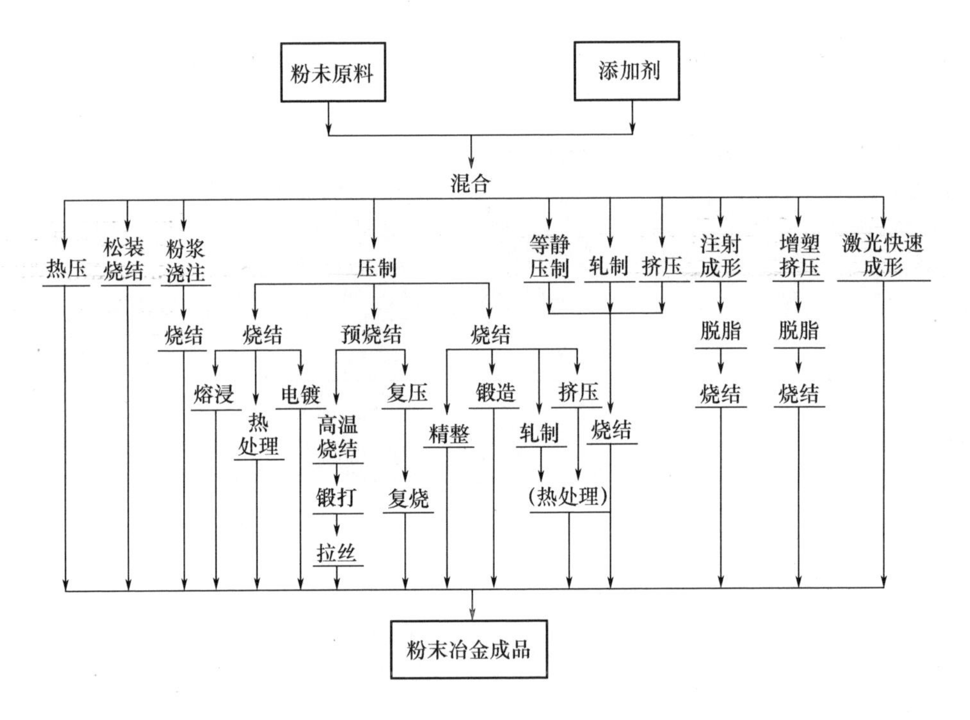

图3 为典型的粉末冶金产品生产工艺路线

任务三　粉末冶金工艺

一、粉末制备

（一）机械制备法

粉末冶金工艺中的机械制备法是一种常用的方法，通过机械力对原料进行加工，从而获得微米级粉末颗粒。这一工艺阶段是粉末冶金中的重要步骤之一，对最终材料的性能和结构具有关键影响。机械制备法主要依赖于机械能对原料的物理作用，通过机械设备对原料进行高强度的力学处理，使其逐渐分解成微米级的颗粒。这一过程中，原料颗粒之间发生碰撞、摩擦、挤压等作用，逐渐破碎并形成细小的颗粒。机械制备法可采用多种设备，包括球磨机、挤压机、粉碎机等，其基本原理是通过机械力传递，将原料粉末进行机械活化，达到所需的颗粒尺寸和分布。球磨机制备法：球磨机是一种常见的机械制备设备，广泛用于制备粉末冶金原料。其基本结构包括一个容器，内部装有一定数量的磨球，容器随机旋转或振动。在机械制备的过程中，原料粉末与磨球之间发生重复的碰撞和摩擦，使原料逐渐破碎为更小的颗粒。这一过程中，机械能不断传递到原料颗粒，从而使其逐渐细化。球磨机制备法的优点在于其操作简便、易于扩大生产规模，而且适用于多种不同类型的原料。然而，也需要注意控制制备的时间和速度，以避免过度机械活化导致颗粒过度细化和材料的不均匀性。挤压机制备法：挤压机是另一种常用的机械制备设备，其基本原理是通过高压挤压原料，使其发生塑性变形和破碎。挤压机制备法主要适用于一些可塑性较好的材料，如金属粉末。在挤压过程中，原料粉末在高压下发生变形，颗粒之间发生滑移和摩擦，从而实现颗粒的细化和均匀化。挤压机制备法具有工艺简单、易于控制的优势，并且能够制备出具有高密度和高强度的材料。然而，挤压机制备法对原料的可塑性要求较高，且设备的投资和维护成本相对较高。粉碎机制备法。粉碎机是一种通过高速旋转的刀片或锤头对原料进行破碎的机械设备。粉碎机制备法主要应用于一些较为脆性的材料，通过机械冲击破碎原料颗粒。在粉碎机制备法中，原料通过高速旋转的刀片或锤头的作用，发生冲击和振动，使原料逐渐破碎为所需的粉末。粉碎机制备法适用于制备一些脆性材料，操作简单，但需要注意控制机械能的传递，以避免过度粉碎和产生过多的细粉，从而影响材料的性能。机械制备法是粉末冶金工艺中一种灵活而常用的方法，通过机械活化实现对原料颗粒的控制和调整，为后续的压制和烧结等工艺步骤奠定基础。在选择合适的机械制备设备和参数时，需要根据具体的原料特性和制备要求进行综合考虑，以确保最终制备出的粉末能够满足材料的设计要求。

（二）化学合成法

粉末冶金工艺中的化学合成法是一种通过化学反应制备粉末材料的高效技术。这一方法涵盖了多种合成过程，从溶胶凝胶法到化学气相沉积法，为制备具有特殊性能和微观结构的粉末材料提供了多样化的选择。溶胶凝胶法：溶胶凝胶法是一种基于溶胶和凝胶的化学合成方法，适用于制备陶瓷、金属氧化物和金属等多种材料的粉末。在溶胶阶段，将适量的前驱体溶解在溶剂中，形成溶胶体系；在凝胶阶段，通过溶剂蒸发或化学反应使溶胶凝胶化，形成凝胶体系。最后，通过热处理，将凝胶转化为粉末。溶胶凝胶法的优点在于其能够制备出均匀、纳米级的粉末颗粒，同时具备较高的化学纯度。这使得该方法在电子材料、催化剂和生物医学领域等方面有着广泛的应用。化学气相沉积法：化学气相沉积法是通过将气态前驱体引入反应室，利用热解或气相反应在基底上形成粉末材料的合成方法。这一方法常用于金属、半导体和陶瓷等材料的制备。在反应室内，气态前驱体发生热解或反应生成粉末颗粒，随后沉积在基底上形成所需的材料。化学气相沉积法具有精确控制材料组分和结构的优势，适用于制备复杂的合金、多层结构和纳米材料。这一方法在微电子、光电子器件和涂层等领域具有广泛的应用。溅射法：溅射法是一种通过溅射源将原料物质溅射到基底上，形成薄膜或粉末的化学合成方法。这一方法通常应用于金属和陶瓷薄膜的制备。在溅射过程中，溅射源中的原料物质被激发，形成离子或原子，然后沉积在基底上，形成所需的粉末或薄膜。溅射法的优点在于制备的材料具有较高的致密性和纯度，适用于一些对材料纯度和微观结构有严格要求的应用，如集成电路和光学涂层。燃烧法：燃烧法是一种通过在原料中引入可燃性物质，然后通过燃烧反应形成粉末材料的方法。这一方法适用于制备氧化物和硫化物等材料。在反应中，可燃物质与氧化剂反应产生高温火焰，同时形成所需的氧化物或硫化物粉末。燃烧法具有简单、低成本的优势，但也需要严格控制反应条件，以确保所得粉末的质量和性能。冷等离子法：冷等离子法是一种通过冷等离子源将气态原料离子化，然后在高真空中形成粉末材料的方法。这一方法适用于制备高纯度、高性能的金属和陶瓷粉末。在冷等离子法中，原料气体被离子化，形成等离子体，然后通过磁场引导，使其在基底上沉积形成粉末。冷等离子法具有对材料成分和结构进行精确控制的优势，广泛应用于半导体、薄膜涂层和光学材料等领域。粉末冶金中的化学合成法为制备高性能、多功能的粉末材料提供了多种选择。不同的方法适用于不同类型的材料和应用领域，为满足不同需求的材料制备提供了广泛的技术支持。这些化学合成方法的不断发展和创新将为粉末冶金领域的进一步发展开辟更加广阔的前景。

二、粉末混合

（一）干法混合

粉末冶金工艺中的粉末混合是制备高性能粉末冶金材料不可或缺的重要步骤，而其中的干法混合作为一种常用的混合方法，具有广泛的应用。这一阶段主要包括将不同粉末材料通过机械混合的方式使其均匀分散，确保后续工艺步骤的稳定性和材料性能的一致性。干法混合是一种通过机械手段将干燥的粉末颗粒混合在一起的方法。其基本原理在于通过机械搅拌或搅拌机等设备，将不同种类或不同尺寸的粉末颗粒混合均匀，实现成分的一致性和微观结构的均匀性。在干法混合中，原料粉末以干燥的形式存在，无需添加液体介质，因此操作相对简便，而且可避免因湿法混合而引入的一些不利因素，如氧化、腐蚀等。在干法混合中，通常采用一系列设备和方法，以确保混合的均匀性。其中最常用的设备包括搅拌机、球磨机、高速搅拌机等。这些设备通过机械搅拌、摩擦和碰撞，使不同粉末颗粒之间发生混合，确保了成分的均匀性。此外，干法混合还可以通过采用旋转桶、齿轮搅拌等方式，根据混合材料的性质和要求，选择合适的混合设备和参数。在进行干法混合时，有一些关键因素会影响混合的效果。首先是混合时间，混合时间越长，越有利于实现均匀混合。然而，过长的混合时间可能导致能耗增加和设备磨损，因此需要在时间和混合效果之间进行平衡。其次是搅拌速度，适度的搅拌速度能够促进颗粒间的混合，但过快的搅拌速度可能引起颗粒磨损，影响材料质量。此外，粉末颗粒的形状、大小、密度等也会对混合效果产生影响，因此需要根据具体的材料特性进行合理选择和控制。为确保混合质量，需要采用一些评价方法和控制手段。常用的评价方法包括取样分析、扫描电子显微镜观察等，通过对混合后的粉末样品进行分析，评估混合的均匀性。此外，还可以采用均匀度指标、混合度指数等来定量评价混合效果。在控制方面，通过精确控制混合设备的操作参数、采用适当的搅拌方式和混合顺序等方法，可以有效地提高混合质量。干法混合作为粉末冶金工艺中的重要环节，广泛应用于金属、陶瓷、复合材料等多个领域。在粉末冶金制备复杂合金、多相材料和纳米材料时，干法混合的优势得到了充分发挥。未来，随着混合技术和设备的不断创新，干法混合有望在提高混合效率、减少能耗和实现更精细混合等方面取得更大的突破，为粉末冶金领域的发展提供更多的支持。粉末冶金工艺中的干法混合是一个复杂而关键的步骤，直接影响着最终材料的性能和稳定性。通过科学合理的混合方法、设备和控制手段，可以有效提高混合效果，为后续的压制、烧结等工艺步骤创造有利条件，从而制备出具有优异性能的粉末冶金材料。

（二）湿法混合

粉末冶金工艺中的湿法混合是一种重要的粉末混合方法，通过在液体介质中将粉末颗粒混合均匀，为后续的成型、压制和烧结等工艺步骤提供了均匀一致的原料。湿法混合在粉末冶金工艺中具有广泛的应用，适用于多种粉末材料的制备，包括金属、陶瓷、复合材料等。湿法混合是通过在液体介质中将粉末颗粒悬浮并均匀分散，通过机械或物理搅拌使其混合的方法。在湿法混合过程中，通常会使用一些添加剂，如表面活性剂、分散剂等，以增加粉末颗粒的分散性，防止颗粒聚集和沉降。这样可以确保在混合过程中，各种颗粒能够充分接触并均匀分散在液体中，从而实现混合的均匀性。湿法混合常用的设备包括搅拌机、球磨机、高剪切混合机等。这些设备通过机械搅拌、剪切力和涡流等方式，将粉末颗粒悬浮在液体中，形成均匀的混合体系。湿法混合过程中，搅拌的时间和速度、添加剂的类型和浓度等参数会直接影响混合的效果，因此需要进行合理的调控。湿法混合的液体介质选择直接关系到混合的效果和后续工艺步骤。常用的液体介质包括水、有机溶剂、聚合物溶液等。水作为一种环保、廉价的溶剂，广泛应用于湿法混合中。有机溶剂常用于一些对水敏感的粉末材料，而聚合物溶液则可以通过调整浓度和性质，实现对混合过程的更好控制。湿法混合相比于干法混合，具有一些明显的优势。湿法混合能够更好地防止静电效应，减少粉末颗粒之间的相互吸附，有利于提高混合的均匀性。湿法混合可以更容易地实现粉末颗粒的分散，使得不同颗粒之间更容易发生反应或形成复杂结构。然而，湿法混合也存在一些局限性，例如混合过程中可能引入一些水分，需要在后续的烧结步骤中加以处理，以避免对最终材料性能的影响。湿法混合在粉末冶金中有着广泛的应用领域。例如，在金属粉末制备合金材料时，湿法混合可以帮助不同金属元素均匀混合，提高合金的均匀性。在陶瓷材料制备中，湿法混合可以使陶瓷颗粒更好地分散在液体中，有利于后续成型和烧结。此外，湿法混合还常用于复合材料、电子材料等领域。随着科技的不断进步，湿法混合在粉末冶金中的应用将不断得到拓展和深化。未来的发展方向可能包括更高效、智能化的混合设备的研发，以及更环保、高效的混合介质的探索。同时，结合其他先进技术，如人工智能、机器学习等，实现混合过程的实时监控和优化，将进一步提高湿法混合的效率和可控性。湿法混合作为粉末冶金工艺中的重要步骤，为制备高性能、多功能的粉末冶金材料提供了均匀一致的原料基础。通过科学合理的设备选择、混合参数控制和液体介质调控，湿法混合在不同领域的应用将为粉末冶金工艺的进一步发展奠定坚实基础。

三、压制

（一）等静压

粉末冶金工艺中的等静压是一种重要的压制方法，通过在静止状态下对粉末材料进行压制，实现对其形状和结构的精确控制。等静压是粉末冶金中常用的一种压制技术，广泛应用于金属、陶瓷、复合材料等领域。等静压是通过将粉末材料置于模具中，施加静止状态下的等向性压力，使粉末颗粒在模具内部重新排列，粘结形成致密的坯体。这一过程通常在室温下进行，以避免高温下颗粒的烧结。等静压的基本原理在于通过压力促使粉末颗粒发生塑性变形，形成致密的绿坯，为后续的烧结工艺提供了基础。等静压的设备主要包括等静压机、模具等。等静压机通过提供稳定的静态压力，使得模具中的粉末在不发生动态变化的情况下被致密压缩。这一过程通常分为单向等静压和等向等静压两种方式。在单向等静压中，压力只沿一个方向施加，而等向等静压则是在各个方向上均匀施加压力，以确保坯体的各向同性。等静压的效果受到多个因素的影响，包括压力大小、保压时间、粉末性质等。压力大小直接关系到最终坯体的致密度和强度，过低的压力可能导致坯体不致密，过高的压力则可能使得粉末颗粒过度变形，影响材料的性能。保压时间也是影响等静压效果的关键因素，过短的保压时间可能导致粉末颗粒未能充分结合，而过长的保压时间则可能增加成本和能耗。等静压作为一种常见的压制方法，具有一些明显的优势。等静压可以实现对复杂形状和高精度的制备，适用于制备形状复杂、尺寸精密的工程零部件。等静压能够实现对粉末颗粒的均匀分布，提高了坯体的致密性和强度。然而，等静压也存在一些局限性，例如只适用于一些形状规则的制品，对于形状复杂的工件可能不太适用。等静压广泛应用于粉末冶金工艺中，特别适用于制备高精度、高性能的工程材料。在金属领域，等静压常用于制备金属零部件、轴承、刀具等。在陶瓷领域，等静压可用于制备陶瓷零部件、瓷砖等。此外，在复合材料、电子材料等领域，等静压也有着广泛的应用。未来等静压技术的发展可能围绕着提高工艺效率、降低能耗、扩大适用范围等方向进行。一方面，通过优化等静压工艺参数，提高生产效率，减少资源浪费。另一方面，结合数值模拟、智能控制等技术，实现等静压过程的在线监测和精确控制，提高工艺的自动化水平。等静压作为粉末冶金工艺中的关键步骤之一，为制备高精度、高性能的粉末冶金材料提供了可行而有效的方法。通过科学合理的工艺设计和设备选择，等静压技术将继续在各个领域展现其巨大的潜力，并在未来的发展中迎来更为广泛的应用。

（二）异动压

粉末冶金工艺中的异动压是一种高效的压制方法，它通过在粉末材料受到动态压力的同时发生位移或振动，使粉末颗粒在短时间内实现高密度压制。这种压制方式在金属、陶瓷、复合材料等领域都有着广泛的应用。异动压是一种利用动态压力实现粉末压制的工艺方法。在异动压工艺中，通过在短时间内对粉末材料施加高频振动或冲击力，使粉末颗粒在动态压力的作用下紧密排列、形成高致密度的坯体。这种动态的压制过程有助于克服粉末颗粒之间的表面氧化层，提高材料的致密性和力学性能。异动压的设备主要包括异动压机、振动台等。异动压机通过提供高频振动或冲击力，使粉末颗粒在模具内部发生流动和紧密堆积。振动台则通过振动传递给模具，实现对粉末的良好压实效果。异动压工艺方法主要包括单向振动压制、等向振动压制等，根据不同的应用场景选择合适的异动压工艺。异动压的效果受到多个因素的影响，其中包括振动频率、振动幅度、保压时间等。振动频率直接关系到粉末颗粒的流动性，适宜的频率能够促使颗粒更好地排列。振动幅度则影响着压实效果，适度的振动幅度有助于颗粒的堆积和压实。保压时间决定了粉末颗粒在异动状态下形成致密坯体的时间，过长或过短的时间都可能影响坯体的致密度。异动压作为一种高效的压制方法，具有一些显著的优势。异动压可以在短时间内实现高密度的压制，提高了生产效率。由于振动或冲击的作用，异动压有助于打破粉末颗粒表面的氧化层，提高材料的致密性。然而，异动压也存在一些局限性，例如设备成本较高、对粉末颗粒形状的适应性相对较低等。异动压广泛应用于粉末冶金制备中，特别适用于一些对致密度和力学性能要求较高的领域。在金属粉末冶金中，异动压可用于制备高强度、高硬度的工具材料、轴承零部件等。在陶瓷材料领域，异动压可以制备高密度、高硬度的陶瓷零件。此外，在复合材料、电子材料等领域，异动压也有着广泛的应用。未来异动压技术的发展可能侧重于提高工艺的智能化水平、降低设备成本、扩大适用范围等方向。通过引入先进的智能控制技术，实现异动压过程的实时监测和自适应调控，提高生产效率和稳定性。同时，研发更加经济实用、适用范围更广泛的异动压设备，促进其在不同行业的更广泛应用。异动压作为一种高效、高密度的粉末冶金压制方法，为制备高性能材料提供了有力支持。通过科学合理的工艺参数和设备选择，异动压技术将在未来的发展中不断创新，为粉末冶金领域的应用提供更多可能性。

四、烧结

（一）高温烧结

粉末冶金工艺中的高温烧结是一种重要的工艺步骤，通过在高温条件下对压制成型的粉末坯体进行热处理，使粉末颗粒发生结合、晶粒生长，最终形成致密的材料结构。高温烧结是粉末冶金工艺中不可或缺的环节，对于金属、陶瓷等材料的性能和微观结构具有关键性影响。高温烧结是通过将粉末坯体置于高温环境下，使得粉末颗粒发生表面扩散、颈部生长、晶粒长大等过程，最终形成具有一定结晶结构和致密度的材料。在高温烧结过程中，粉末颗粒的表面原子发生扩散，形成颈部，颈部逐渐生长，实现颗粒之间的结合，同时晶粒在高温条件下逐渐长大，形成致密的结构。高温烧结的效果受到温度和时间的双重影响。合适的烧结温度是确保晶粒生长和颈部结合的关键因素，高温有利于快速实现颗粒间的扩散和结合。然而，过高的温度可能导致晶粒长大过快，形成过大的晶粒，从而降低材料的强度和韧性。烧结时间则决定了粉末颗粒在高温条件下的处理程度，过短的时间可能导致颗粒未能充分结合，而过长的时间则可能增加生产成本。高温烧结过程中的气氛对于材料的烧结效果和性能同样至关重要。气氛的选择通常涉及到氧气、氮气、氢气等气体的控制，以及真空烧结等。在高温烧结中，气氛的调节可以影响到材料的表面氧化状态、颈部扩散速率等，因此需要根据具体材料的性质和要求进行合理的气氛控制。在高温烧结过程中，晶粒生长和颈部结合是决定材料最终性能的关键步骤。晶粒生长涉及到晶粒的晶界迁移、再结晶等过程，合理的烧结条件可以促使晶粒细小而均匀地生长。颈部结合则是通过原始粉末颗粒之间的扩散过程，逐渐实现颈部的生长，从而形成致密的坯体。高温烧结后的材料微观结构和性能直接影响其最终应用。合适的烧结条件能够使得材料晶粒细小、颈部结合紧密，从而提高材料的硬度、强度和韧性。同时，通过控制烧结过程中的气氛，还可以调节材料的表面状态和化学成分，进一步优化其性能。高温烧结广泛应用于金属、陶瓷、复合材料等领域。在金属领域，高温烧结常用于制备高强度、高硬度的工具材料、轴承零部件等。在陶瓷材料领域，高温烧结可以制备高密度、高硬度的陶瓷零件。此外，在复合材料、电子材料等领域，高温烧结也有着广泛的应用。未来高温烧结技术的发展可能集中在提高工艺的智能化水平、降低能耗、拓展适用范围等方向。通过引入先进的智能控制技术，实现高温烧结过程的实时监测和自适应调控，提高生产效率和稳定性。同时，研发更加经济实用、适用范围更广泛的高温烧结设备，促进其在不同行业的更广泛应用。高温烧结作为粉末冶金工艺中的核心环节，对材料性能和微观结构的形成具有关键性的影响。通过科学合理的工艺参数选择和控制，高温烧结技术将在未来的发展中不断创新，为各个领域的粉末冶金应用提供更加可靠和高效的解决方案。

（二）微波烧结

微波烧结是粉末冶金领域中一种创新的烧结技术，利用微波辐射的特殊性质，通过在微波场中对粉末坯体进行能量传递和吸收，实现快速、均匀、节能的烧结过程。相较传统烧结方法，微波烧结具有高效能、环保、低温烧结等优点，使其在金属、陶瓷、复合材料等多个领域取得了显著的应用。微波烧结是通过将粉末坯体置于微波场中，利用微波的电磁场能量，使颗粒内部迅速产生热量，从而实现材料的快速烧结。微波烧结的基本原理在于微波对材料的渗透深度较大，能够迅速加热整个样品体积，同时由于微波加热是从内部向外传递的，因此具有更加均匀的加热效果。微波烧结设备主要包括微波发生器、传输系统、样品室等。微波发生器产生高频微波，并通过传输系统将微波辐射到样品室内，使粉末坯体受热。微波烧结过程中，需要调节微波功率、烧结时间等参数，以实现对不同材料的优化烧结效果。微波烧结相较传统烧结方法具有多项优势。微波烧结速度快，通常能在较短时间内完成烧结过程，提高了生产效率。微波烧结过程中可以实现均匀的加热效果，减少了热梯度差异，有助于减轻材料的热应力。此外，微波烧结通常在较低的温度下进行，有利于降低能耗和材料的晶粒长大速率，从而维持细小的晶粒尺寸。然而，微波烧结设备成本相对较高，同时对于一些复杂形状的样品可能存在不均匀加热的问题。微波烧结过程中，微波场的电场和磁场对于材料内部颗粒产生了物理和化学效应。物理效应主要表现为颗粒的迅速振动，由于颗粒之间的摩擦和碰撞，产生了大量的热能。化学效应则包括微波场对于材料内部结构的影响，如氧化物的还原等。这些效应共同作用下，促使材料迅速烧结并形成致密的结构。微波烧结能够实现材料微观结构的调控，通常能够获得细小、均匀的晶粒和均匀的颈部结合。由于微波烧结温度较低，对于一些易氧化的材料，还能减缓其氧化速度，保持晶粒细小。这些优势有助于提高材料的硬度、强度和韧性，使微波烧结材料在一些特殊领域具有优越性能。微波烧结在金属、陶瓷、复合材料等领域都有广泛应用。在金属领域，微波烧结可用于制备高强度、高硬度的工具材料、轴承零部件等。在陶瓷材料领域，微波烧结可以制备高密度、高硬度的陶瓷零件。此外，在电子材料、化学材料等领域，微波烧结也有着独特的应用优势。未来微波烧结技术的发展可能侧重于进一步提高设备的智能化水平、降低成本、解决不均匀加热问题等方向。通过引入先进的智能控制技术，实现微波烧结过程的实时监测和自适应调控，提高生产效率和设备的可靠性。同时，不断优化微波烧结设备结构，解决复杂形状样品的不均匀加热问题，推动微波烧结技术在更广泛领域的应用。微波烧结作为一种高效、均匀、节能的烧结技术，对于提高粉末冶金材料的制备效率和性能具有重要意义。在未来的发展中，随着技术的不断创新和应用领域的扩展，微波烧结有望成为粉末冶金领域的重要发展方向之一。

五、后处理

（一）热处理

粉末冶金工艺中的热处理是一项关键的加工步骤，通过对制备好的粉末冶金材料进行控制温度和时间的处理，以调整材料的组织结构和性能。热处理是粉末冶金工程的最后一步，对于提高材料的硬度、强度、耐磨性以及改善其综合性能具有重要作用。热处理是通过对粉末冶金材料进行控制温度和时间的处理，使其发生一系列组织和性能的变化，从而达到材料设计要求的目的。主要包括退火、淬火、回火等不同的热处理工艺。退火能够消除材料内部的应力，提高材料的塑性和韧性；淬火能够快速冷却材料，形成硬而脆的马氏体组织，提高材料的硬度和强度；回火则是在淬火后通过加热来减轻材料的脆性，保持一定的韧性。热处理的效果受到温度和时间的双重影响。合适的热处理温度能够实现材料组织结构的调整，例如晶粒的长大、相变的发生等。而热处理时间则直接影响到材料在热处理过程中的各种反应速率，控制热处理时间有助于调控材料的性能。热处理工艺通常包括加热、保温和冷却三个步骤。加热过程是将材料升温至热处理温度，使其达到均匀加热状态；保温过程是在目标温度下保持一定的时间，使组织结构发生变化；冷却过程是通过不同的冷却速率使材料逐渐降温，形成期望的组织和性能。热处理过程中发生的物理和化学效应对材料性能产生深远的影响。在物理上，通过加热使晶粒发生长大、相变等现象，形成不同的组织结构。在化学上，热处理过程中可能伴随着相变、溶质扩散等化学反应，进一步调整了材料的化学组成。热处理能够改变材料的微观结构，如晶粒的大小、形状、相的分布等。这些微观结构的调整直接影响到材料的力学性能、耐磨性、韧性等方面。合适的热处理能够使材料达到最佳的性能状态。热处理广泛应用于金属、合金、陶瓷等多个领域。在金属领域，例如钢材的热处理能够调整其硬度、强度、韧性，使其适应不同的工程用途。在合金领域，通过精确的热处理工艺，能够获得合金的特定性能，如高温强度、耐腐蚀性等。在陶瓷领域，热处理可用于改善陶瓷的致密性、强度和耐磨性。未来热处理技术的发展可能围绕提高工艺的智能化水平、降低能耗、实现定制化等方向进行。通过引入先进的智能控制技术，实现热处理过程的实时监测和自适应调控，提高生产效率和能源利用率。同时，根据不同材料和应用需求，发展更加精细化、定制化的热处理工艺，使其更好地适应各种工程要求。热处理作为粉末冶金工艺中的关键环节，对于调整材料性能、实现多样化应用具有不可替代的作用。通过科学合理的热处理工艺设计和控制，将为各个领域提供更高性能、更可靠的材料，推动粉末冶金技术的不断发展。

（二）树脂浸渍

树脂浸渍作为粉末冶金工艺的重要环节之一，是一种将金属或陶瓷粉末与树脂混合，并通过浸渍和固化等步骤制备复合材料的方法。这一工艺在提高材料密度、增强材料强度、改善耐腐蚀性等方面具有显著的优势。树脂浸渍的基本原理是通过将金属或陶瓷粉末与树脂进行均匀混合，形成浸渍料浆。浸渍料浆经过成型后，通过热固化或化学固化等方法，使树脂在材料中形成连续的基体，将粉末颗粒牢固地固定在树脂基体中。这种浸渍和固化的过程形成了坚实的复合材料结构。树脂浸渍工艺一般包括树脂浸渍、成型和固化等步骤。将金属或陶瓷粉末与树脂混合，形成浸渍料浆。然后，将浸渍料浆进行成型，可以采用注塑、挤出、压制等方式。最后，通过热固化或化学固化等方法，使树脂固化，形成最终的复合材料。树脂的选择是树脂浸渍工艺中关键的一步，不同类型的树脂会影响到复合材料的性能和应用领域。常见的树脂包括环氧树脂、聚酰亚胺树脂、酚醛树脂等。环氧树脂具有较好的粘接性能和机械性能，聚酰亚胺树脂耐高温性能较好，酚醛树脂则具有良好的硬度和耐磨性。树脂浸渍工艺具有多项优势。该工艺能够将粉末牢固地嵌入树脂基体中，形成均匀分布的结构，提高了材料的密度和强度。通过树脂的选择和调配，可以实现对复合材料性能的灵活调控，使其更好地满足不同工程需求。此外，树脂浸渍工艺对于制备大尺寸、复杂形状的零部件具有较好的适应性。树脂浸渍工艺形成的复合材料具有一定的微观结构，其性能直接受到树脂固化和粉末颗粒分布的影响。适当的浸渍和固化能够使树脂充分填充粉末间隙，形成致密的基体结构。微观结构的调控有助于提高复合材料的强度、硬度、耐磨性等性能。树脂浸渍工艺在航空航天、汽车制造、电子器件、医疗器械等领域有着广泛的应用。在航空航天领域，该工艺可用于制备轻量、高强度的结构零部件。在汽车制造领域，通过树脂浸渍可以制备高性能的车身部件。在电子器件和医疗器械领域，树脂浸渍工艺有助于制备精密、耐腐蚀的复合材料。未来树脂浸渍技术的发展可能集中在提高工艺的自动化程度、推动绿色环保材料的研发等方向。通过引入智能制造技术，实现树脂浸渍工艺的自动控制和在线监测，提高生产效率和质量稳定性。同时，对环保、可降解树脂的研究和应用，将有助于推动树脂浸渍工艺向更加环保可持续的方向发展。树脂浸渍作为粉末冶金工艺中的关键步骤，为制备具有优越性能的复合材料提供了一种高效、灵活的途径。未来随着技术的不断创新和工业需求的不断提升，树脂浸渍工艺有望在更多领域取得重要应用，并为材料科学和工程技术的发展贡献更多可能性。

（三）电镀

电镀作为粉末冶金工艺的重要环节，是一种通过在金属或合金表面沉积金属层或合金层的方法，以改善材料的表面性能、提高抗腐蚀性、增加导电性等目的。这一工艺在粉末冶金材料的表面改性、装饰和功能性增强等方面具有广泛应用。电镀是一种将金属离子还原成金属并在基体表面沉积的电化学过程。在电镀过程中，通过在电解液中加电流，金属阳离子在电极表面得到电子并还原成金属，形成均匀、致密的金属层。这一过程能够在粉末冶金材料表面形成连续的金属覆盖层，改善其表面性能。电镀工艺一般包括预处理、电解质配制、电极材料选择、电流密度控制等步骤。需要对粉末冶金材料表面进行预处理，如去油、酸洗等，以确保表面清洁。然后，选用适当的电解质和电极材料，通过调节电流密度等参数，进行电镀。最后，通过合适的后处理，如清洗、干燥等，得到所需的电镀层。电解质的选择对电镀效果至关重要。不同的金属或合金需要选择相应的电解质，以确保金属层的沉积质量和性能。一些常见的电解质包括酸性电镀液、碱性电镀液、中性电镀液等。酸性电镀液适用于铜、镍等金属，碱性电镀液适用于锌、铬等金属。电镀工艺具有多项优势。电镀能够在材料表面形成致密、均匀的金属层，提高材料的抗腐蚀性和耐磨性。电镀过程可实现对材料表面形貌的调控，如亮度、光泽等，使材料具有更好的外观。此外，电镀还可以提高粉末冶金材料的导电性能，拓展其应用领域。电镀过程形成的金属层具有一定的微观结构，其晶粒尺寸和取向受到电流密度、电解质成分等多方面因素的影响。微观结构的调控可以直接影响电镀层的硬度、粘附力、耐腐蚀性等性能。合理的电镀工艺条件有助于形成优良的金属结构。电镀广泛应用于汽车制造、电子器件、航空航天、装饰品等领域。在汽车制造领域，电镀可以提高零部件的抗腐蚀性，美观性和机械性能。在电子器件领域，电镀用于制备导电层、防腐蚀层等，提高器件的可靠性。在航空航天领域，电镀可以改善零部件的表面特性，提高其在复杂环境下的工作性能。未来电镀技术的发展可能侧重于绿色环保、高效节能、智能化等方向。绿色电镀工艺将注重减少对环境的污染，采用无毒、低污染的电解质和电极材料。高效节能方向将致力于提高电镀效率，减少能源消耗。智能化方向则通过引入先进的自动化技术，实现电镀过程的智能监测和控制，提高生产效率和产品质量。电镀作为粉末冶金工艺中的关键步骤，为提升材料表面性能和功能性提供了有效手段。随着技术的不断进步和工业需求的不断升级，电镀工艺有望在更广泛的领域取得创新应用，为各行各业提供更高性能、更可靠的材料。

六、粉末冶金用铁粉生产工艺

铁粉是粉末冶金工业中用量最大、应用面最广的金属粉末，其用量约占整个粉末冶金行业用粉量的70%~80%。工业化的粉末冶金用铁粉制备工艺主要有2种：还原铁粉（包括轧钢铁鳞还原铁粉、铁精矿还原铁粉）及水雾化铁粉。还原铁粉的优势主要是其海绵状复杂的颗粒形貌所带来的优异成形性能和生坯强度；水雾化铁粉颗粒形状接近球形，非多孔性，松装密度高，成形性稍差，压制成形时易得到高密度压还。中、高密度的粉末冶金零件，一般采用水雾化铁粉制备。还原铁粉松装密度比较低，一般用做中、低密度粉末冶金零件及含油轴承。

我国生产还原铁粉的原料基本为轧钢铁鳞，西欧、北美和日本的还原铁粉80%是以高品位铁精矿为原料生产的，高品位铁精矿较轧钢铁鳞在提高铁粉产量和物理、化学及冶金性能方面都有巨大优势。

（一）还原铁粉

1. 轧钢铁鳞还原铁粉

轧钢铁鳞又称氧化铁皮，在钢材加热和轧制过程中，由于表面受到氧化而形成氧化铁层，剥落下来的鱼鳞状物。全国钢铁企业每年产生的氧化铁皮约1 000万t，研究轧钢铁鳞制取粉末冶金用还原铁粉技术符合我国基本国情。

采用轧钢铁鳞为原料，由于轧钢批量、钢种的不同容易混入杂质，使还原铁粉质量、性能受到影响。因此，对原料的选择和处理很重要，对于铁鳞中的杂质特别是对 SO_2 含量质量分数的控制有较高的要求，一般要求铁鳞中 w（TFe）>70%~73%，w（SiO_2）<0.25%~0.35%。

2. 铁精矿还原铁粉

以铁精矿粉作为原料制备还原铁粉所用原料来源广泛、成分均一，制备出的还原铁粉具有明显优异的品质和质量稳定性。随着选矿技术的进步，铁精矿粉的纯度越来越高。超纯铁精矿粉可以达到铁含量大于 71.5%、SiO_2 含量小于 0.2%，Fe_3O_4 纯度在 99%以上的水平。Si 是铁精矿中的主要杂质元素，主要以 SiO_2 形式存在。铁精矿的配碳还原一般在 1 423 K 下边行，但高于 1 173 K 时 SiO_2 会与 FeO 结合生成极难还原的硅酸亚铁（Fe_2SiO_4），使还原铁粉的 TFe 含量难以提升。通常 SiO_2 含量超过 0.2%后，含量每增加 0.1%，海绵铁中 TFe 含量下降 0.4%。

3. 还原铁粉制备工艺

轧钢铁鳞还原铁粉与铁精矿还原铁粉生产工艺类似，以轧钢铁鳞（或高纯铁精矿粉）作原料，用固体碳（焦粉或低硫无烟煤）做还原剂，在隧道窑内高温还原生成海绵铁，再经海绵铁粗细破碎、还原、粉饼破碎、筛分、合批等工序精制而成。

赫格纳斯法是瑞典 Höganäs 公司开发的固体碳一氢二步还原工艺。先将铁精矿粉与低硫焦炭屑-石灰石粉（用以脱硫）混合还原剂间层式装填在 SiC 质还原容器内，通过隧道窑加热至约 1 200 ℃，使矿粉还原成海绵铁。海绵铁经破碎成小于 0.175 mm（-80 目）或小于 0.14 mm（100 目）后，铺加于钢带式还原炉内，在 800~900 ℃下以分解氨进行还原退火。退火后的烧结粉块加以锤破，即可得到优质海绵铁粉。

派隆法将低碳沸腾钢的轧钢铁鳞破碎至小于 0.147 m 后，置于多炉床焙烧炉内在 980 ℃下氧化成 Fe_2O_3。然后将 Fe_2O 粉喂送至带式炉内，在温度不超过 1 050 ℃下通以氢气使之还原成铁粉。

低碳钢液水雾化法是将低碳废钢通过熔化造渣除去或减少磷、硅和其他杂质元素后，通过漏嘴流入雾化器中，同时喷入高压（约 8.3 MP）水流击碎金属流而成液滴，液滴落入底下的水槽冷却而凝固成粉。粉末经磁选、脱水和干燥后，送入带式炉，在 800~1 000 ℃下以分解氨气予以还原退火处理，即得纯度高的水雾化铁粉。

QMP 法为加拿大魁北克公司所开发。将高纯的熔融生铁水（含碳量约为 3.3%~3.8%）注入漏包，从漏嘴流下的铁水被水平喷射的高压水流击碎成粒（约 3.2 mm）后，落入一吸入空气的水冷容器中，使之部分氧化。经干燥的铁粒用球磨法加以粉碎，然后将过筛至小于 0.147 m 的粉末送入有分解氨气保护的带式炉内，在 800~1 040 ℃下利用自身所含的氧进行脱碳退火，再用分解氨气体另行还原退火，即可得粉末治金用铁粉。

我国已开发出应用铁精矿粉生产还原粉、高压缩性铁粉（600 MPa 压制密度达到 7.g/c3）、无偏析混合粉、水雾化预合金钢粉（Fe-Mo 等）、扩散型合金钢粉（Fe-Ni-Mo-Cu 等）、易切削钢粉（添加 MnS）、烧结贝氏体钢粉、电焊条粉、磁性材料用铁粉、冶金炉料用铁粉、化工行业用铁粉等多种产品，满足了市场需求。2017 年莱钢集团粉末冶金有限公司建成了年产 9 万 t 高性能水雾化铁粉的自动化生产线，我国已具备了在一定区域内与国际企业竞争的实力。

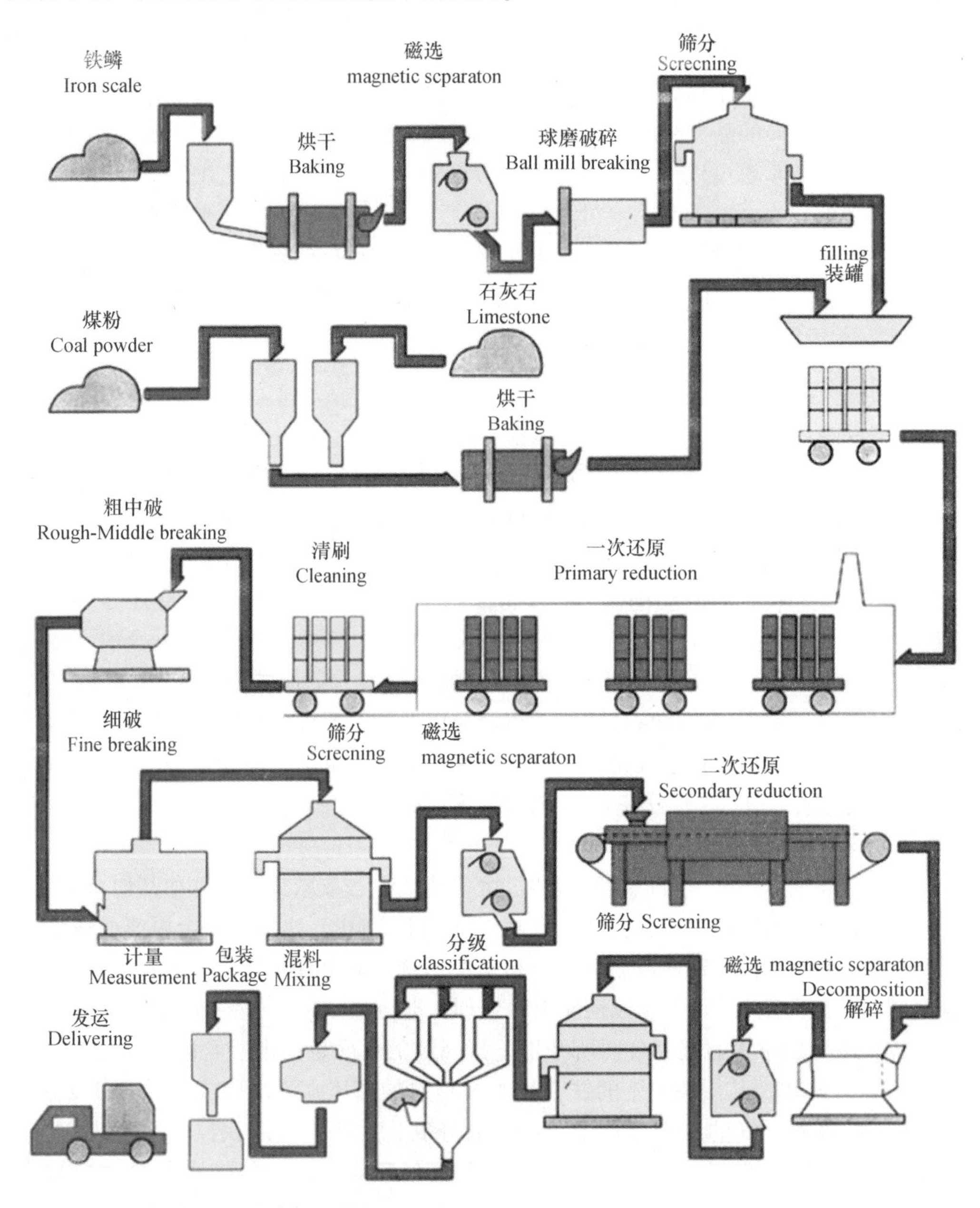

图4　还原铁粉生产工艺流程图（图片来源：巩义市仁和冶金材料有限公司）

我国 2010-2018 年铁粉销量年平均增速约为 10%，2018 年销量达 59. 5 万 t，其中年产超万吨的 11 家铁粉公司的总产量已占国内总产量的 93%，说明铁粉生产的规模化优势正在显现。

然而，目前国内铁粉行业的生产与下游行业需求处于不平衡的状态，低档次铁粉产量大于需求，而高档铁粉却依然处于供不应求的局面，其中预混合钢粉、预合金钢粉和扩散型合金钢粉等仍主要依赖进口。钢铁粉末的质量、品种及稳定性等仍与国外知名生产企业，如瑞典 Höganäs、加拿大魁北克、美国 Höeganäes、日本 JPE、日本神户制钢等存在一定的差距。

任务四　粉末冶金科学与技术的特点与应用

一、粉末冶金科学与技术的特点

（一）高材料利用率

粉末冶金科学与技术的特点之一是其高材料利用率，这是该领域在材料制备过程中的独特优势之一。粉末冶金通过将金属或合金原料制备成粉末，然后利用这些粉末进行成型和烧结等工艺步骤，形成最终的零部件或材料。相较于传统的加工方法，如切削、锻造等，粉末冶金的高材料利用率主要基于两个方面的原理：粉末冶金可以避免或减少切削废料，从而提高原材料的利用率；通过成型和烧结等步骤，可以减小零部件的后续加工需求，降低废料产生。在粉末冶金工艺中，原材料通常以粉末的形式使用，这避免了传统冶金中需要大量的材料去除、切削的情况。通过成型工艺，可以精确地将粉末定向堆积成所需形状的零部件，减小了切削废料的产生。此外，粉末冶金的烧结工艺能够在高温下使粉末颗粒结合成致密的材料，避免了大量的加工废料产生，实现了高度的原材料利用率。粉末冶金的高材料利用率有助于有效利用资源，降低了对原材料的需求，有利于资源的可持续利用。与传统冶金加工方法相比，粉末冶金减少了加工废料的产生，从而减轻了对环境的负担。此外，粉末冶金还可利用废弃金属或合金进行回收再利用，进一步提高了材料的循环利用率，符合绿色环保理念。粉末冶金的高材料利用率并不仅仅意味着资源的有效利用，还直接影响到材料的性能。通过避免切削过程，可以减少表面和内部缺陷，提高材料的密实性和均匀性。烧结过程中，粉末颗粒之间形成强烈的结合，有助于提高材料的强度、硬度和耐磨性，进而改善材料的整体性能。粉末冶金的高材料利用率在经济层面上也带来了显著优势。通过减少原材料的需求、废料处理和后续加工的成本，粉末冶金能够提高整体生产效益，降低制造成本。这对于大规模生产和高精度零部件制造具有重要意义，有助于提高企业的竞争力。粉末冶金的高材料利用率使其在众多领域得到广泛应用。在汽车工业中，通过粉末冶金制造的轻量化零部件能够降低燃料消耗，同时减少材料浪费。在航空航天领域，粉末冶金制造的轻量化结构部件能够提高航空器的性能和燃油效率。此外，粉末冶金还在医疗、电子、能源等领域展现出广泛的应用前景，其高材料利用率为这些领域的可持续发展提供了有力支持。粉末冶金科学与技术的高材料利用率是该领域的显著特点之一，通过创新的工艺方法和高效的生产模式，能够实现资源的最大化利用，提高材料的性能，降低制造成本，为可持续发展和环保制造做出贡献。

（二）高度精密制造

粉末冶金科学与技术以其高度精密的制造过程而著称，这一特点源于其独特的工艺方法和制备流程。粉末冶金的高度精密制造得益于先进的成型工艺和烧结技术。在粉末冶金工艺中，通过精确控制粉末的颗粒大小、形状以及成型工艺参数，可以实现对零部件尺寸、形状和结构的高度精密控制。这种工艺优势使得粉末冶金特别适用于制造具有复杂几何形状和高精度要求的零部件。在粉末冶金中，原材料通常以粉末的形式使用，这使得原材料的颗粒尺寸和分布能够被更精确地控制。通过选择合适的金属或合金粉末，可以实现对零部件材料性能的定制化，满足不同领域对于材料性能和精度的高要求。粉末冶金的成型工艺采用了多种先进的技术，如金属注射成型（MIM）、3D打印等。这些成型工艺能够直接将粉末定向堆积成所需形状的零部件，避免了传统冶金中需要大量切削和削减的步骤，从而减小了误差和浪费，提高了成品的几何精度。烧结是粉末冶金制造过程中至关重要的一环，通过高温处理使粉末颗粒结合成致密的材料。烧结工艺的温度、时间和气氛的控制能够直接影响材料的微观结构和性能。在高度精密制造中，烧结工艺的优化能够实现更均匀的颗粒分布、更致密的材料结构，从而提高零部件的强度、硬度和精度。粉末冶金特别适用于制造几何复杂的零部件，如齿轮、涡轮叶片等。通过成型工艺，可以直接将复杂形状的零部件从计算机辅助设计（CAD）文件中制造出来，无需多道加工工序，减小了零部件加工误差的可能性，保障了高度精密制造的一致性。粉末冶金的高度精密制造在微观和纳米尺度上的应用也是其一大亮点。通过控制粉末的粒径，粉末冶金能够制备出微纳级的精密零部件，如微型传感器、微机械系统等。这为微纳技术的发展提供了一种高效、精密、可控的制备手段。高度精密制造不仅有助于提高零部件的几何精度，同时对材料性能的提升也发挥了重要作用。通过优化烧结工艺，可实现材料颗粒的均匀分布和致密化，提高了零部件的整体强度、耐磨性和耐腐蚀性，使其更适用于一些对材料性能要求极高的领域。粉末冶金的高度精密制造已经在航空航天、医疗器械和高科技领域取得了广泛应用。在航空航天领域，粉末冶金制造的轻量化零部件能够提高飞行器的性能。在医疗器械领域，高度精密制造为制备复杂的植入器械和人工关节提供了可行性。在高科技领域，微纳尺度的零部件制备为新一代电子器件、传感器和光学器件的研发提供了可能性。未来，随着科技的进步，粉末冶金的高度精密制造将迎来更多创新。借助人工智能、机器学习和先进的数字化制造技术，可以进一步提高粉末冶金的制造精度，推动该领域在更广泛领域的应用，为制造业的数字化转型提供新动力。粉末冶金科学与技术以其高度精密的制造过程为制造业带来了独特的优势。通过先进的工艺技术和材料科学手段，粉末冶金实现了对材料和零部件的高度精密控制，推动着工业制造的不断创新和进步。

（三）适用于多种材料

粉末冶金科学与技术的独特之处在于其适用于多种材料，包括金属、陶瓷、复合材料等，为各个领域的应用提供了广泛的可能性。粉末冶金在金属材料方面具有显著的优势。通过合适的粉末选择和工艺控制，可以制备出各种金属粉末，如铁、铜、铝、不锈钢等。这些金属粉末可以应用于汽车制造、航空航天、电子器件等领域，实现高度精密、高性能零部件的制造。粉末冶金广泛应用于陶瓷材料的制备，包括氧化铝、氧化锆、碳化硅等。陶瓷材料通常具有高温稳定性、耐腐蚀性和绝缘性等特点，使其在电子、医疗、化工等领域得到广泛应用。粉末冶金的成型和烧结工艺对于制备复杂形状和高精度要求的陶瓷零部件尤为有效。粉末冶金技术为复合材料的制备提供了一种高效可行的途径。通过混合不同种类的粉末，可以制备出金属基复合材料、陶瓷基复合材料等。这些复合材料通常具有综合性能的优势，如强度高、重量轻、导热性好等，适用于航空航天、汽车、能源等领域。粉末冶金在生产磁性材料方面具有独特的优势。通过合适的粉末选择和磁场处理，可以制备出具有良好磁性能的材料，如永磁材料、软磁材料等。这些材料在电机、传感器、磁存储等领域有着重要的应用。粉末冶金被广泛应用于制备高温合金，这些合金在高温、高压、腐蚀等恶劣环境下表现出色。高温合金主要包括镍基、钴基和铁基合金，用于航空航天、能源、化工等领域的高温结构零部件的制造。粉末冶金为金属与陶瓷复合材料的研发提供了理想的手段。通过将金属和陶瓷粉末混合，经过成型和烧结等工艺步骤，可以获得具有金属和陶瓷双重优势的复合材料。这种材料在汽车、航空航天等领域中的结构件制造具有广泛的应用前景。粉末冶金在导电材料的制备中具有独特优势。通过选择高导电性的金属粉末，可以制备出具有良好导电性能的材料，适用于电子元器件、电缆、电极等领域。此外，粉末冶金还可制备导电聚合物复合材料，为柔性电子和电能储存提供新的解决方案。粉末冶金技术在生物医学领域中的应用也引起了广泛关注。通过选择生物相容性的金属和陶瓷粉末，可以制备出用于植入体内的医学材料，如人工关节、牙科植入物等。粉末冶金的高度精密制造确保了这些材料的形状和尺寸的准确性，提高了植入体的适应性和稳定性。粉末冶金技术对环保材料和再生材料的研发也有所贡献。通过利用废弃金属和合金进行粉末冶金，可以实现对废弃物的有效利用，降低资源消耗。此外，通过合适的粉末选择和工艺控制，还可以研发出具有环保特性的新型材料，满足可持续发展的要求。粉末冶金技术在新型能源材料领域的研究也表现出活力。通过合适的粉末选择和工艺设计，可以制备出用于电池、储能设备的高性能材料，推动着新能源领域的不断创新。粉末冶金科学与技术的特点在于其广泛适用于多种材料，为不同领域提供了高效、精密、可控的制备方法，推动着材料科学和制造技术的不断发展。

（四）节能环保

粉末冶金科学与技术在其发展和应用过程中具有显著的节能环保特点，这源于其独特的制备方法和可持续发展的理念。粉末冶金通过将原材料制备成粉末形式，有效避免了传统冶金加工中大量的废料和切削损耗。这种方式显著提高了原材料的利用率，有利于资源的可持续利用，减少了对自然资源的过度开采。相较于传统冶金加工，粉末冶金通常需要的能量更少。在粉末冶金工艺中，不需要高温熔炼整块金属，避免了能源浪费。而烧结过程中采用局部加热，使得能源的利用更加高效，节约了生产所需的能源成本。由于粉末冶金减少了传统冶金加工中高温熔炼的步骤，因此减少了二氧化碳等温室气体的排放。与传统冶金相比，粉末冶金生产过程中的环境负担更低，有助于缓解全球温室气体排放对气候变化的影响。粉末冶金工艺中，成型步骤通常更为精确，能够减小废弃物的产生。相较于传统冶金中切削大量废料的情况，粉末冶金的高度精密制造能够最大限度地减少废弃物的产生，降低了对环境的负担。粉末冶金制备的粉末材料具有很好的可再生性。废弃的粉末材料可以通过再次烧结和成型等工艺进行循环再利用，形成新的材料。这种循环利用的方式减少了废弃物的堆积，推动了生产过程的可持续性。由于粉末冶金的高度精密制造，能够精确控制材料的形状和尺寸，减小了零部件的加工余量。这有助于降低原材料的消耗，提高材料的利用率，符合节能环保的经济发展理念。在粉末冶金领域，对绿色材料的研究和应用也逐渐成为关注的焦点。通过选择环保的金属、合金和陶瓷粉末，以及采用可降解的粉末材料，可以生产出对环境友好的绿色材料，符合现代社会对可持续发展的追求。在粉末冶金工艺中，相较于一些传统的冶金方法，不需要大量的添加剂和助剂，减少了对环境有害物质的使用。这有助于减轻生产过程对环境的污染，提高了生产的环保性。粉末冶金工艺本身较为清洁，不涉及大量的冶炼和熔炼，减少了对水、空气和土壤的污染。这种清洁的生产过程有助于提高生产环境的质量，降低对周边环境的负面影响。近年来，粉末冶金领域也借助智能化制造技术，通过先进的监测、控制和优化手段，提升了生产过程的能效。智能化制造的引入不仅有助于节约资源，还提高了生产效率，进一步推动了节能环保的发展方向。粉末冶金科学与技术的节能环保特点体现在多个方面，包括原材料的有效利用、能源的节约、减少废弃产生、循环再利用等方面。这使得粉末冶金成为当代制造业中可持续发展的有力推动者，为未来绿色制造和环境友好型产业的发展提供了积极的参考和方向。

二、粉末冶金科学与技术的应用

（一）金属制品生产

粉末冶金科学与技术在金属制品生产领域展现出卓越的应用潜力，其先进的制备方法和灵活的工艺为金属制品的设计、生产和性能提升提供了独特的解决方案。粉末冶金广泛用于制造高性能零部件，如航空航天领域中的涡轮叶片、发动机零部件等。通过精密的粉末混合、成型和烧结工艺，可以实现对金属材料的高度精密控制，制备出具有优异性能的零部件，提高了航空航天工业的可靠性和性能。粉末冶金的成型工艺使得生产具有复杂结构的金属零部件变得更加容易。通过先进的成型技术，可以实现复杂形状、内部通道、薄壁结构等特殊设计的零部件制造，满足现代工程对于形状复杂性和轻量化的要求。粉末冶金在汽车和交通工具制造中有着广泛的应用。制造发动机零部件、变速器齿轮、刹车系统零部件等金属零件时，粉末冶金可以提供成本效益高、性能卓越的解决方案，同时降低零部件的重量，提高车辆的燃油效率和整体性能。粉末冶金技术在精密仪器的制造中发挥了关键作用。通过高精度的成型和烧结工艺，可以制备出精密仪器所需的各种金属零部件，如望远镜组件、光学设备零件等，确保仪器的性能和稳定性。在能源领域，粉末冶金被广泛用于生产燃料电池、液压元件、热交换器等关键组件。其高度精密的制造和对高温高压环境的适应性，使得粉末冶金成为推动能源技术进步的重要工具。通过粉末冶金技术，可以制备具有特殊表面性能的金属材料，如耐腐蚀、耐磨、导电性能优越的表面涂层。这在航空、化工等领域中得到广泛应用，提高了材料的耐久性和可靠性。粉末冶金在军工和国防领域有着特殊的地位。其能够制备高性能、特殊用途的金属零部件，如弹头、导弹零部件等，确保了军事装备的先进性和可靠性。粉末冶金科学与技术在金属制品生产中的应用范围广泛，为各个行业提供了高效、精密、创新的解决方案。其不断创新的发展将进一步推动各个领域的技术进步，为未来金属制品的设计与制造注入新的动力。

图5 发动机零部件

（二）电子行业

粉末冶金科学与技术在电子行业的应用领域广泛，为电子产品的制造提供了关键技术支持，推动了电子行业的不断创新和发展。粉末冶金技术被广泛应用于电子器件的制造，如电池、电容器、电感器等。通过合理选择和精密控制金属粉末的成分和形状，可以制备出高导电性、高热导率的电子器件零部件，提高了器件的性能和稳定性。粉末冶金与 3D 打印技术的结合为电子行业带来了颠覆性的创新。通过粉末床层叠加的方式，可以直接制备出电子器件的复杂结构，如电路板、传感器等，提高了制造效率和设计灵活性。在电子行业的微细加工领域，超硬合金工具是关键的生产工具。粉末冶金技术可以制备超硬合金，用于制造切削工具、钻头、模具等，提高了电子器件的生产精度和效率。粉末冶金广泛应用于生产电子仪器的零部件，如光学元件、精密仪器支架等。通过高精度的粉末混合和成型工艺，可以制备出满足仪器设计需求的复杂形状和高精度的零部件。粉末冶金技术用于制备电子封装材料，包括金属基底、导热胶、封装粉末等。这些材料在电子器件的封装和散热中起到关键作用，提高了器件的稳定性和散热性能。在电子行业中，金属薄膜广泛用于制备电极、导线和其他电子器件的关键部件。通过粉末冶金制备金属薄膜，可以实现对膜层成分和微观结构的高度控制，提高了薄膜的导电性和稳定性。粉末冶金在电子行业中的另一个重要应用是生产磁性材料，如磁性元件和磁性存储介质。通过粉末冶金可以实现对磁性粉末的精确控制，制备出满足电子器件磁性要求的高性能材料。粉末冶金技术还被用于制备纳米材料，如纳米金属粉末、纳米陶瓷等。这些纳米材料具有独特的电学、磁学和光学性质，可用于电子器件的性能优化和新型器件的设计。在高性能电子器件中，热管理是一个关键问题。粉末冶金技术被应用于制备高导热性的散热材料，如金属基复合材料和热导率较高的陶瓷，以提高电子器件的散热效果。粉末冶金技术为电子行业提供了研究新型电子材料的途径，如石墨烯、二维材料等。这些材料在电子器件的设计和制造中具有巨大的潜力，通过粉末冶金可以有效地制备和控制其形貌和结构。粉末冶金科学与技术在电子行业的应用不仅涵盖了传统的材料制备和工艺，还推动了电子器件制造领域的不断创新。随着技术的不断进步，粉末冶金将继续为电子行业提供更多的可能性，促使电子产品在性能、可靠性和创新性方面取得新的突破。

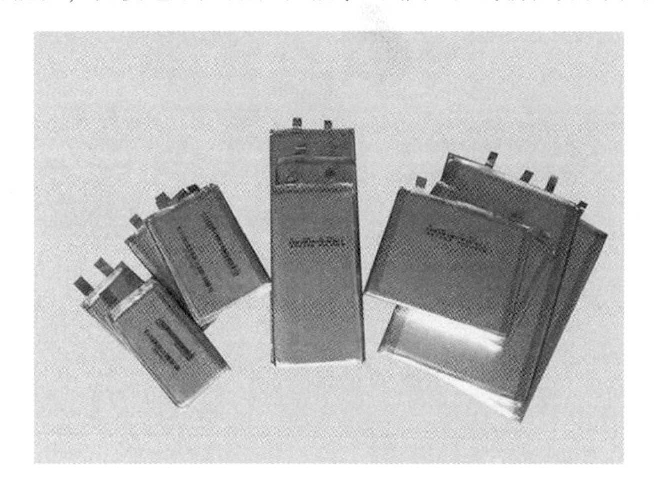

图6 锂电池

（三）能源领域

粉末冶金科学与技术在能源领域的应用涉及到能源的生产、存储和转换等多个方面，为提高能源设备的性能、效率和可持续性做出了显著的贡献。粉末冶金广泛应用于制备节能环保材料，如高效的节能灯金属基底、环保型导电材料等。通过合理选择粉末成分、形状和工艺，可以生产出在能源利用效率和环保性方面具有优势的材料，推动了能源领域的可持续发展。燃料电池作为一种清洁能源技术，关键组件的制造对其性能和寿命至关重要。粉末冶金技术被广泛应用于制备燃料电池的电极、电解质、催化剂等关键部件，提高了燃料电池的能量转换效率和使用寿命。在高温、高压环境下工作的能源设备对材料的要求极高。粉末冶金技术可用于制备高温合金，如涡轮机械零部件、燃气轮机叶片等，以及高效的热交换器，提高了能源设备的工作效率和稳定性。太阳能电池的效率和稳定性主要取决于光伏材料的性能。粉末冶金在太阳能电池材料的制备中发挥关键作用，可实现对太阳能电池材料微观结构的精密调控，提高了光电转换效率和寿命。锂离子电池是目前广泛应用的能源存储设备之一，其正负极材料的性能直接影响电池的性能。粉末冶金技术被用于制备高容量、高循环寿命的锂离子电池正负极材料，提高了电池的储能密度和循环寿命。超导体在能源传输和储能方面具有巨大的应用潜力。粉末冶金技术被广泛应用于制备超导体材料，包括高温超导体和低温超导体，推动了超导技术在能源领域的发展和应用。能源设备在运行过程中会产生大量热量，因此高效的散热材料对于提高设备性能至关重要。粉末冶金技术可用于制备高导热、高强度的散热材料，提高了能源设备的散热效果和稳定性。粉末冶金在氢能源技术中有着独特的应用，包括制备氢储存材料、催化剂等。这些材料在氢能源的存储和利用中具有关键作用，促进了氢能源技术的发展。在生物质能源领域，粉末冶金被应用于制备耐高温、耐腐蚀的生物质能源设备材料，如生物质气化炉的关键部件，提高了设备的可靠性和使用寿命。粉末冶金技术在热电材料领域有着广泛的应用，可用于制备高效的热电材料，提高了能量转换效率，为热电技术在能源收集和利用中的应用提供了可能性。粉末冶金科学与技术在能源领域的应用为提高能源设备的性能、效率和可持续性做出了巨大的贡献。其不断创新的发展将继续推动能源技术的进步，为实现清洁、高效、可持续的能源未来提供有力支持。

图7 环保型导电铜丝

（四）医疗行业

粉末冶金科学与技术在医疗行业中的应用涵盖了医疗器械、生物医学材料、医疗工艺等多个方面，为医疗技术的创新和医疗设备的发展提供了关键支持。粉末冶金技术被广泛应用于制备生物医学材料，如人工关节、植入器械、牙科材料等。通过精密的粉末混合和成型工艺，可以实现对材料的微观结构和力学性能的精确控制，提高了生物医学材料的生物相容性和机械性能。粉末冶金应用于医疗器械的制造，包括手术器械、植入式器械等。其成型工艺使得制备复杂形状和高精度的器械成为可能，同时材料的选择可以满足医疗器械对生物相容性、耐腐蚀性等方面的严格要求。粉末冶金技术在医疗设备的零部件制造中发挥了关键作用，包括X射线设备零部件、超声波探头、核磁共振设备零部件等。通过精密的粉末混合和成型工艺，可以制备出适用于各种医疗设备的高性能零部件，提高了设备的可靠性和精度。在医学影像领域，粉末冶金应用于制备高密度、高对比度的医学影像材料，如 CT 扫描的射线吸收材料。这些材料的制备需要精确控制材料的成分和结构，以确保医学影像的清晰度和准确性。粉末冶金技术在制备医用金属植入物方面发挥了重要作用，如人工骨骼植入物、牙科植入体等。通过粉末冶金的成型和烧结工艺，可以制备出具有良好生物相容性和机械性能的金属植入物，提高了患者的手术效果和生活质量。粉末冶金技术应用于医学器具表面的改性和涂层，如抗菌表面涂层、耐磨表面处理等。这些表面处理可以提高医学器具的使用寿命，同时降低感染的风险，有助于提高医疗设备的安全性和可靠性。粉末冶金在医学仿生材料的研究和制备中发挥了关键作用，如仿生骨材料、仿生软组织材料等。通过模拟生物组织的结构和功能，粉末冶金制备的仿生材料具有更好的生物相容性和组织相容性，有望在再生医学领域发展。粉末冶金技术的发展也推动了医学工艺的创新，如 3D 打印技术在医疗领域的广泛应用。通过粉末冶金与 3D 打印的结合，可以实现复杂结构和个性化设计的医学器械和植入物的定制制造。医学设备的轻量化是一项重要的趋势，尤其是对于携带式医疗设备和手持设备。粉末冶金技术可以制备轻量化的医学设备零部件，提高设备的便携性和携带舒适性。粉末冶金技术在药物传递系统的研发中也发挥了作用，通过制备微米级别的载药材料，实现对药物的精准控释，提高药物的生物利用度和治疗效果。粉末冶金科学与技术在医疗行业的应用为医学设备的创新、生物医学材料的发展和医疗工艺的进步提供了关键支持，有望进一步推动医学科技的发展和医疗水平的提升。

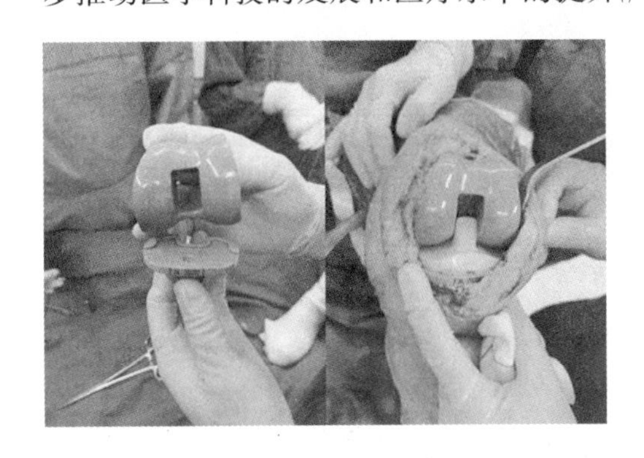

图8 仿生骨材料

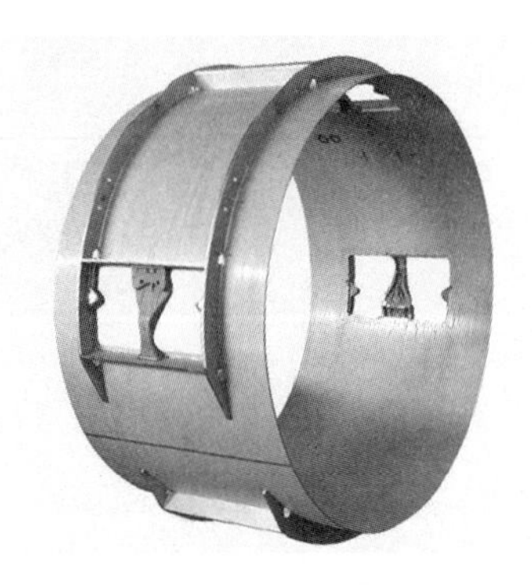

图9 医学设备零部件

任务五 粉末冶金发展历程与未来趋势

一、粉末冶金发展历程

（一）早期实验阶段（19世纪末-20世纪初）

粉末冶金作为一门先进的金属材料制备技术，其发展历程可以追溯至19世纪末至20世纪初的早期实验阶段。在这个时期，科学家们开始探索和研究利用粉末作为原料进行冶金处理的可能性，奠定了粉末冶金技术的基础。19世纪末，科学家们首次对金属粉末的性质和特点进行了系统的研究。他们发现微小的金属颗粒具有更高的表面积和活性，这激发了人们对利用金属粉末进行冶金处理的兴趣。早期的实验主要集中在金属粉末的生产和基本特性的探究上，为后来的粉末冶金技术奠定了基础。在20世纪初，科学家们开始进行粉末冶金的初步实验。这些实验主要集中在金属粉末的成型和烧结等基本工艺上。通过采用压制和烧结的方法，科学家们成功地制备出一些基本形状的金属零件，标志着粉末冶金技术从实验室阶段逐渐向应用方向发展。早期的粉末冶金技术首先在冶金学、材料科学等领域得到应用。由于其能够制备出高纯度、特殊形状的金属制品，早期应用主要集中在实验性的科研和小规模的工业生产上，例如用于实验室仪器的零部件、特殊合金的生产等。在早期实验阶段，科学家们通过不断尝试和创新，成功地制备出一些新型金属合金和复杂结构的零件。这些实验为粉末冶金的材料创新打下了基础，为未来的工业应用和技术发展提供了启示。在这个时期，为了满足粉末冶金实验的需要，科学家们改进了实验设备，设计了更加先进的粉末冶金设备和工艺流程。这些改进使得实验能够更加系统和可控，有助于深入研究粉末冶金的原理和规律。在早期实验阶段，虽然对粉末冶金的理论认识还不够深入，但科学家们通过实验逐渐总结出一些经验和规律。例如，对于不同金属粉末的选择、烧结温度和时间的控制等，积累了一些实践经验，为后来的理论研究奠定了基础。早期实验阶段的粉末冶金研究为后来的技术发展提供了宝贵的经验和启示。科学家们在实验中逐渐摸索出一些成功的路径，为粉末冶金的未来发展奠定了基础。这个时期的实验探索为后来粉末冶金技术的应用提供了有力支持。19世纪末至20世纪初的早期实验阶段是粉末冶金技术逐步发展的关键时期，科学家们通过勇于尝试和实验，为粉末冶金的理论和应用打下了坚实基础。这个时期的经验和启示对后来粉末冶金技术的成熟和广泛应用起到了积极的推动作用。

（二）第一次世界大战后（1920s-1930s）

第一次世界大战后的20世纪20至30年代是粉末冶金技术取得显著进展的时期。在这个阶段，粉末冶金技术经历了从实验室研究到工业应用的转变，展现出巨大的潜力和广泛的应用前景。以下是对这一时期粉末冶金发展历程的800字论述：20世纪20年代初，科学家们对金属粉末进行了深入的实验室研究，探索了金属粉末的制备、性质和基本工艺。这一时期的实验为后来的粉末冶金技术提供了基础和理论支持。随着对金属粉末性质的深入了解，20 世纪 20 年代中期，科学家们开始尝试不同金属粉末和合金的组合，成功制备了多种新型的粉末冶金材料。这一创新拓展了材料的应用领域和性能范围。20 世纪 20 年代末，粉末冶金技术逐渐开始在一些工业领域得到应用。企业开始尝试采用粉末冶金工艺生产零部件、工具和耐磨材料，为工业应用的推广奠定了基础。为适应规模化的工业生产需求，20 世纪 20 年代末至 30 年代初，新型的粉末冶金设备逐渐投入使用。这些设备的引入提高了生产效率，使得粉末冶金技术更加适用于工业化大规模生产。30 年代初，粉末冶金技术开始在汽车制造领域得到广泛应用。粉末冶金零部件在汽车制造中的轻量化、提高强度和减少摩擦等方面发挥了关键作用，为汽车工业的技术进步贡献了力量。随着 20 世纪 30 年代战争的逼近，粉末冶金技术在军工领域取得了关键突破。粉末冶金被广泛应用于制造火炮零部件、弹头和导弹零部件等军事装备，极大地提高了军工产品的性能和制造效率。20 世纪 30 年代初，随着粉末冶金技术的逐渐成熟，国际上展开了一系列的合作与技术交流。国际会议、学术研讨等形式的交流促进了粉末冶金技术的全球传播和共同发展。这一时期，对粉末冶金的理论研究逐渐加强。科学家们对粉末冶金过程中的物理化学反应、烧结机理等进行更为系统和深入的研究，为粉末冶金技术提供了更为科学的理论基础。20 世纪 20 至 30 年代是粉末冶金技术从实验室研究到初步工业应用的关键时期。在这一阶段，粉末冶金技术取得了多方面的进展，为后来的广泛应用和不断完善奠定了基础。

（三）第二次世界大战期间（1940s）

第二次世界大战期间的 40 年代，粉末冶金技术进一步发展，成为战争时期重要的材料制备手段。在这个时期，粉末冶金技术不仅在军事工业中发挥了关键作用，而且在民用领域也取得了显著的进展。在第二次世界大战的战局中，粉末冶金技术在军事应用上取得了显著的突破。大规模生产粉末冶金零部件和材料，如火炮零件、飞机引擎零件和导弹组件，极大地提高了武器装备的性能和耐久性。这些创新推动了战争技术的升级。40 年代，粉末冶金技术在军工生产中规模化应用。通过大规模生产粉末冶金零部件，提高了装备制造的效率，同时确保了产品的一致性和质量。这一技术的广泛应用对战争胜利产生了实质性的影响。为适应军事需求，40 年代见证了对新型粉末冶金材料的深入研发。科学家们通过不断创新，成功地制备了一系列具有特殊性能的粉末冶金材料，如高强度、高温抗氧化等特性，为军事装备提供了更为先进的材料基础。除了军事领域，40 年代粉末冶金技术也在民用领域取得了探索性进展。在汽车制造、电子设备、航空航天等领域，粉末冶金零部件的应用逐渐扩大，为民用产品提供了新的设计和制造方案。40 年代，粉末冶金技术开始在全球范围内传播。战争的需求促使各国加强对这一技术的研究和应用，促进了国际上的学术交流与合作。这种全球性的传播对粉末冶金技术的进一步发展起到了积极作用。随着粉末冶金技术在 40 年代的广泛应用，生产效率得到了显著提升。大规模的批量生产使得粉末冶金零部件成本降低，同时保持了较高的制造一致性，为战争期间的工业生产提供了有效支持。

40年代的粉末冶金技术不仅在军事工业中取得了成功，同时对工业制造方式产生了深远的影响。其先进的生产技术和高效的材料利用为后来的工业制造奠定了基础，为现代制造业的发展提供了范本。在40年代，粉末冶金技术的进步推动了高温合金和超硬材料的发展。这些材料在高温、高压、高速环境下表现出色，为军事和民用领域提供了关键的材料支持。40年代的粉末冶金技术推动了科技研发的加速。为了适应战争的需要，科学家们不断寻求创新，提高粉末冶金材料的性能，推动了材料科学和冶金学的深入发展。40年代的粉末冶金技术成果为战后时期的技术延续和发展奠定了基础。许多在战争期间取得的技术经验和材料研究成果被继续应用于民用和军事领域，推动了粉末冶金技术的进一步演进。第二次世界大战期间的40年代是粉末冶金技术在军事和民用领域取得重大进展的时期。其在新材料研发、生产效率提升和全球传播等方面的成就，为战争时期的科技进步和战后的技术发展做出了重要贡献。

（四）战后复兴（1950s-1960s）

20世纪50至60年代，是粉末冶金技术迎来战后复兴的时期。在这个阶段，粉末冶金技术在军事、航空航天、汽车制造等领域得到了广泛应用，并逐渐走向成熟。50至60年代，冷战的背景下，军事技术迎来了巨大的发展，而粉末冶金技术则成为提高武器装备性能的重要手段。大规模生产粉末冶金零部件，如导弹组件、火炮零件等，有效提升了军事装备的可靠性和先进性。50至60年代，粉末冶金技术在航空航天领域得到广泛应用。新型的粉末冶金材料和零部件被用于制造航空发动机、航天器结构和导弹组件，提高了航空航天器的性能和耐久性。在50至60年代，粉末冶金技术在汽车制造领域经历了技术升级。通过生产粉末冶金零部件，如齿轮、轴承、刹车零件等，汽车制造业实现了轻量化、强度提升和成本降低，推动了汽车技术的发展。50至60年代见证了新型粉末冶金材料的涌现。高强度、高温抗氧化、耐磨等特性的新材料应用于各个领域，推动了材料科学的发展，为工业制造提供了更多选择。在这一时期，粉末冶金技术逐渐实现了规模化的工业化生产。新型设备和工艺的引入，使得粉末冶金工艺更为成熟，提高了生产效率，满足了日益增长的工业需求。50至60年代，粉末冶金技术在精密制造方面取得了显著突破。通过粉末冶金工艺，可以实现更为精细、复杂的零部件制造，推动了制造业的精密化和高度化。这一时期，随着粉末冶金技术的逐渐成熟，国际技术交流逐渐增加。学术研讨、国际合作等形式的交流促进了粉末冶金技术在全球范围内的传播和发展。50至60年代，粉末冶金材料开始在电子行业得到广泛应用。新型材料的特性使其成为电子元器件、导电材料和磁性材料的理想选择，为电子工业的发展提供了强有力的支持。能源领域在50至60年代也开始广泛应用粉末冶金技术。新型粉末冶金材料在能源转化、传输和存储等方面发挥了关键作用，为能源技术的创新和提升提供了可能性。50至60年代的粉末冶金技术对现代工业的贡献不可忽视。其在军工、航空航天、汽车制造、电子行业等多个领域的广泛应用，为各行业提供了创新性的解决方案，推动了整个工业制造的进步。20世纪50至60年代是粉末冶金技术迎来战后复兴的时期，其在军事、工业和科技领域的全面应用为当时的技术进步和产业发展做出了重要贡献。

（五）现代工业应用（1970s 至今）

20 世纪 70 年代至今，粉末冶金技术进入了现代工业应用的新阶段。在这个时期，粉末冶金技术不仅在传统的军工、航空航天等领域得到了进一步应用，还逐渐涉足了新兴的电子、医疗、环保等多个领域。70 年代至今，粉末冶金技术在传统的军工和航空航天领域继续深化应用，同时在新兴领域如电子、医疗、环保等方面取得了广泛的应用。其在这些领域的应用不断拓展，为多领域的科技创新和产业升级提供了新的可能性。粉末冶金技术在电子行业的应用在 70 年代至今进一步扩展。微型化、高密度、高性能的电子元器件制造离不开粉末冶金技术，新型的粉末冶金材料被广泛应用于半导体制造、电子器件和电磁材料等方面，推动了电子行业的技术进步。随着对生物材料需求的增加，粉末冶金技术在医疗器械和生物医学领域得到了广泛应用。生物相容性好、高强度和特殊形状的粉末冶金材料成为制造假体、植入器械和医疗设备的理想选择，为医学领域的创新提供了支持。70 年代至今，粉末冶金技术促使了新型材料的涌现。通过粉末冶金工艺，可以精确控制材料的成分和微观结构，实现对材料性能的定制化。这一特性使得新型功能材料的研发和生产更为灵活，满足了各个领域对材料性能的多样化需求。粉末冶金技术在现代工业中的应用突显了其节能环保的优势。相较于传统的材料制备方法，粉末冶金工艺往往能够减少材料浪费，提高材料利用率，有助于实现可持续的生产模式，符合现代工业对环保的要求。粉末冶金技术的现代工业应用也促进了制造业的数字化转型。通过数字化设计、模拟分析和智能化制造，粉末冶金工艺的生产效率得到了提升，为制造业的现代化发展提供了技术支持。在现代工业中，粉末冶金技术在航空航天领域的应用不断深化。航空发动机零部件、航天器结构等关键部件的制造中广泛采用粉末冶金工艺，以提高材料性能和降低零部件重量，推动了航空航天技术的进步。近年来，粉末冶金技术在新兴能源领域的应用逐渐拓展。粉末冶金材料在太阳能电池、储能系统等领域的使用，为新能源技术的发展提供了材料基础。现代工业中，粉末冶金技术得到了国际合作的支持与推动。学术界和工业界在粉末冶金技术的研究和应用方面进行广泛合作，共同推动了这一技术在全球范围内的共同发展。随着科技的不断进步，粉末冶金技术仍然具有广阔的前景。在未来，随着先进材料、数字化制造、绿色技术等领域的不断发展，粉末冶金技术将继续为现代工业的创新和可持续发展做出更大的贡献。

二、粉末冶金未来趋势

（一）数字化制造与智能化生产

未来，粉末冶金技术将在数字化制造与智能化生产方向迎来更加广阔的发展前景。数字化制造和智能化生产的融合将为粉末冶金领域带来全新的可能性，推动制造业的高效、智能和可持续发展。未来的粉末冶金将深度整合数字化设计与模拟分析技术。通过先进的计算机辅助设计工具和模拟分析软件，可以精确预测粉末冶金工艺的各个环节，包括材料的性能、制造过程的优化和零部件的成型，从而提高设计的精准性和可控性。未来的粉末冶金制造将更加智能化，通过集成先进的传感器技术和物联网设备，实现对制造过程的实时监测和控制。智能制造系统将能够自动调整工艺参数，优化生产流程，提高生产效率，并确保制造过程的稳定性和一致性。未来粉末冶金将倚重数据驱动的质量控制。通过收集和分析大量实时生产数据，制造企业能够更加精准地监测和管理产品质量。基于数据的质量控制系统将有效降低制造缺陷率，提高产品一致性和可靠性。数字化制造和智能化生产将为粉末冶金开辟个性化定制与柔性制造的新时代。制造企业可以根据客户需求实现更为灵活的生产方式，通过数字化技术调整工艺流程，实现对产品性能、形状和结构的个性化定制，提供更符合市场需求的产品。数字化制造和智能化生产将加速粉末冶金材料的研发与创新。通过高性能计算和人工智能的辅助，科学家们能够更快速地发现新材料，设计出更优化的材料结构，推动粉末冶金材料领域的前沿研究。数字化制造与智能化生产将致力于提高粉末冶金制造的能源效率，推动绿色制造的发展。通过优化生产流程、降低材料浪费和减少能源消耗，粉末冶金将更好地满足可持续制造的需求，减轻对环境的影响。未来的粉末冶金生产将更注重智能物流和供应链管理。通过智能化的物流系统，能够实现原材料、半成品和成品的高效运输，提高供应链的透明度和灵活性，降低制造成本。数字化制造和智能化生产将推动人机协同的智能制造工厂的建设。通过机器人、无人机等智能设备的协同作业，提高生产效率，减少人工劳动，为制造业的高效发展创造更为智能的工作环境。随着数字化制造和智能化生产的发展，未来粉末冶金将注重培养具备数字化技术和智能制造理念的专业人才。相关的教育培训体系将得到进一步建设，以满足产业发展对高素质人才的需求。数字化制造与智能化生产的未来趋势将为粉末冶金技术带来巨大的机遇。通过高度数字化和智能化的生产方式，粉末冶金将更好地适应市场需求、提高制造效率、推动新材料研发，为制造业的可持续发展奠定更为坚实的基础。

（二）可持续发展和环保

未来，粉末冶金技术将积极响应全球可持续发展和环保的需求，通过创新和改进，推动该领域朝着更加环保、节能、可循环的方向发展。未来的粉末冶金将更加注重环保材料的研发与应用。通过寻找替代有害材料的可持续选择，推动环保友好型粉末冶金材料的开发，以降低对环境的负面影响。可持续发展的关键之一是提高能源效率。粉末冶金技术将通过改进生产工艺、优化能源利用方式，实现生产过程的节能，降低对非可再生能源的依赖，推动可持续发展。未来的粉末冶金将更加积极践行循环经济理念。通过回收和再利用废弃粉末冶金产品、废旧零部件，减少材料浪费，实现资源的最大化利用，促进循环经济的可持续发展。环保意识的提高将促使粉末冶金技术减少生产过程中的排放。通过改进冶金工艺，控制废气、废水和废渣的排放，减少环境污染，推动产业生产向更为清洁的方向发展。未来的粉末冶金将致力于实现更为生态友好型的生产。通过引入绿色制造理念，减少对生态系统的破坏，促进生产过程与环境的和谐共存，推动产业向生态友好型转型。为更好地管理环保指标，未来的粉末冶金将借助智能监测与预警系统。通过实时监测生产过程的环保指标，及时发现并解决潜在环保问题，提高环保治理的效率和准确性。粉末冶金产业将更加强调社会责任，积极参与社会可持续发展。通过推动社区参与、关注员工福祉、加强企业社会责任，促进粉末冶金产业的全面可持续发展。为确保产业的可持续发展，未来的粉末冶金将更加注重遵循环保认证标准。通过获得绿色认证和环保标志，提高产品的环保形象，推动产业向更为可持续的方向发展。未来的粉末冶金将通过引入创新技术，降低环境影响。例如，采用更为环保的能源替代传统能源、应用高效环保的冶金设备等，推动技术创新与环保相结合。未来的粉末冶金技术将积极响应环保与可持续发展的要求，通过创新、改进和全产业链的努力，推动粉末冶金产业向更加环保、节能和可持续的方向发展。

（三）新材料的开发

未来，粉末冶金技术将在新材料的开发方面迎来令人期待的发展。通过不断创新和研究，粉末冶金将成为培育新型材料的关键技术之一，推动各领域的科技进步和产业发展。粉末冶金未来将推动先进功能材料的不断涌现。通过粉末冶金工艺，可以精确控制材料的成分、微观结构和形状，实现对材料性能的定制化。这将催生一系列具有特殊功能的新材料，如高强度、高导电性、高热导率等，为各领域提供更多创新可能性。未来的粉末冶金将致力于多相复合材料的研究与开发。通过混合不同种类的粉末原料，实现不同相的组合，可以获得新的复合材料，具有多种性能的优势。这将为航空航天、汽车、电子等领域提供更轻、更强、更耐高温的材料选择。未来粉末冶金将在纳米材料的精细制备方面取得显著进展。通过优化制备工艺，实现对粉末颗粒的纳米级精度控制，将能够制备出更为稳定、具有特殊性能的纳米材料。这对于电子、光电子、医学等领域的应用具有重要意义。粉末冶金未来将成为智能材料的崭露头角的平台。通过引入具有响应性和自修复功能的成分，以及采用精确的制备工艺，将创造出一系列能够感知和适应环境变化的智能材料，为科技创新和工程应用提供新的解决方案。环保意识的增强将推动粉末冶金技术在生物可降解材料的研究方面取得重要突破。通过利用可降解的粉末材料，可以制备出对环境友好、可持续循环利用的材料，适用于医疗、包装等领域。在能源领域，粉末冶金将推动超导材料的定向制备。通过精确控制材料的微观结构，提高超导材料的临界温度和电流密度，为能源输送和储存领域带来更高效、更稳定的超导材料。未来，3D 打印与粉末冶金将更为紧密地融合。通过将粉末冶金技术应用于 3D 打印过程中，可以实现对新材料的直接打印，加速新材料的研发和应用。这将为个性化定制、小批量生产提供更多可能性。粉末冶金将在高性能陶瓷材料领域进行创新。通过调整陶瓷的成分和微观结构，提高其耐磨、耐高温、导热等性能，将推动高性能陶瓷在航空、电子、能源等领域的广泛应用。

知识小结

粉末冶金是一种先进的材料制备技术，其基本概念根植于冶金学，是通过将金属或合金粉末在高温高压条件下进行成型和烧结，从而制备所需形状和性能的材料。冶金是一门研究金属和非金属材料在高温条件下的提取、处理和改性的学科，而粉末冶金则是冶金学在微观尺度上的延伸，通过处理金属或合金的粉末来实现材料的制备。粉末冶金科学的基本定义包括对金属粉末的制备、成型和烧结过程的研究。这一科学领域的关键在于掌握粉末的制备方法，包括机械粉末法、化学方法和原子化等。成型是通过压制金属粉末使其具备所需形状的过程，而烧结则是将压制后的粉末在高温下使其颗粒结合形成密实材料的过程。粉末冶金的工艺涵盖了粉末制备、成型、烧结等多个步骤。在粉末制备阶段，不仅要选择适当的原料，还需要采用合适的方法，以确保粉末的均匀性和纯度。成型过程中，通过压制等方法将粉末转变为所需形状的预制体。最后，烧结阶段是通过高温处理，使得粉末颗粒结合成坚固的材料。粉末冶金科学与技术的特点在于其高度可控性和精密性。通过调整原材料的成分、粉末的粒度和成型过程中的参数，可以精确地控制材料的性能，如硬度、强度和导电性。这种特点使得粉末冶金在多个领域得到广泛应用，包括汽车工业、电子行业、医疗领域等。粉末冶金的发展历程经历了不断的创新和改进。从早期实验阶段到如今的现代工业应用，粉末冶金已成为一种成熟的制备技术。未来的趋势包括数字化制造的普及、材料设计的进一步优化、可持续发展和环保要求的提高，以及与3D打印等新技术的结合。粉末冶金是一门深具科学性和实用性的技术，通过对冶金学原理的延伸和拓展，实现了材料制备领域的飞跃发展。其高度可控性、精密性以及广泛的应用领域使其在未来将继续发挥重要作用。

思考练习

1. 在冶金学中，为什么高温条件是重要的因素？它如何影响材料的性质和结构？

2. 粉末冶金在汽车工业、医疗领域和电子行业的应用各有何特点？这些特点与粉末冶金的科学特性有关吗？

3. 随着社会对可持续性的关注增加，你认为粉末冶金在未来会如何应对环保挑战？

项目二　激光焊接技术

项 目 导 读

本项目将深入研究激光焊接技术，探讨其原理、点与工艺，并全面了解激光加工技术的现状及未来发展趋势。在任务一中，我们将追溯激光加工的基本原理，从激光的产生、传输到最终在焊接工艺中的应用，深入解析激光加工的各个环节。特别关注激光焊接的工艺参数，如激光功率、焦距等的调整，以及这些参数对焊接效果的影响。任务一旨在为读者提供一个系统而清晰的激光加工基础知识框架。

在任务二中，我们将关注激光加工技术在现代工业中的应用现状，审视其在各个行业的实际应用情况，深入了解激光焊接的优势与限制。此外，我们将研究激光加工技术的发展趋势，包括新材料的加工、激光设备的创新和数字化制造的崛起。通过对技术的前沿趋势的深入分析，我们将揭示激光焊接技术在未来制造业中的关键角色。通过这个项目，我们的目标是让读者对激光焊接技术有一个全面而深入的了解，理解其原理和工艺，把握当前技术应用的现状，并远瞻未来发展的方向。这将有助于读者更好地应对制造业的技术挑战，提高生产效率，推动制造业的创新发展。

学 习 目 标

在本项目中，我们将深入研究激光焊接技术的原理、点与工艺，以及该技术的现状和未来发展趋势。通过完成任务一和任务二，我们的学习目标如下：

任务一：激光加工的原理、点与工艺

理解激光的基本原理：学习激光的产生、传输和聚焦过程，了解激光的特性和应用领域。

深入掌握激光焊接的工艺：研究激光焊接的关键工艺参数，包括激光功率、焦距、焊缝形状等，以及这些参数如何影响焊接质量。

认识激光加工的应用领域：了解激光焊接在不同行业中的应用，包括制造业、汽车工业、电子行业等，以及其在提高生产效率和降低成本方面的优势。

实际操作激光焊接设备：学习激光焊接设备的使用，包括设备的设置、调试和安全操作，以便更好地理解激光加工的实际应用。

任务二：激光加工技术的现状及发展趋势

了解激光焊接技术的现状：研究激光焊接技术在当前工业中的应用情况，了解其在不同领域的成功案例和挑战。

分析激光加工的优势与限制：评估激光焊接技术相对于传统焊接方法的优势，同时了解其可能的限制和局限性。

研究激光焊接技术的未来发展：掌握激光焊接技术未来的发展趋势，包括新材料的加工、激光设备的创新和数字化制造的发展，以便更好地适应未来制造业的变革。

通过实现这些学习目标，我们将建立起对激光焊接技术全面而深入的理解，为在制造业领域应用激光焊接提供坚实的基础，并为未来的技术挑战做好准备。

思政之窗

激光焊接技术是现代制造业中备受瞩目的创新，不仅仅局限于技术本身，更深刻地反映了科技发展对社会和人类价值观的影响。通过思政之窗，我们将透过激光焊接技术的学习，窥见技术与思想的交汇之处。激光焊接技术的发展推动了制造业的现代化，但与之相伴而生的社会责任问题也不可忽视。企业在技术创新中应当肩负更多的社会责任，确保科技的红利惠及更广泛的群体，促使科技进步与社会公平共同前行。激光焊接技术的应用涉及到众多伦理问题，如隐私保护、安全性等。在技术发展中，我们需思考如何在技术进步的同时保护个体的尊严，建立起合理的技术伦理框架，以确保科技的发展符合人类的核心价值观。随着激光焊接技术的广泛应用，对资源的需求和环境的影响也愈发凸显。在技术发展的同时，我们需关注可持续发展，通过绿色技术创新，减少环境负担，实现经济、社会和环境的协调共赢。通过这扇思政之窗，我们将激光焊接技术与社会伦理、可持续发展、人才培养等多个层面连接起来，透过技术的窗口洞察人类的思想和社会的价值观，以实现技术发展与人的和谐共生。

任务一　激光加工的原理、点与工艺

一、激光加工的原理

（一）激光的生成原理

激光加工是一种高度精密的制造和加工技术，其核心是激光的生成原理。激光是指通过受激发射机制产生的一种高度集中、单色、相干的光束。激光的生成基于三个基本要素：激发源、增益介质和共振腔。激光的生成始于激发源的激发过程。激发源可以是各种形式的能量供给，如光、电、热等。在激发源的作用下，原子、分子或晶体中的电子被激发到高能级，形成带有过量能量的激发态。这些激发态的粒子将通过受激发射机制释放出额外的能量，产生与激发光子相同频率的光子。这个过程被称为受激辐射，其中一个光子的能量激发并激发其他处于低能级的粒子，形成连锁反应。这样产生的光子将具有相同的频率、相同的相位和相同的传播方向，形成相干的激光束。增益介质和共振腔是激光生成的关键环节。增益介质是一个能够提供受激发射的物质，通常是固体、液体或气体。这个介质能够增加激光的强度。共振腔是一个光学腔室，内部被镜子包围，其中一个是部分透明的输出镜。激光通过不断在增益介质中反射和增强，形成共振，最终部分透明的输出镜允许激光光束离开腔室，成为可应用于激光加工的高能光源。激光的生成是一种复杂而高效的过程，通过激发源、增益介质和共振腔的协同作用，实现了高度相干的激光束的产生。这种激光光源具有高能量密度、高方向性和高单色性等特点，使其成为广泛应用于材料加工、医疗、通信等领域的重要工具。

（二）激光的放大原理

激光的放大原理涉及到激光器的基本工作原理以及激光的放大过程。激光（Light Amplification by Stimulated Emission of Radiation）是一种特殊的光源，其产生的光具有高度的同一性和相干性。激光的放大主要通过受激辐射的过程实现，这一过程涉及到光子的放大和同步振荡，从而形成一束具有特定波长和相位的高度聚焦的光束。激光器的核心组件是激光介质，通常是一种能够在受激辐射过程中放大光子的材料。这种材料通常包括气体（如二氧化碳）、固体（如 Nd：YAG 晶体）或液体（如染料）。激光介质的选择取决于所需的激光波长和其他特定应用的要求。激光的产生始于激发，通常通过电子激发或光子激发来实现。在电子激发中，激光介质中的电子被外部能量激发到一个较高能级，然后在受到外部刺激或碰撞的作用下返回到较低能级，释放出光子。在光子激发中，激光介质被辐射光激发，产生更多的光子。这个初始产生的光子被称为“刺激源”。接下来的关键步骤是通过受激辐射实现激光的放大。当一个刺激源光子穿过激光介质时，它与介质内的原子或分子相互作用，刺激它们发射更多的光子，与初始光子具有相同的频率和相位。这个过程导致光子数的指数级增长，形成了一个高度同一的激光束。为了实现放大，激光器中通常包含一个光学谐振腔，它由两个反射镜组成，其中一个是部分透明的。这个腔反射镜反射光子回到激光介质，增强同一性，而部分透明镜允许一部分光子通过，形成激光输出。这个过程不断循环，使得激光在谐振腔内得以放大。激光的放大原理涉及到激发、受激辐射和谐振放大等关键步骤。通过这些过程，激光器能够产生一束相干性极高的光，具有独特的特性，广泛应用于科学研究、医疗、通信、材料加工等领域。

（三）激光的传输原理

激光的传输原理涉及到激光光束在空间中的传播、传输中的损耗和散射，以及与光学系统、大气条件等因素的相互作用。激光传输是激光技术应用中至关重要的一环，涵盖了从激光源到目标区域的整个过程，其成功与否直接影响到激光技术在各个领域的应用效果。激光的传输过程中主要考虑的是光束的衍射、散焦和色散等现象。光束的衍射是光波在通过边缘或小孔时发生的现象，其程度取决于光波的波长和传播路径的尺寸。激光的高度同一性使得其衍射效应相对较小，但在传输过程中仍需考虑。散焦是指由于激光光束传输距离增加而导致光斑扩大的现象。这主要是由于激光光束的自由传播特性和波动性质引起的，可以通过使用适当的光学系统进行调节来减小散焦效应。例如，通过使用透镜、激光束整形器等光学元件，可以有效控制激光光斑的大小，提高光束的聚焦度。色散是指激光光波在传输中由于不同波长的光以不同的速度传播而引起的相位差，导致光束的色散效应。色散可能导致激光脉冲的扩展和失真，因此在激光传输中需要采取相应的手段来补偿色散效应，例如使用色散补偿元件或采用特殊设计的光纤。在激光传输的过程中，大气条件也是一个重要的考虑因素。大气中的空气分子和颗粒会引起激光光束的吸收、散射和折射，导致激光能量的损失和光束形状的变化。这些效应特别显著在长距离传输或复杂环境下，需要采用大气校正技术或采用波前调制等手段来克服大气影响。在激光传输系统中，光学系统的设计和调整也是至关重要的。适当设计的光学系统能够保持激光光束的高度同一性、减小光损耗，并确保激光在传输过程中能够有效地达到目标区域。此外，光学系统的稳定性和可靠性对于长时间或高精度的激光传输至关重要。激光的传输原理是一个综合考虑光学、大气、材料等多个因素的复杂过程。通过科学合理的设计、技术手段的应用和实时监测调整，可以有效提高激光传输的效率和稳定性，满足不同应用领域对激光技术的需求。

（四）激光的聚焦原理

激光的聚焦原理涉及到将激光束集中到一个极小的空间范围内，形成高强度的光斑，以实现对目标的高精度处理和测量。这一过程涉及光学元件的设计和调整，以及光的波动性、色散效应等因素的综合考虑。激光聚焦是激光技术在医疗、材料加工、通信等领域中广泛应用的基础，其原理的深入理解对于激光技术的进一步发展至关重要。激光聚焦的基础是光学元件的精确设计和调整。常见的聚焦元件包括透镜、凹透镜、激光束整形器等。透镜是最常用的聚焦元件之一，它通过改变光线的传播方向使激光光束汇聚于一个焦点，形成一个小而集中的光斑。不同类型的透镜具有不同的聚焦特性，例如凸透镜可使光线汇聚，而凹透镜则可使光线发散。通过合理选择和组合这些光学元件，可以实现激光的高效聚焦。光的波动性是影响激光聚焦的重要因素之一。由于激光是一种相干光源，其波动性表现为光波的干涉和衍射。在聚焦过程中，这种波动性可能导致光斑的形状和大小发生变化。采用自适应光学技术、波前调制等手段可以有效地补偿光的波动性，确保激光聚焦的精度和稳定性。色散效应也是激光聚焦中需要考虑的因素。由于激光光波在介质中传播时，不同波长的光以不同的速度传播，导致光束的不同色散效应。这可能使激光光斑在聚焦过程中发生颜色分离，影响聚焦的精度。采用色散补偿元件，如折射光栅或光子晶体，可以有效减小色散效应，提高激光的聚焦质量。激光的聚焦过程还受到光的吸收、散射和折射等现象的影响。这些效应可能导致激光能量损失和光斑形状的变化。在设计聚焦系统时，需要充分考虑目标介质的光学性质，并采用适当的手段来减小这些光学效应的影响。激光的聚焦原理是一个复杂而多层次的过程，需要综合考虑光学设计、波动性、色散效应以及与目标介质的相互作用等多个因素。通过合理选择和组合光学元件、采用先进的光学技术，可以实现激光的高效聚焦，为激光技术在各个领域的应用提供坚实的基础。

二、激光加工的点

（一）聚焦点的形成

激光加工中的焦点形成是该技术的核心之一，关系到加工效果的精度和质量。激光加工通常利用激光束的高能量密度，通过将光聚焦到一个微小的区域来实现对材料的切割、焊接、雕刻等加工过程。焦点的形成涉及到光学系统的设计、光束的调整以及对材料性质的理解，通过这些手段可以实现激光在焦点处集中的高能量，以达到预期的加工效果。激光加工中焦点的形成依赖于精密设计的光学系统。光学系统通常包括透镜、反射镜等光学元件，这些元件协同工作，使得激光束在其传播过程中被适当地聚焦。透镜是最常用的聚焦元件之一，通过选择合适的透镜类型、曲率和焦距，可以实现将激光束汇聚到一个小而高能量密度的焦点。此外，反射镜的选择和安排也对焦点形成起到关键作用，通过反射光束的方向和入射角的调整，实现焦点的准确定位。激光加工中的焦点形成与激光光束的调整密切相关。通常，激光系统中会使用光束整形器、调焦器等设备来调整激光束的形状和焦距。光束整形器能够改变激光束的横截面形状，如将圆形光束变为椭圆形，以适应不同加工需求。调焦器则用于调整焦点的位置和大小，确保其对准加工区域并获得适当的能量密度。通过这些调整手段，激光系统能够在不同的工艺条件下灵活应对，实现焦点的精准控制。激光加工中焦点的形成还需要对材料性质的深入了解。不同的材料对激光的吸收、传导和散射等反应不同，这直接影响到焦点处的能量分布和加工效果。在材料选择和加工参数调整中，需要考虑材料的热导率、吸收系数等参数，以确保焦点的形成不仅能够高效传递激光能量，还能够在材料内部产生适当的热效应，实现精确的切割、焊接或雕刻。激光加工中焦点的形成是一个综合光学设计、光束调整和对材料性质的理解的过程。通过合理的系统设计和调整，激光加工系统能够实现焦点的准确定位和高能量密度，为材料加工提供了高效、精确、可控的工具，广泛应用于制造业、医疗、电子等多个领域。

（二）聚焦点的大小

激光加工中聚焦点的大小是决定加工效果和精度的关键参数之一。聚焦点的大小直接影响着激光束的能量密度和焦点处的功率密度分布，因此对于不同的激光加工应用，需要精确控制焦点大小以满足特定的要求。实现理想的焦点大小涉及到光学系统的设计、光束调整、材料特性等多个方面，综合考虑这些因素可以优化激光加工过程，提高加工效率和质量。光学系统的设计是影响焦点大小的关键因素。透镜是最常用的聚焦光学元件之一，不同类型和参数的透镜可以产生不同大小和形状的焦点。透镜的焦距、曲率和直径等参数直接影响着焦点的大小和能量密度。通过巧妙选择适当的透镜组合和配置，激光系统可以实现对焦点大小的有效控制。此外，光学系统中的其他元件，如反射镜、光束整形器等，也会影响焦点的形成和调整，需要进行精密设计和调整。光束调整是调控焦点大小的关键手段之一。在激光系统中，通过使用光束整形器、调焦器等设备，可以调整激光束的形状、横截面和焦距，从而影响焦点的大小和功率密度。光束整形器可以改变光束的横截面形状，例如将圆形光束变为椭圆形，以适应不同的加工需求。调焦器则用于调整焦点的位置和大小，确保其对准加工区域并获得适当的能量密度。通过这些手段，激光系统能够在不同工艺条件下实现焦点的灵活控制。激光的波动性和色散效应也会对焦点大小产生影响。由于激光是一种相干光源，其波动性表现为光波的干涉和衍射，可能导致焦点处的光斑形状和大小发生变化。色散效应可能使焦点处的不同波长的光有不同的焦距，进而影响焦点的大小和形状。采用自适应光学技术、波前调制等手段可以有效地补偿这些效应，确保焦点的精度和稳定性。激光加工中对于材料性质的理解也是实现理想焦点大小的关键。不同材料对激光的吸收、传导和散射等反应不同，这直接影响着焦点处的能量分布和加工效果。在材料选择和加工参数调整中，需要充分考虑材料的热导率、吸收系数等参数，以确保焦点的形成不仅能够高效传递激光能量，还能够在材料内部产生适当的热效应，实现精确的切割、焊接或雕刻。激光加工中焦点大小的控制是一个复杂而多层次的过程，需要在光学系统设计、光束调整、激光波动性等多个方面进行精心协调。通过合理的系统设计和调整，激光加工系统能够实现焦点的准确定位和高能量密度，从而满足不同加工需求，广泛应用于制造业、医疗、电子等多个领域。

（三）激光功率密度

激光加工中的激光功率密度是决定加工效果和材料交互作用的重要参数，直接关系到加工的速度、精度和质量。激光功率密度是指激光束在焦点处的功率与焦点面积的比值，通常以瓦特每平方毫米（W/mm^2）为单位。激光功率密度的调控涉及到激光功率、焦点大小以及材料特性等多个因素，通过合理的控制可以实现对加工过程的精确操控，使激光加工技术在各个领域发挥更为优越的应用性能。激光功率是影响功率密度的关键因素之一。功率密度与激光功率呈正比关系，因此提高激光功率可以增加焦点处的功率密度，从而提高材料的加工速度和效率。然而，过高的激光功率也可能导致材料过度加热，引起融化、气化等不良效果，因此在实际加工中需要根据具体应用要求谨慎选择激光功率，以平衡加工效果和材料损伤的考虑。焦点大小是影响激光功率密度的另一个重要因素。功率密度与焦点面积的倒数成正比关系，因此减小焦点大小可以增加功率密度。通过光学系统的设计和调整，可以实现对焦点大小的有效控制。合理选择透镜、调焦器等光学元件，调整焦点位置和尺寸，可以使激光束在焦点处更加集中，提高功率密度，从而实现更为精细的加工。材料的吸收特性也是激光功率密度影响的重要方面。不同材料对激光的吸收系数不同，吸收系数越高，材料对激光的能量吸收越强，功率密度的影响也更为显著。在激光加工中，通常选择对激光有良好吸收性能的材料，以提高功率密度的有效利用，实现更为高效的加工效果。激光功率密度还直接关系到激光加工过程中的材料相变和热效应。在高功率密度下，激光能量可引起材料的融化、气化、蒸发等现象，实现切割、焊接、雕刻等加工过程。激光功率密度的合理选择能够控制加工过程中产生的热效应，减小热影响区域，实现对材料的精确处理。激光功率密度在激光加工中起着至关重要的作用，直接关系到加工效果的质量和加工速度的快慢。通过合理选择激光功率、调整焦点大小和优化材料选择，可以实现对激光功率密度的有效控制，为激光加工技术的广泛应用提供了技术支撑。在制造业、医疗、电子等领域，激光功率密度的精准调控将继续推动激光加工技术的创新与发展。

（四）焦点的控制

焦点的精确控制是激光加工中至关重要的一环，直接关系到加工的精度、效率和质量。焦点控制主要涉及到光学系统的设计与调整、光束参数的优化，以及对材料特性的深入理解。通过细致的焦点控制，激光系统能够在不同应用场景下实现高效、精确的材料切割、焊接、雕刻等加工过程，推动激光技术在制造业、医疗和科研等领域的广泛应用。焦点控制的关键在于光学系统的设计和调整。光学系统中的透镜、反射镜、光束整形器等光学元件的选择和配置直接影响焦点的形成和位置。通过巧妙设计，可以实现激光束在焦点处的高度集中，形成高能量密度的光斑。适当调整透镜的曲率、焦距和直径，以及调整反射镜的角度和光束整形器的参数，能够精确控制焦点的位置、大小和形状。这种精准的焦点控制是激光加工实现高精度加工的基础。光束参数的优化对焦点控制至关重要。光束的直径、发散角、横截面形状等参数会直接影响焦点的特性。通过调整这些参数，可以改变焦点的大小和形状，适应不同的加工需求。光束整形器、调焦器等设备的应用能够灵活调整光束参数，实现对焦点的实时控制。优化光束参数既能确保焦点处的高能量密度，提高加工效率，又能满足不同应用场景的精度和精细加工要求。对材料特性的深入理解也是焦点控制的重要方面。不同材料对激光的吸收、传导和散射等反应不同，直接关系到焦点处能量的转化和传递。选择合适的材料，理解其吸收特性，能够更好地控制焦点在材料内的热效应，实现对材料的精确处理。这对于在激光切割、焊接等应用中确保加工质量和防止材料变形具有重要作用。除了以上因素，焦点控制还需要考虑激光系统的稳定性和实时监测。激光系统在工作过程中可能受到外界因素的影响，如振动、温度变化等，这可能导致焦点位置的漂移。采用稳定的机械结构、高精度的光学调整系统以及实时监测技术，可以在加工过程中及时纠正焦点位置，确保焦点的稳定性和精度。焦点的控制是激光加工中的一个关键环节，涉及到光学系统的设计与调整、光束参数的优化、对材料特性的深入理解等多个方面。通过精准的焦点控制，激光加工技术能够在不同材料和应用场景下实现高效、精密的加工，推动激光技术在制造业、医疗、科研等领域的广泛应用。

三、激光加工的工艺

（一）激光切割

激光切割是一种高精度、高效率的材料切割工艺，通过激光束的高能量密度，将材料局部加热至高温，然后利用气体流或机械振动等方式迅速移除熔化或气化的材料，从而实现对各类材料的精密切割。这一工艺广泛应用于制造业、汽车工业、电子产业等领域，其核心优势在于能够实现复杂形状的切割、高效加工速度、小热影响区域以及无接触切割等特点。激光切割的基本原理是通过激光器产生的激光束，通过光学系统聚焦至一个极小的焦点，形成高能量密度的光斑。这一高能量密度的光斑在材料表面产生局部加热，使材料迅速升温到熔点甚至气化点。同时，通过携带氧、氮等辅助气体的气流，将熔化或气化的材料吹除，形成所需的切割孔洞。激光切割可使用不同类型的激光，如 CO_2 激光、纤维激光等，根据材料的不同性质和应用要求灵活选择激光源。激光切割的一个显著特点是其高精度的切割能力。由于激光光束的高度同一性和可调控的焦点大小，激光切割能够实现非常细微的切割线条和复杂形状的切割，为精密零部件的制造提供了理想的解决方案。这种高精度切割能力使得激光切割广泛应用于电子元器件、航空航天领域和微型机械制造等需要高度精密加工的领域。激光切割的高效率也是其受欢迎的原因之一。由于激光光束的高能量密度，激光切割可以在较短的时间内完成材料切割，提高了生产效率。这使得激光切割在大规模制造中成为一种理想的选择，例如在汽车制造中用于切割车身零部件、在金属加工中用于切割板材等。其快速而高效的特性使激光切割在工业制造中广泛应用，为提高生产效率和降低制造成本提供了有效手段。另一个值得强调的特点是激光切割的小热影响区域。由于激光光束的高度集中，激光切割过程中的热影响区域相对较小，降低了材料周围的热损伤。这对于一些对热敏感性要求较高的材料，如塑料、有机玻璃等，具有重要的优势。激光切割的小热影响区域也有助于减小变形和提高切割边缘的质量，使其成为处理精密部件和薄材料的理想选择。激光切割还具有无接触切割的特点。激光光束无需物理接触材料，因此不会引入机械应力或刀具磨损，避免了与传统切割方法相关的一系列问题。这对于处理脆性材料、细小结构或要求高表面质量的应用具有显著的优势。激光切割作为一种高精度、高效率的材料切割工艺，为现代制造业提供了强有力的工具。其广泛应用于金属、塑料、陶瓷等材料的切割，不仅推动了工业制造的创新与发展，也为各行各业提供了更加灵活、高效的材料加工解决方案。

（二）激光焊接

激光焊接是一种高度精密且高效的金属连接工艺，通过激光束的高能量密度，实现金属材料的熔化和连接。这一工艺广泛应用于制造业、汽车工业、航空航天领域等，以其高精度、小热影响区域、快速加工速度等优势，成为现代金属焊接领域的重要技术。激光焊接的基本原理是通过激光器产生的激光束，通过光学系统聚焦至一个小而高能量密度的光斑，使焦点处的金属迅速升温并熔化。焊缝的形成是通过激光束的移动或工件的移动，控制焊缝的位置和形状。激光焊接可以分为传统激光焊接和激光深熔焊两种主要类型，根据焊接的深度和工艺要求选择合适的激光源和焊接方式。激光焊接的一大优势是其高精度。由于激光光束的高度同一性和可调控的焦点大小，激光焊接能够实现非常精细的焊接线条和复杂结构的焊接，尤其适用于对焊缝质量和外观要求较高的应用领域，如航空航天和电子器件制造。激光焊接的小热影响区域是其另一个显著特点。激光焊接过程中，只有焦点附近的金属区域受到高温影响，而周围区域基本不受热影响。这有效降低了热应力和热变形，尤其对于薄板材料的焊接具有独特的优势。这也使得激光焊接在对材料变形和微观组织影响要求较高的场景中得到广泛应用。激光焊接的高效率是其吸引众多制造业的又一重要因素。激光光束的高能量密度意味着焊接速度较快，同时焊接质量较高，减少了后续处理工序的需求，提高了整体生产效率。这使得激光焊接在汽车制造、电子制造等大批量生产领域得到广泛应用。激光焊接还具有无接触焊接的特点，激光光束不需要物理接触工件表面，避免了传统焊接中可能引入的机械应力和污染问题。这对于一些对焊缝质量和外观要求高的应用非常重要，例如在电子器件中的微细焊接。激光焊接还可应用于难以焊接的材料，如高反射性和高导热性的金属。激光焊接的高能量密度能够克服这些材料的传统焊接难题，为处理各种复杂工件提供了可能。激光焊接作为现代制造业中一项重要的连接技术，以其高精度、小热影响区域、高效率以及适应各种材料的特性，推动着金属焊接领域的不断创新与发展。其在电子、航空航天、汽车等行业的广泛应用，为提高生产效率、减少资源浪费，以及推动工业制造的可持续发展作出了积极的贡献。

（三）激光打孔

激光打孔作为激光加工领域的一项关键技术，是通过高能量密度的激光束对材料进行精确的穿孔，广泛应用于金属、塑料、陶瓷等材料的加工领域。这一工艺具有高精度、高效率、无接触等特点，为制造业的生产流程提供了一种快速而可控的加工手段。激光打孔的基本原理是通过激光器产生的激光束，经过光学系统的聚焦，形成一个高能量密度的光斑。该光斑对材料表面产生极高温度，引起局部熔化或气化，然后通过气流、气体喷射等方式将被熔化或气化的材料迅速移除，形成孔洞。激光打孔可以通过调整激光功率、脉冲频率、光束参数以及材料特性等因素，实现对打孔过程的精确控制。高精度是激光打孔的一大特点。由于激光光束的高度同一性，激光打孔能够实现非常精细的孔洞，其直径可以达到数百微米，甚至更小。这使得激光打孔特别适用于微细零部件的制造，如电子元器件中的通孔、微细导孔等。激光打孔还可以实现复杂孔形的加工，满足不同应用场景的需求。高效率是激光打孔的另一显著特点。由于激光光束的高能量密度，激光打孔可以在短时间内完成对材料的穿孔，相比传统机械钻孔方法，激光打孔具有更快的加工速度。这在大规模生产中尤为重要，能够提高生产效率，降低制造成本。激光打孔的无接触性是其在处理脆性材料和薄板材料时的优势。激光光束在打孔过程中无需物理接触材料，避免了传统钻孔中可能引入的机械应力和振动问题。对于一些脆性材料和容易变形的薄板材料，激光打孔能够减小材料的热影响区域，降低变形风险，同时保持良好的孔洞质量。激光打孔还适用于处理高反射性和高导热性的金属材料。传统加工方法可能受到金属表面反射和导热效应的限制，而激光打孔通过高能量密度的光束，能够克服这些难题，实现对各种金属材料的高效加工。激光打孔还可以应用于多孔材料的加工。通过调整激光功率和参数，可以实现对多孔结构的材料进行孔洞的精确控制，适用于滤材、隔热材料等的制造。激光打孔作为激光加工领域的重要应用，以其高精度、高效率、无接触等优势，为各类材料的加工提供了一种灵活可控的解决方案。在电子、航空航天、汽车制造等领域，激光打孔技术的发展为提高生产效率和降低制造成本做出了积极的贡献。

（四）激光雕刻

激光雕刻作为激光加工领域的一项精密加工技术，通过高能量密度的激光束实现对材料的局部蚀刻，以创造出精美细致的图案、文字或图像。这一工艺广泛应用于工艺品、装饰品、标牌、电子产品外观设计等领域，其高精度、高灵活性以及对各种材料的适应性，使其成为现代制造业和创意设计的重要工具。激光雕刻的基本原理是通过激光器产生的激光束，通过光学系统的聚焦，形成一个小而高能量密度的光斑。该光斑对材料表面进行局部加热，使材料发生气化、融化或蒸发，从而形成所需的图案或文字。激光雕刻可以通过调整激光功率、光束参数以及材料特性等因素，实现对雕刻过程的精确控制。高精度是激光雕刻的一大特点。由于激光光束的高度同一性和可调控的焦点大小，激光雕刻能够实现非常精细的雕刻线条和复杂结构的雕刻，其精度可以达到数十微米。这使得激光雕刻在制造精密工艺品、模具、电路板等领域得到广泛应用。高灵活性是激光雕刻的另一显著特点。与传统雕刻方法相比，激光雕刻无需模具和刀具，只需通过电脑辅助设计软件对图案进行设计，即可在材料表面实现精确而灵活的雕刻。这大大降低了生产成本和周期，同时也提高了设计的自由度，使得激光雕刻成为小批量定制和创意设计的理想选择。激光雕刻对于各种材料的适应性也是其强大之处。无论是金属、塑料、木材、玻璃，还是陶瓷等，激光雕刻都能够在不引起材料变形和损伤的前提下完成雕刻任务。这为激光雕刻在不同行业和领域的广泛应用提供了可能，例如在木工雕刻、玻璃工艺品制作、金属标牌刻字等方面取得显著成就。激光雕刻还具有快速加工速度的优势。激光光束的高能量密度使得雕刻过程能够在短时间内完成，大大提高了生产效率。这对于大规模生产中需要高产出的场景，如电子产品外观雕刻、工艺品生产等，具有明显的优势。另一个重要特点是激光雕刻的非接触性。激光光束无需物理接触材料，避免了传统雕刻中可能引入的机械应力和损伤问题。这对于一些对材料表面要求较高、对形状复杂度要求较精细的应用，如电子器件外观雕刻、精密仪器标记等，具有重要的优势。激光雕刻作为一项现代制造业和创意设计的重要工艺，以其高精度、高灵活性、对各种材料的适应性和快速加工速度等优势，为各类产品的表面加工和艺术创作提供了强大的支持。其在工艺品制造、电子产品外观雕刻、广告标牌制作等领域的广泛应用，为推动制造业的数字化和个性化发展注入了新的动力。

（五）激光热处理

激光热处理是一种利用激光束对材料表面进行局部加热的高级热处理技术。通过激光束的高能量密度，可以实现对金属、合金、陶瓷等材料的表面进行精确控制的加热，以改善材料的硬度、耐磨性、耐腐蚀性等性能。这一工艺在制造业、航空航天、汽车制造等领域发挥着重要作用，为提升材料性能、延长零部件寿命提供了高效而灵活的解决方案。激光热处理的基本原理是通过激光器产生的激光束，通过光学系统聚焦至一个小而高能量密度的光斑，将激光能量集中施加在材料表面。这一过程可以通过控制激光功率、光束参数、扫描速度等因素进行精确调节，以实现对材料表面的局部加热。激光热处理分为表面熔化处理、表面改性处理和表面合金化处理等多种类型，根据不同需求选择不同的处理方式。激光热处理的一个显著优势是其高度局部化的加热效果。激光光束的高能量密度使得加热过程非常局部，只在激光束照射的区域产生高温效应，而周边区域几乎不受影响。这种高度局部化的加热效果有助于减小材料的热影响区域，降低材料变形的风险，尤其适用于对零部件尺寸和形状要求极高的场景。另一个重要特点是激光热处理能够实现快速加热和冷却。激光光束可以在微秒级的时间内将材料表面加热到极高温度，然后通过自身特性迅速冷却，形成细小而均匀的组织结构。这有助于在短时间内完成热处理过程，提高了生产效率，同时能够控制材料的微观结构，改善硬度、强度等性能。激光热处理的另一个突出优势是其高精度和可控性。通过调节激光功率、扫描速度和焦距等参数，可以实现对加热深度和温度的精确控制。这使得激光热处理非常适用于对特定材料性能有精确要求的场景，如在模具表面改善耐磨性、提高刀具锋利度等方面。激光热处理还广泛应用于改善材料表面的性能。通过激光热处理，可以形成具有优异性能的表面层，如硬化层、氮化层、碳化层等，从而增强材料的耐磨性、耐腐蚀性、疲劳强度等。这在提高材料寿命、降低零部件损耗和维护成本方面发挥着重要作用。激光热处理还适用于对特殊材料的加工，如难加工的高硬度合金、陶瓷等。传统方法可能因为材料硬度高或易碎等特性而面临难题，而激光热处理通过高能量密度的激光光束，能够有效克服这些困难，为这些材料提供了新的处理途径。激光热处理作为一种高级热处理技术，以其高度局部化的加热效果、快速加热冷却速度、高精度可控性以及对各种材料的适应性，为材料改性、表面强化和特殊材料加工等提供了有效的解决方案。在制造业、航空航天、汽车制造等领域，激光热处理的广泛应用为提升材料性能、改进零部件质量和延长使用寿命贡献了重要力量。大数据

（六）激光沉积

激光加工是一种先进的制造工艺，激光沉积作为其中的一种重要方法，具有广泛的应用领域。激光沉积是一种通过激光束聚焦在工件表面，将材料粉末逐层熔化、凝固并堆积起来的制造过程。这一过程在制造业中被广泛用于原型制作、零件修复、复杂结构的制造等方面，为工业界带来了巨大的便利和创新。，激光沉积的最大优势之一在于其高度的精度和精细度。激光束的直径非常细小，可以轻松实现微米级别的精细加工，使得制造的零件具有更高的精密度和复杂度。这对于一些需要高度精细结构的行业，如航空航天、医疗器械等领域，提供了一种高效、精准的生产手段。激光沉积具有很强的材料适应性。不同种类的金属、塑料等材料粉末都可以通过激光沉积的方式进行加工，这使得它在多材料、多领域的应用中表现出色。这种灵活性使得激光沉积在制造业中的应用更为广泛，不仅可以用于单一材料的制造，也可以实现多材料的复合加工，满足了不同行业对材料多样性的需求。激光沉积还具有高效、节能的特点。相比传统的制造工艺，激光沉积可以减少材料的浪费，因为它是通过逐层堆积的方式制造零件，不需要像传统切削加工那样将多余材料去除。这不仅有助于提高生产效率，还有利于资源的节约和环保。激光沉积还可以实现局部加热，减少整体加热的

能耗，从而降低了生产过程中的能源消耗，为可持续制造提供了可能性。在制造业的数字化转型中，激光沉积也展现出其与先进制造技术的良好兼容性。通过数字模型和计算机辅助设计，激光沉积可以实现高度自动化的生产流程，提高了生产效率和制造的一致性。与传统制造相比，激光沉积更适应现代制造业的智能化、柔性化的需求，为工业 4.0 时代的制造业发展提供了一种创新的解决方案。激光沉积作为激光加工的重要工艺之一，以其高精度、材料适应性强、高效节能等特点，为现代制造业带来了革命性的变革。随着科技的不断发展，激光沉积将进一步拓展其应用领域，为制造业的可持续发展和技术创新注入新的动力。

任务二　激光加工技术的现状及发展趋势

一、激光加工技术的现状

激光加工技术作为现代制造业中的关键工艺之一，目前正处于迅猛发展的阶段，涵盖了广泛的应用领域。激光加工技术通过高能激光束对材料进行切割、焊接、雕刻等处理，具有高精度、高效率、非接触等优势，已经成为制造业中不可或缺的重要工具。在金属加工领域，激光切割技术是一项备受瞩目的应用。传统的金属切割工艺受到工具磨损和切削速度的限制，而激光切割通过高能激光束对金属进行非接触式切割，不仅提高了切割速度，还大大降低了材料的变形和热影响区，使得加工的工件更加精细和精密。这种技术广泛应用于汽车制造、航空航天等领域，推动了相关产业的发展。激光焊接技术也在制造业中得到了广泛应用。相比传统的焊接方法，激光焊接具有热影响小、焊缝精细等特点，使得焊接后的工件具有更高的强度和密封性。特别是在电子器件制造、医疗器械生产等对焊接质量要求极高的领域，激光焊接技术发挥了重要作用。同时，激光焊接还可应用于异种材料的连接，拓宽了多材料组合的可能性，为工业设计提供更大的灵活性。在三维打印领域，激光技术也发挥着关键作用。激光熔化金属三维打印技术通过逐层堆积金属粉末，利用激光束对粉末进行熔化，实现了复杂零件的高效制造。这种技术不仅可以减少材料浪费，还能够实现一次性制造出整体结构完整的零部件，为快速原型制作和小批量生产提供了更为灵活的选择。此外，激光固化的光敏树脂三维打印技术也在制造领域得到广泛应用，为快速制造提供了一种低成本、高效率的解决方案。激光雕刻技术在艺术品制作、标识刻字等领域具有独特的应用。通过激光束的精确控制，可以在各种材料上实现微小细节的雕刻，创造出精美的图案和文字。这不仅提高了制作效率，还使得雕刻的作品更加精致和具有艺术性。在工业产品的标识和包装领域，激光雕刻也被广泛使用，为产品赋予个性化的标识，提升了产品的附加值。激光加工技术在发展过程中也面临一些挑战。激光设备的高昂价格、维护成本较高、对操作人员的技能要求较高等问题仍然存在，限制了其在一些中小型企业中的推广。此外，激光加工过程中产生的热应力、热变形等问题也需要进一步研究和解决。随着制造业的不断发展和技术的不断创新，相信这些挑战将逐渐得到克服，激光加工技术将迎来更广阔的应用前景。激光加工技术在当前正处于快速发展的阶段，广泛应用于金属加工、三维打印、雕刻等多个领域。其高精度、高效率的优势使得激光加工成为制造业中不可或缺的关键技术之一。

二、激光加工技术的发展趋势

（一）更高功率和更稳定的激光源

激光加工技术作为一种先进的材料加工方法，其发展趋势主要集中在提升激光源的功率和稳定性两个方面。随着科技的不断进步，对于更高功率的激光源的需求日益增加。更高功率的激光能够实现更高的能量密度，从而提高材料加工的效率和速度。这对于大规模生产和高精度加工来说都具有重要意义。高功率激光源的发展不仅涉及到激光器的性能提升，还包括激光器的制造工艺和材料的不断创新。新型的激光材料和设计能够更有效地转换电能为光能，提高激光器的光输出功率。同时，激光器的冷却技术也是一个关键因素，高功率激光器的稳定运行需要先进的冷却系统来保持合适的工作温度。因此，高功率激光源的发展不仅仅是提高激光器的功率，还需要在多个方面进行综合优化。另一方面，激光加工技术的发展还需要更稳定的激光源。稳定性对于加工质量和精度至关重要。不稳定的激光源可能导致加工过程中能量分布不均匀，从而影响加工结果。因此，研究人员致力于改善激光器的稳定性，采用先进的控制系统和反馈机制来实时监测和调整激光输出。同时，优化激光器的光学设计和调谐系统，以减小激光输出的波动，提高稳定性。在未来的发展中，激光加工技术还有望在材料选择、加工速度和精度等方面取得更大突破。随着新材料的不断涌现，激光加工技术将需要适应更广泛的材料范围，包括复杂的复合材料和先进的功能性材料。与此同时，加工速度和精度的平衡将成为技术研究的焦点，以满足不同应用领域对于高效、精密加工的需求。激光加工技术的未来发展趋势将集中在更高功率和更稳定的激光源上，通过创新的材料和技术手段，推动激光加工技术在工业制造、医疗、电子等领域的广泛应用。这一发展势头将进一步推动激光加工技术的创新，促使其在各个领域取得更广泛的应用和更大的发展空间。

（二）更高效的光学系统设计

激光加工技术的发展趋势之一是朝着更高效的光学系统设计迈进。光学系统在激光加工中起到至关重要的作用，直接影响到加工的精度、速度以及能效。随着需求的不断增长，研究人员致力于改进和创新光学系统，以提高激光加工的整体性能。高效的光学系统设计需要优化激光束的形状和质量。通过采用先进的透镜设计和精密的光学元件，可以实现更为均匀和聚焦度高的激光束。这对于提高加工的精度和效率至关重要。通过使用非球面透镜、自适应光学系统等技术手段，可以更好地纠正激光束在传播过程中的畸变，确保激光在焦点处的质量和稳定性。更高效的光学系统还需要充分考虑光的传输和损失问题。减小光学元件表面的反射、散射和吸收，采用高透过率的材料，以减小能量损失，将激光能量更有效地传递到工件表面。此外，对于高功率激光加工而言，散热也是一个关键问题，因此设计冷却系统，确保光学元件在高功率激光照射下能够保持稳定的温度，对于提高系统的稳定性和寿命至关重要。随着激光加工应用领域的拓展，对于多材料、多层次加工的需求逐渐增加。因此，更高效的光学系统设计需要具备多功能性，能够适应不同材料的加工需求。这可能涉及到光学系统的调整和切换，以适应不同加工任务的要求，包括材料的种类、厚度和形状的变化。智能化和自适应光学系统也是未来发展的方向。通过引入先进的传感器技术和实时反馈系统，光学系统能够在加工过程中实时监测和调整，以适应材料的变化和加工条件的波动。这种自适应性可以提高系统的鲁棒性和适用性，使激光加工更加灵活和智能。更高效的光学系统设计是激光加工技术发展的关键方向之一。通过优化激光束的质量、减小能量损失、适应多样化加工需求以及引入智能化技术，激光加工系统将能够更好地满足不断增长的工业和科研需求，推动激光加工技术在各个领域的广泛应用。这一发展趋势将为制造业、医疗和电子等领域提供更高效、更灵活的激光加工解决方案，推动激光技术的不断创新与突破。

（三）微纳米激光加工技术的拓展

激光加工技术的发展趋势之一是微纳米激光加工技术的拓展。随着科技的迅速进步，对微纳米尺度加工精度和复杂性的需求日益增加，激光技术在微纳米加工领域展现出巨大的潜力。微纳米激光加工技术主要包括激光刻蚀、激光切割、激光打孔等多种应用，其发展不仅将推动纳米科技的进步，也在各个领域展现出广泛的应用前景。微纳米激光加工技术的拓展需要在激光源的选择和设计上取得创新性突破。针对微纳米尺度的加工需求，激光器需要具备更高的功率密度、更小的焦点尺寸和更短的脉冲宽度，以实现更精细、更高分辨率的加工。因此，开发适应微纳米尺度的激光器技术将成为推动微纳米激光加工技术发展的核心。微纳米激光加工技术的拓展涉及到先进的光学系统设计。微小尺度的加工需要更为精密和复杂的光学系统，以确保激光束的聚焦度和稳定性。采用先进的非球面透镜、自适应光学系统和实时反馈控制，可以有效纠正光学系统中的畸变，提高激光加工的精度和可控性。在材料方面，微纳米激光加工技术的拓展将需要更多样化、多功能的材料应用。针对不同的微纳米加工任务，需要选择适当的材料，包括但不限于金属、半导体、陶瓷等。同时，随着生物医学、光子学等领域的发展，对生物相容性和光学特性优越的新型材料的需求也将推动微纳米激光加工技术的应用范围不断扩大。微纳米激光加工技术的拓展还需要注重工艺优化和自动化。随着微纳米结构的复杂性增加，工艺的精细控制和优化变得至关重要。自动化技术的引入可以提高加工效率，减小人为误差，并使微纳米激光加工技术更加可靠和成熟。微纳米激光加工技术的拓展也与纳米制造、纳米光学、纳米电子学等交叉学科的深度融合密不可分。通过整合不同领域的知识和技术手段，可以推动微纳米激光加工技术在纳米科学和纳米技术领域的综合应用，为未来纳米器件和纳米系统的发展提供强大支持。微纳米激光加工技术的拓展是激光加工技术领域的重要方向之一。通过激光源的创新、光学系统的优化、材料的多样化应用以及工艺的自动化，微纳米激光加工技术将在纳米科技、生物医学、电子器件等多个领域取得更广泛的应用，推动科技创新和工业制造的不断进步。

知识小结

在深入研究激光加工的原理时，我们了解到激光是通过受激辐射产生的一种高强度、单色、相干光。这种光可以被聚焦到非常小的点上，形成高能密度的光斑。通过对激光的产生、传输和聚焦的研究，我们理解了激光焊接工艺的基本原理。焊接时，激光能够高度集中地加热焊接点，使其迅速融化和连接。此外，我们深入研究了激光焊接的关键工艺参数，如激光功率、焦距等，以及它们如何影响焊接效果。这使我们能够更好地理解激光焊接的高效、精密和可控的特点。在探讨激光加工技术的现状时，我们了解到激光焊接技术已经广泛应用于多个行业，包括制造业、汽车工业和电子行业。它的高效性、无接触性和精密度使其成为现代制造业中的重要工具。然而，我们也看到了技术的一些挑战，如高投资成本和对材料的一定要求。在探讨激光加工技术的发展趋势时，我们关注到数字化制造、新材料的研发以及激光设备的创新是未来的主要方向。这表明激光加工技术将不断演进，以适应制造业的不断变革和创新。通过这两个任务，我们建立了对激光焊接技术全面的认识，从基本原理到现实应用，再到未来趋势。这将有助于我们更好地理解并应用这一先进技术，推动制造业的创新和发展。

思考练习

1. 为什么激光被描述为“高强度、单色、相干”的光？这些特性在激光焊接中有何重要性？

2. 分析激光焊接工艺相对于传统焊接方法的优势。

3. 如何调整激光功率和焦距等参数，以实现不同焊接效果？

项目三　铁　冶　金

项 目 导 读

铁冶金作为金属冶金的一个重要分支，涉及到从铁矿石中提取纯铁的过程。这一过程历经多个关键阶段，从铁矿石的获取到最终的铁制品产出，包括高炉炼铁和非高炉炼铁两种主要方式。在铁冶金的第一环节，我们将深入探讨铁矿石的概念。铁矿石是一种含有铁元素的矿石，其主要矿物为赤铁矿、磁铁矿、褐铁矿等。了解铁矿石的特性对后续的炼铁过程至关重要。任务二将介绍炼铁过程中所需的关键原料。除了铁矿石之外，炼铁还需要煤炭、焦炭、石灰石等原料。这些原料的选择和质量直接影响到最终铁的质量和产量。高炉炼铁作为主流的铁冶金方式，任务三将深入研究高炉炼铁的工艺过程。高炉是通过将铁矿石和还原剂在高温条件下反应，将铁从矿石中提取出来的设备。我们将探讨高炉的结构、工作原理以及相关的物理化学反应。在任务四中，我们将探讨非高炉炼铁的方式。与高炉炼铁相比，非高炉炼铁采用不同的工艺和设备，例如直接还原法、电炉法等。了解这些非高炉炼铁的方式有助于我们理解不同工艺的优劣势，以及在特定情况下的应用。通过深入研究铁冶金的各个环节，本项目旨在为读者提供全面的铁冶金知识，从铁矿石到成品铁的整个生产链条，使读者对铁的提取和加工过程有深刻的了解。这将有助于工程师、冶金学家以及对冶金工业感兴趣的人深入了解铁冶金领域的发展和应用。

学 习 目 标

理解铁矿石的概念：学习者将通过任务一深入了解铁矿石的基本概念，包括其种类、特性和分布。这将为后续的炼铁过程提供必要的基础知识，使学习者能够准确选择合适的铁矿石用于冶金生产。

熟悉炼铁原料的选择与作用：通过任务二，学习者将学会选择和了解炼铁过程中所需的各种原料，包括铁矿石、煤炭、焦炭、石灰石等。了解这些原料的性质和作用，对于实现高效的炼铁过程至关重要。

深入了解高炉炼铁的工艺过程：任务三将使学习者深入研究高炉炼铁的工艺过程，包括高炉的结构、工作原理以及相关的物理化学反应。学习者将理解高炉是如何将铁从铁矿石中提取出来的，为实际生产提供必要的理论支持。

掌握非高炉炼铁的方式：通过任务四，学习者将了解非高炉炼铁的不同方式，如直接还原法、电炉法等。掌握这些非高炉炼铁方式，使学习者能够在实际应用中灵活选择合适的炼铁工艺，满足不同条件下的生产需求。通过实现这四个学习目标，学习者将建立起对铁冶金全过程的系统性理解，不仅能够应用于铁炼制工业，还能为相关领域的工程师、科研人员以及冶金学爱好者提供深入的冶金知识，推动铁冶金领域的发展和创新。

思政之窗

铁冶金作为重要的工业生产领域，不仅仅是一门技术，更承载着丰富的思想内涵。通过这个“思政之窗”，我们将探讨铁冶金与人类社会、环境以及可持续发展等方面的深层联系。铁矿石是地球赋予我们的自然资源之一。然而，其获取和利用也牵涉到资源分配的公平与合理性。在学习铁矿石的概念时，我们将思考如何在合理开发的同时保护自然环境，维护资源的可持续利用，实现经济、社会和环境的协调发展。炼铁原料的选择直接关系到能源消耗、环境排放等问题。在学习炼铁原料的同时，我们将思考如何在确保工业生产的基础上，最大程度地降低对环境的负面影响，推动清洁生产和可持续发展理念的实现。高炉炼铁作为主要的炼铁方式，其能源消耗和废气排放一直备受关注。在学习高炉炼铁工艺时，我们将思考如何引入先进的技术手段，降低能耗，减少环境污染，实现资源高效利用。非高炉炼铁方式在一定程度上能够缓解高炉炼铁的环境压力。在学习非高炉炼铁方式时，我们将思考如何平衡不同炼铁方式之间的利弊，以及如何在技术创新中推动铁冶金产业的可持续发展。通过这个思政之窗，我们将超越单纯的技术学习，更深入地思考铁冶金对社会、环境和可持续发展的影响，以培养学习者对科技发展的责任感和使命感，推动技术创新与社会价值的有机结合。

任务一　铁矿石的概念

铁矿石是一种重要的自然矿产，主要由含有铁元素的矿石组成。其主要成分是氧化铁矿物，包括赤铁矿、磁铁矿、褐铁矿等。铁矿石是钢铁工业的基础原材料，被广泛用于生产铁和钢，两者是现代工业中最重要的金属材料之一。这种矿石的开采、炼制和利用对于全球经济和工业发展具有深远的影响。铁矿石的产地分布广泛，主要分布在世界各大洲，包括澳大利亚、巴西、中国、印度、俄罗斯、南非等国家。其中，澳大利亚和巴西是世界上最主要的铁矿石产区，其产量居全球前列。中国作为世界上最大的钢铁生产国之一，也是重要的铁矿石生产和消费国，其需求量对于国际铁矿石市场有着显著的影响。赤铁矿、磁铁矿和褐铁矿是铁矿石中常见的三种类型。其中，赤铁矿是最常见的一种，其主要成分是 Fe_2O_3，呈现红色或棕色。磁铁矿主要是 Fe_3O_4，具有磁性，因此得名。褐铁矿则以其棕色的外观而命名，其主要成分是含水氧化铁。这些铁矿石的不同成分和性质，决定了它们在冶炼过程中的利用方式和产出的铁质品质。铁矿石在钢铁生产中扮演着不可替代的角色。矿石中的铁元素通过炼铁过程被提取出来，制得生铁，然后通过炼钢过程得到各类不同性能的钢铁产品。这些产品广泛应用于建筑、交通运输、机械制造、电子、军工等各个领域。因此，铁矿石的供应和价格对于全球钢铁产业链的稳定和可持续发展至关重要。随着工业化和城市化进程的推进，对于钢铁产品的需求不断增长，铁矿石市场也在不断演变。国际市场上，铁矿石价格的波动受到全球经济状况、钢铁产业政策、运输成本等多种因素的影响。技术的进步也在改变铁矿石的采选和冶炼方式，推动了铁矿石产业的升级和创新。铁矿石的开采和利用也面临一些环境和可持续性的挑战。矿石开采可能导致土地破坏、水资源污染等环境问题，而铁矿石的冶炼会排放大量二氧化碳等温室气体。因此，在全球范围内，对于铁矿石资源的可持续开发和利用提出了更高的要求，促使产业从传统的资源开发方式向更为环保和绿色的方向转变。铁矿石是现代工业不可或缺的原材料之一，对于全球经济和基础设施建设起到了关键性作用。然而，随着技术的不断发展和社会的变迁，对于铁矿石的可持续开发和利用提出了新的挑战和机遇，促使铁矿石产业朝着更为绿色和创新的方向发展。

图10　铁矿石

图11　铁矿碎料

任务二　炼铁原料

一、铁矿石

炼铁原料中最为重要的一种是铁矿石，它是铁冶金过程中的基础原料，直接关系到最终铁的质量和产量。铁矿石主要包括赤铁矿、磁铁矿等，是含有铁元素的矿石。对铁矿石的深入了解不仅涉及其种类和特性，更关乎资源的合理开发、环境的可持续利用，以及整个炼铁工业的高效运行。铁矿石的种类多样，每种都有其独特的性质和适用场景。赤铁矿是最为常见的铁矿石之一，其主要成分是氧化铁，具有红色或棕红色的外观。磁铁矿则以其磁性而著称，其含有较高的铁和磁铁矿物质，常常在磁场中表现出显著的磁性。对于炼铁工业而言，选择合适的铁矿石种类是至关重要的，不同的矿石含有不同的杂质和矿物成分，直接影响到最终产出的铁的质量和纯度。对于炼铁原料而言，铁矿石的质量和含铁量是关键指标。高品质的铁矿石通常含有较高的铁氧化物，这意味着在冶炼过程中可以获得更多的金属铁。然而，在现实生产中，铁矿石的品质差异较大，一些矿石中可能还夹带有硅、铝、磷等杂质，这就需要在后续的炼铁过程中采取相应的处理措施，以确保最终产物的质量符合要求。铁矿石的开采和利用涉及到对自然环境的影响。随着社会对可持续发展的要求不断增加，对于铁矿石资源的合理开发和环境保护的关注也日益提高。开采铁矿石会涉及到土地利用、水资源利用等方面的问题，因此，在炼铁工业的发展中，需要考虑如何通过科技手段和环境管理来最小化对自然环境的破坏，实现资源的可持续利用。铁矿石的运输和储存也是炼铁原料管理中的重要环节。由于铁矿石通常需要从矿山运输到冶炼厂，而且在不同季节和气候条件下，对于矿石的储存也提出了一定的挑战。如何通过有效的物流管理和储存技术，保障炼铁原料的供应稳定，也是炼铁工业中需要认真考虑的问题之一。铁矿石作为炼铁原料的核心，其品质、开采、利用和管理直接关系到整个铁冶金工业的可持续发展。在面对资源有限性和环境保护的压力下，对铁矿石的科学管理和高效利用将成为铁冶金工业持续发展的关键因素。

二、焦炭

炼铁原料中，焦炭是至关重要的一部分，它在高炉冶炼过程中不仅作为还原剂，将铁矿石中的氧还原成金属铁，同时也提供高温热能以促进反应的进行。焦炭的质量和使用方式直接关系到铁的产量和质量，因此对焦炭的深入了解是炼铁工业中至关重要的一环。焦炭的制备过程涉及到高温热解焙烧。焦炭是由高岭土煤等矿石在高温条件下热解而成的，其主要成分是固体碳。这个过程中，原材料中的挥发分和不燃烧的杂质会在高温下挥发，留下具有高热值的焦炭。因此，焦炭的制备过程不仅需要考虑煤种和原材料的选择，还需要严格控制热解过程的温度和气氛，以确保焦炭的质量达到要求。焦炭在高炉炼铁过程中的作用至关重要。在高温的高炉内，焦炭充当还原剂，通过化学反应将铁矿石中的氧气还原成金属铁。这个反应是整个高炉冶炼过程的核心步骤，直接影响到炼铁的效率和产物质量。同时，焦炭还通过提供大量的热能，使铁矿石中的铁熔化成液态，并在高炉中形成铁水。因此，焦炭不仅仅是一种还原剂，更是高炉炼铁过程中的重要热源。与此同时，焦炭的使用也带来了一系列环境和能源问题。焦炭的热解过程和燃烧过程都会释放大量的二氧化碳和其他有害气体，对大气环境造成不良影响。此外，焦炭在生产和运输中的大量消耗也使其成为一个非常能耗的炼铁原料。在当前全球对气候变化和能源危机的关切下，如何减少焦炭的使用、提高利用效率，已经成为炼铁工业亟待解决的问题。针对这些问题，炼铁工业一直在积极探索替代焦炭的方法。一种可能的替代品是生物质炭，其生产过程中产生的二氧化碳总量更少。另外，电解铁粉、天然气等也被研究作为潜在的替代品。这些替代品的使用或许能够减轻对传统焦炭的依赖，从而实现更为环保和可持续的炼铁过程。焦炭在炼铁工业中的地位不可替代，但其使用也伴随着环境问题和能源压力。在未来的发展中，炼铁工业需要不断创新，寻找更加环保和高效的焦炭替代方案，以实现炼铁工业的可持续发展。

图12 焦炭

三、石灰石（石灰）

炼铁过程中，石灰石（石灰）作为一种重要的炼铁原料发挥着关键的作用。石灰石主要包括生石灰和熟石灰两种形态，其在高炉冶炼中主要用于还原渣和硫的处理，同时通过形成炉渣，调节炼铁反应的平衡，对炼铁过程的稳定性和产物质量起到至关重要的作用。石灰石在高炉冶炼中的还原渣作用不可忽视。在高炉内，石灰石作为还原渣的主要成分之一，与铁矿石中的氧化物发生反应，形成还原渣，进而促使铁的还原反应顺利进行。这一反应不仅有助于提高铁的产量，同时也影响着冶炼过程中的温度和流体特性，对炼铁的整体效果产生深远的影响。石灰石在高炉中用于硫的处理。硫是铁矿石中常见的杂质之一，其存在会对产生的铁产品的质量产生负面影响。石灰石通过与硫发生化学反应，形成硫化钙等化合物，有效降低了硫的含量，提高了铁的纯度。这一过程在保障铁产品质量的同时，也减少了对环境的不良影响，符合环保和可持续发展的要求。石灰石在高炉冶炼中还发挥了调节炉渣性质的重要角色。在高温条件下，石灰石与其他炼铁原料反应生成炉渣，通过调整炉渣的成分和性质，有助于平衡炼铁过程中的各种反应，防止炉渣过于粘稠，从而影响铁水的流动和铁的产出。石灰石的适量添加可以提高炉渣的碱度，调整其黏度，有利于高炉冶炼的稳定进行。石灰石在炼铁过程中的使用也面临一些挑战和问题。其中之一是石灰石的品质和来源。不同地区的石灰石含有的杂质和成分可能存在差异，这直接影响到其在高炉冶炼中的效果。因此，选择适宜品质的石灰石，对于炼铁工业而言显得至关重要。此外，对石灰石的粒度和均匀性也有一定要求，以确保其在高炉中的均匀分布和有效反应。石灰石作为炼铁原料，在高炉冶炼中具有多重功能，包括还原渣的生成、硫的处理以及炉渣的调节等。其合理的使用不仅能够提高炼铁过程的效率和产物质量，还有助于环保和资源的可持续利用。在未来，随着炼铁技术的不断创新和绿色冶金理念的深入推进，石灰石的应用和管理将继续受到更多关注，以促进炼铁工业朝着更加环保和可持续的方向发展。

图13 石灰石

四、其他辅助原料

（一）硅石

炼铁过程中，硅石作为一种重要的辅助原料，具有多重功能，对于铁的产量和质量有着直接影响。硅石主要包括石英、硅灰石等，其在高炉中的运用涉及到还原性和温度调控等方面，为炼铁工业的高效运行提供了不可或缺的支持。硅石在高炉冶炼中的还原性起到关键作用。在高温高炉环境中，硅石可以与铁矿石中的氧化铁反应，发生还原反应，将氧气还原为金属铁。这一还原性反应有助于增加铁的产量，提高铁的还原率，从而提高整个炼铁过程的效率。硅石的还原性质在高炉冶炼中具有独特的优势，对于铁的生产起到积极的推动作用。硅石在高炉中还起到了温度调控的作用。在高炉冶炼的过程中，硅石与其他炼铁原料一同进入高炉，通过其在高温下的反应，产生大量的热能。这些热能有助于提高高炉内部的温度，从而促进反应的进行。通过硅石的加入，可以有效调节高炉的炉温，保持在适宜的范围内，有助于炼铁过程的平稳进行。硅石还对高炉冶炼中的炉渣性质产生一定影响。硅石在高炉中与其他炼铁原料发生反应，生成硅酸钙等化合物，这些物质对炉渣的性质具有重要的调节作用。炉渣的形成和性质直接关系到高炉内部的反应平衡和铁的产出，因此硅石的适量添加可以影响炉渣的黏度、碱度等指标，有利于提高高炉冶炼的效果。硅石的使用也面临一些挑战。硅石中的杂质和品质对于高炉的影响需要谨慎考虑，以免引入不利因素。此外，硅石的粒度和均匀性也需要注意，以确保其在高炉中的均匀分布和充分反应。在炼铁工业中，对硅石的质量和使用要有严格的控制，以保障整个高炉冶炼过程的稳定和高效进行。硅石作为炼铁工业中的辅助原料，在高炉冶炼中具有多方面的功能，包括还原性、温度调控和对炉渣性质的调节等。其合理的使用可以提高炼铁过程的效率和产物质量，有助于实现炼铁工业的可持续发展。在未来，炼铁技术的进一步创新和绿色冶金理念的推动下，硅石的应用将继续受到更多关注，为铁冶金行业的发展做出积极贡献。

图14　硅石

（二）铝土矿

炼铁原料中的铝土矿，作为一种重要的辅助原料，具有多重功能，对炼铁工业的高效运行和产物质量有着直接而关键的影响。铝土矿主要包括各种含铝矿石，如脱铝白泥、高岭土等，其在高炉冶炼中发挥着还原性、流动性和抗结渣性等方面的独特作用，为炼铁过程提供了重要的支持。铝土矿在高炉冶炼中的还原性质发挥着重要作用。在高温高炉环境中，铝土矿中的氧化铝可以与铁矿石中的氧发生还原反应，将氧还原为金属铁，提高铁的产量。这一还原性质有助于增加高炉内还原反应的速率，从而提高整个冶炼过程的效率。铝土矿作为还原性原料，与其他炼铁原料协同作用，对高炉冶炼的顺利进行起到了积极的推动作用。铝土矿的流动性对高炉内部的物料流动起到关键的调节作用。在高炉中，铝土矿与其他炼铁原料一同进入炉腔，通过其在高温环境中的熔融性，形成液态炉渣。这种液态炉渣有助于提高炉料的流动性，促进高炉内部物料的混合和分布，有利于冶炼过程的平稳进行。铝土矿的添加可以调整炉渣的黏度，确保其在高炉中能够充分发挥作用。铝土矿还在高炉冶炼中发挥了抗结渣性的重要作用。在高温高炉环境中，铝土矿的成分有助于降低炉渣的熔点，防止炉渣过早凝固而产生结渣问题。这对于维持高炉冶炼的稳定性和持续性至关重要。通过适量添加铝土矿，可以有效防止炉渣在高炉内部管道和设备中形成结渣，保障高炉的正常运行。铝土矿的使用也面临一些挑战和问题。铝土矿中含有一定的铝、硅等成分，这些成分的含量和比例需要合理控制，以免引入不利因素。此外，对铝土矿的粒度和均匀性也有一定要求，以确保其在高炉中的均匀分布和充分反应。在炼铁工业中，对铝土矿的质量和使用要有严格的控制，以保障整个高炉冶炼过程的稳定和高效进行。铝土矿作为炼铁工业中的辅助原料，在高炉冶炼中发挥了还原性、流动性和抗结渣性等多重功能。其合理的使用可以提高炼铁过程的效率和产物质量，有助于实现炼铁工业的可持续发展。在未来，炼铁技术的不断创新和环保理念的推进下，铝土矿的应用将继续受到更多关注，为铁冶金行业的发展做出积极贡献。

图15 铝土矿

（三）锰矿

锰矿作为炼铁原料中的重要辅助原料，在高炉冶炼过程中具有多方面的作用，对提高铁的质量、增加产量以及改善高炉冶炼条件有着显著的影响。主要包括锰铁矿、菱锰矿等不同类型的矿石，其主要成分是含有锰元素的氧化物，通过在高温环境中的还原和化学反应，发挥了以下几个方面的重要功能。锰矿在高炉冶炼中的还原性质对提高铁的产量起到了至关重要的作用。在高温高炉环境中，锰矿中的氧化锰可以与铁矿石中的氧化铁反应，进行还原反应，将氧还原为金属铁。这一还原性质有助于增加高炉内的还原反应速率，提高铁的产量，从而改善整个炼铁过程的效率。锰矿作为还原性原料，与其他炼铁原料协同作用，对高炉冶炼的顺利进行起到了积极的推动作用。锰矿中所含的锰元素对提高铁的质量具有重要意义。锰在钢铁生产中被广泛应用，可以有效调节钢铁的组织和性能。通过适量添加锰矿，可以在高炉冶炼过程中引入锰元素，提高铁的合金化程度，从而改善钢铁的强度、韧性等性能。这对于生产高强度、高耐磨性的合金钢等特殊用途的钢材具有重要作用。锰矿还在高炉冶炼中发挥了促进炉渣流动和改善冶炼条件的作用。在高温条件下，锰矿与其他炼铁原料一同进入高炉，通过其在高温环境中的反应，促使炉渣流动，有助于提高炉内物料的混合和分布，有利于冶炼过程的平稳进行。锰矿的添加可以调整炉渣的性质，有助于保持炉渣的流动性，从而维护高炉冶炼的正常进行。在锰矿的使用中也存在一些挑战和问题。锰矿的品质和含锰量需要得到严格控制，以确保其在高炉冶炼中发挥良好的效果。锰矿的适量使用需要根据具体的冶炼工艺和合金要求进行调整，避免过量使用引发不必要的问题。另外，锰矿中可能含有一定的杂质，对高炉运行和产物质量产生一定的影响，因此在选择和使用锰矿时需要仔细考虑。锰矿作为炼铁原料中的辅助原料，在高炉冶炼中发挥了还原性、合金化和促进炉渣流动等多重功能。其合理的使用可以提高炼铁过程的效率和产物质量，为炼铁工业的可持续发展提供了有力的支持。在未来，随着炼铁技术的不断创新和绿色冶金理念的深入推进，锰矿的应用将继续受到更多关注，为铁冶金行业的发展做出积极贡献。

图16 锰矿

（四）硫化铁矿

硫化铁矿，作为炼铁原料中的一种重要辅助原料，具有独特的化学性质和冶炼特点，对于高炉冶炼的效果和产物质量有着显著的影响。硫化铁矿的主要成分是含有铁和硫元素的矿石，包括黄铁矿、辉铜矿等，其在高温高炉环境中的还原性和硫含量等特性，使其在炼铁工业中具有特殊的作用。硫化铁矿的还原性质在高炉冶炼中起到了关键作用。在高温高炉环境中，硫化铁矿中的硫元素可以与铁矿石中的氧化铁发生还原反应，将氧气还原为金属铁。这一还原反应有助于提高铁的产量，增加还原反应速率，从而改善整个炼铁过程的效率。硫化铁矿作为还原性原料，与其他炼铁原料协同作用，对高炉冶炼的顺利进行起到了积极的推动作用。硫化铁矿中所含的硫元素对于炼铁过程中的一些特殊冶炼需求具有独特的价值。硫元素可以调节高炉内部的还原性和温度分布，影响炉内物料的流动性。适量的硫元素加入可以调整铁的合金化程度，对于生产特殊合金和满足特殊性能要求的钢材有着积极的作用。硫化铁矿在特殊冶炼工艺中的运用，可以实现对铁的特定性能的精确调控。硫化铁矿中的硫元素还可以影响高炉冶炼的炉渣性质。硫化铁矿进入高炉后，硫元素与其他炼铁原料发生反应，形成硫化物等化合物，这些物质对炉渣的性质产生一定的影响。硫元素的加入可以改善炉渣的流动性和黏度，有助于保持炉渣的稳定性，从而提高炼铁过程的稳定性和生产效果。在硫化铁矿的使用中也存在一些问题和挑战。硫元素的加入可能导致高炉烟气中的硫化物排放增加，对环境产生负面影响。因此，在硫化铁矿的使用中需要考虑硫元素的含量和排放控制，以保障环保要求。另外，硫化铁矿的品质和硫含量的稳定性也需要得到合理控制，以确保其在炼铁过程中的可控性和可靠性。硫化铁矿作为炼铁原料中的辅助原料，在高炉冶炼中具有还原性、硫元素调控和对炉渣性质的影响等多重功能。其合理的使用可以提高炼铁过程的效率和产物质量，为炼铁工业的可持续发展提供了有力的支持。在未来，随着环保要求的提高和炼铁技术的不断创新，硫化铁矿的应用将受到更加深入的研究和广泛的关注，为铁冶金行业的发展做出积极贡献。

图17 硫化铁矿

五、再循环原料

（一）废钢和废铁

废钢和废铁，作为炼铁原料中的再循环原料，对于炼铁工业的可持续发展和资源利用具有重要意义。这些再循环原料主要包括来自废旧钢材和铁制品的废弃物，通过回收和再利用，不仅有助于减少环境污染和资源浪费，还能提高炼铁过程的效率和产物质量。废钢和废铁的再利用可以显著减少新原料的开采和矿石的炼制，降低炼铁过程对自然资源的依赖。这有助于减缓矿产资源的枯竭和生态环境的破坏，符合可持续发展的理念。通过回收和再循环利用这些废弃材料，炼铁工业可以更加环保和经济地获取所需的金属原料，实现资源的有效利用。废钢和废铁的再循环利用有助于减少固体废弃物的排放和处理负担。大量的废弃钢材和铁制品如果不得当处理将对环境造成严重污染，而将其用于再循环可以有效减少垃圾堆积，降低对垃圾填埋和焚烧等处理方式的需求，减少对环境的负面影响。废钢和废铁的回收利用在能源消耗方面也具有优势。相比于从矿石中提取金属，再循环利用废钢和废铁需要的能量要明显低于初次提取过程，从而降低了炼铁过程的整体能源消耗。这有助于减少碳排放，提高工业的能源利用效率，符合低碳经济和绿色制造的要求。在炼铁过程中，废钢和废铁的加入还可以对炉渣的性质产生积极影响。废钢中的一些合金元素和杂质有助于调整炉渣的化学成分，改善其流动性和脱渣性，有利于维持高炉冶炼的稳定性。通过适量控制废钢和废铁的投入，可以实现对炉内物料的优化控制，提高产出的钢铁的质量和适用性。废钢和废铁的再循环利用也面临一些挑战。废钢和废铁的质量和品质差异较大，需要经过严格的分类和处理，以确保其在炼铁过程中的稳定性和可控性。废钢和废铁中可能含有一些有害物质和污染物，需要进行有效的清理和处理，以防止对炼铁设备和产品产生不利影响。废钢和废铁作为炼铁原料中的再循环原料，在炼铁工业中具有明显的环保和经济优势。通过合理的回收和再利用，不仅能够减少资源的开采和环境的污染，还能够提高炼铁过程的效率和产物质量，促进炼铁工业的可持续发展。在未来，随着绿色制造理念的深入推进，废钢和废铁的再循环利用将成为炼铁工业发展的重要方向，为构建资源节约型、环保型社会贡献力量。

图18 废钢

图19 废铁

（二）焦炭的再利用

焦炭，作为炼铁原料中的再循环原料，具有独特的冶炼特性和经济价值，其再利用对于炼铁工业的可持续发展和资源循环利用具有重要的意义。焦炭主要来自于废弃的冶金焦、炼焦炉渣等，通过回收和再利用，不仅有助于减少资源浪费和环境污染，还能够提高炼铁过程的效率和产物质量。焦炭的再利用可以显著减少新焦炭的消耗，减缓煤炭等矿产资源的开采压力，有助于缓解煤炭资源的紧缺问题。焦炭再循环利用的核心在于冶金焦的回收与利用，通过将冶金焦中的还原性碳重新引入炼铁过程，实现对焦炭的高效再利用。这一过程不仅有助于保护自然资源，降低煤炭的消耗，还能够减少对环境的不良影响，符合绿色制造和可持续发展的要求。焦炭的再利用对炼铁过程的效率提升和能源节约具有显著作用。焦炭作为还原剂，参与高炉冶炼过程中的还原反应，将氧化铁还原为金属铁。通过合理的再利用焦炭，不仅能够降低整个冶炼过程中的能量消耗，减轻高炉的负担，还能够提高冶炼的产能和效益，实现能源资源的更为有效利用。焦炭的再利用还可以改善冶炼过程中的炉渣性质。焦炭中的一些矿物质成分，如硅、铝等，可以与高炉内部的其他物料发生反应，影响炉渣的成分和性质。通过控制焦炭的再利用比例和合理配置，可以调整炉渣的化学成分，提高其流动性和脱渣性，有利于维持高炉冶炼的稳定性。焦炭再利用也面临一些挑战。冶金焦的再利用需要经过复杂的分离和处理过程，确保回收的焦炭符合冶炼要求。焦炭的再利用比例需要在保证冶炼质量的前提下合理控制，避免对炉内物料的影响过大。此外，焦炭的再利用对高炉的冶炼条件和温度分布有一定的要求，需要在具体的工艺设计中综合考虑。焦炭的再利用是炼铁工业实现资源循环利用和可持续发展的重要路径之一。通过合理的焦炭再循环利用，既可以减少资源的消耗，又能够提高炼铁过程的效率和产物质量，实现资源的可持续利用。在未来，随着绿色制造理念的不断深入，焦炭再利用将成为炼铁工业发展的重要方向，为实现资源节约型、环保型社会贡献力量。

任务三　高炉炼铁

一、高炉的结构和原理

（一）高炉的结构

高炉是冶金工业中用于生产铁的关键设备，其结构复杂而精密，包括上、中、下三部分。高炉的结构设计旨在实现高效的铁矿石冶炼和铁水产出，其性能直接影响到整个炼铁过程的稳定性和经济性。高炉的上部通常包括料槽、料斗、风口、煤气管道等部分。料槽是用于存储铁矿石、焦炭等原料的容器，通过料斗将原料均匀地投入高炉。风口是将空气送入高炉，与焦炭发生燃烧，产生高温煤气的关键位置。高炉上部的结构设计旨在实现原料的顺利投入、气体的有效混合，为高炉内部的冶炼提供均衡的物料和热能条件。高炉的中部是冶炼过程的主要区域，包括炉腹、炉缸、鼓风装置等。炉腹是高炉内部的主要冶炼区域，其中进行着铁矿石的还原、金属铁的生成等关键反应。炉缸是炉腹的延伸部分，其结构设计旨在确保炉料的顺利下降，并实现炉内物料的有效分层。鼓风装置用于向高炉送风，通过合理的风量和风压调节，控制高炉内部的气氛和温度，影响冶炼的进行。高炉的下部主要包括铁口、渣口、铁水槽等部分。铁口是高炉产出的铁水流出的位置，其结构设计需要考虑铁水的顺利流动和收集。渣口是用于排放高炉渣的出口，其位置和结构对于炉渣的有效排除至关重要。铁水槽用于收集、储存高炉产出的铁水，通过合理的设计和调控，确保铁水的质量和产量。在高炉的结构设计中，各个部分需要密切配合，确保高炉内部的物料流动、热能传递和化学反应能够协同进行。合理的结构设计可以提高高炉的冶炼效率，减少能源消耗，降低生产成本，从而在激烈的市场竞争中保持竞争力。同时，高炉的结构还需考虑设备的耐久性、安全性、维护便捷性等方面的因素，以确保设备的长期稳定运行。高炉结构的发展也在不断地受到新技术的推动和改进。随着计算机仿真技术的发展，高炉的结构设计可以通过模拟和优化，使得设备更加符合实际工况的要求。新型材料的应用也为高炉的结构提供了更多可能，提高了设备的耐高温、抗腐蚀等性能。同时，智能化技术的引入使得高炉结构的监测和控制更加精准和高效，提高了设备的自动化水平。高炉的结构是炼铁工业中的核心，其设计需要兼顾原料投入、冶炼过程和产出物料等多个因素。随着科技的不断发展，高炉结构将不断演进，以适应新的生产要求和环保标准，推动炼铁工业向着更加高效、绿色、可持续的方向发展。

（二）高炉炼铁原理

高炉炼铁是一种重要的冶金过程，其原理涉及多个物理、化学反应和热力学过程。高炉炼铁的基本原理是通过将铁矿石、焦炭和石灰石等原料投入高炉，经过高温还原、冶炼和熔化等阶段，最终产出铁水和副产品。这一过程主要涉及到还原反应、熔化反应和渗透作用等关键环节。还原反应是高炉炼铁过程中的关键步骤。在高炉内，焦炭经过氧化反应生成一氧化碳和二氧化碳等气体，其中一氧化碳起到了还原的作用。还原反应主要发生在高炉的上部和中部，其核心是将铁矿石中的氧化铁还原为金属铁。这一反应的发生需要高温、合适的还原剂和适量的石灰石等助熔剂，以保证反应的顺利进行。熔化反应是高炉炼铁过程中的另一个关键环节。通过还原反应生成的金属铁和残留的氧化物在高温下熔化，形成铁水和炉渣两个相分离的液态体系。炉渣主要包括氧化物、石灰石等，其目的是提供足够的流动性，将生成的金属铁从高炉中排出，并吸附一些有害元素，保证铁水的质量。渗透作用也是高炉炼铁原理中的重要环节。高炉内部的物料在还原和熔化的过程中，需要通过渗透作用，从上部逐渐向下部移动，以保证冶炼过程的顺利进行。合理的物料层结构和温度分布是渗透作用发挥的关键，需要通过高炉内的风口、炉缸等结构的设计来实现。高炉炼铁原理是一个复杂的系统工程，涉及多个物理和化学过程的耦合作用。通过高温下的还原、熔化和渗透等环节，将铁矿石中的氧化铁还原为金属铁，并通过渗透作用将金属铁从高炉中排出，最终形成铁水和炉渣。这一原理的理解对于高炉冶炼的优化和控制至关重要，也是冶金工程中的重要研究方向。在实际生产中，高炉炼铁原理的运用需要充分考虑原料的性质、高炉内部结构、操作参数等因素，以实现高效、稳定、经济的炼铁过程。

二、原料的上料和预处理

（一）原料的上料

高炉炼铁的原料上料是炼铁过程中至关重要的一环，直接影响炉内反应的进行、生铁的产出和整个生产效率。这一阶段包括铁矿石、焦炭、石灰石等多种原料的精确投入，经过预处理后，使其在高炉内经历还原、熔化等关键步骤，最终得到质量可控的生铁。铁矿石是高炉炼铁的主要原料之一，其质量和性质直接影响着最终生铁的质量。在上料过程中，首先需要进行铁矿石的预处理。铁矿石通常来自各个矿山，其化学成分和矿物组成可能存在差异。为了保证高炉内反应的准确进行，需要对铁矿石进行破碎、磨细等物理处理，以提高其反应性。同时，进行化学分析，确保铁矿石的成分符合高炉操作的要求。焦炭是高炉炼铁过程中的还原剂，其质量和性质直接关系到还原反应的效率。焦炭通常通过焦炉的炼制过程得到，焦炉的操作对焦炭质量有着直接的影响。为了提高焦炭的还原性能，需要降低其灰分和硫分含量，提高固定碳含量。在高炉炼铁前，焦炭还需要经过破碎、筛分等预处理，确保其颗粒大小和均匀性，以便于在高炉内均匀分布并参与反应。石灰石是高炉中用于形成炼渣的重要原料。其主要作用是在高温条件下与非铁成分反应，形成炼渣，并调整高炉内的反应条件。在上料过程中，石灰石的投入需要控制在适当的比例，以确保形成的炼渣既能够有效吸附非铁杂质，又不影响正常的还原反应。石灰石的质量和化学成分也需要在投入前经过严格检测和控制。铁矿石、焦炭和石灰石等原料在高炉内的投入比例需要精确控制，以确保高炉内的反应得以平衡和正常进行。原料混合的过程中需要考虑到每种原料的化学成分、粒度分布和反应特性。通过智能化的原料混合系统，可以根据高炉的实际情况进行实时调整，以适应原料的变化和确保高炉操作的稳定性。高炉上料系统的设计直接关系到整个炼铁过程的顺利进行。一个高效的上料系统需要考虑到原料的流动性、投放速度、混合均匀性等因素。现代高炉通常配备有先进的上料系统，包括自动控制系统和仪器设备，能够实时监测和调整原料的上料情况，以确保高炉内的反应始终处于最佳状态。在进行高炉炼铁原料的上料过程中，安全和环保是不可忽视的重要因素。原料的上料应符合严格的安全标准，避免发生意外事故。同时，要注意减少粉尘和气体排放，采用封闭的上料系统，使用粉尘收集和废气处理设备，以降低对环境的不良影响。高炉炼铁原料上料过程中的质量控制离不开先进的检测手段。通过化验室、在线检测仪器等设备，对原料的化学成分、颗粒大小、水分含量等进行实时监测。这些数据反馈到自动控制系统中，能够及时调整原料的配比，确保高炉操作的稳定性和生铁的质量。在高炉炼铁过程中，原料上料是整个炼铁工艺链中的关键环节之一。通过精心设计和科学管理，确保高炉内的各种原料在适当的条件下相互作用，最终实现高效、稳定、环保的生铁生产。随着技术的不断进步，高炉原料上料过程也在不断优化，朝着更为智能、高效和可持续的方向发展。

（二）原料的预处理

高炉炼铁是一种重要的冶金工艺，其成功运行依赖于严格的原料预处理过程。原料预处理是指在高炉投入生铁矿、焦炭和石灰石等原料之前，对这些原料进行一系列物理、化学和热学处理的过程，以确保高炉内的冶炼过程能够高效、稳定地进行。这一预处理阶段对于炼铁过程的成功至关重要，因为它直接影响到铁的产量、质量以及高炉的稳定运行。生铁矿是高炉的主要原料之一，而生铁矿的种类多种多样，包括赤铁矿、磁铁矿、菱铁矿等。不同种类的生铁矿具有不同的物理性质和化学成分，因此在投入高炉之前需要进行适当的预处理。这包括矿石的破碎、筛分和混合，以确保投入高炉的矿石具有适当的颗粒大小和化学成分。颗粒大小的控制对于高炉的热平衡和气体流动至关重要，而合适的化学成分则直接影响到冶炼反应的进行和铁的品质。焦炭是另一个关键的高炉原料，它不仅提供燃料用于维持高温，还充当还原剂参与铁矿的冶炼反应。在预处理阶段，焦炭需要经过炼焦过程，即将原始煤转化为高固定碳含量、低挥发分的焦炭。这个过程涉及到原煤的干馏和裂解，通过去除挥发分和硫分，提高焦炭的固定碳含量，从而提高其还原性能。炼焦过程的优化直接关系到高炉冶炼的能效和焦比，是整个炼铁过程中的关键环节。石灰石作为高炉的熔剂和脱硫剂，也需要经过预处理过程。石灰石的主要作用是在高炉中与冶炼过程中产生的硅、铝等杂质结合形成渣，从而提高铁的纯度。在预处理中，石灰石通常需要煅烧，这是一种通过高温处理将石灰石中的二氧化碳释放出来，提高其碱度的过程。碱度的控制对于渣的液相性质和铁的脱硫效果都具有重要影响。除了上述主要原料外，高炉中还涉及到一些辅助原料和添加剂，如返矿、烧结矿、球团矿等。这些原料也需要经过适当的预处理，以保证其符合高炉的要求，并在冶炼过程中发挥预期的作用。高炉炼铁原料的预处理是一个复杂的工艺过程，涉及到多种原料的物理、化学和热学性质的调控。通过合理的预处理，可以实现高炉冶炼的高效、稳定和环保运行，确保铁的产量和质量达到预期目标。预处理工艺的不断优化和创新将对整个冶金产业的可持续发展产生积极的推动作用。

三、还原和熔化过程

（一）高炉炼铁的还原

高炉炼铁的还原过程是整个冶炼过程中至关重要的阶段，直接影响铁的产量和质量。还原是指将铁矿石中的铁氧化物还原成金属铁的化学反应，这一过程在高炉内由焦炭等还原剂参与完成。在高温、高压、高碱度的环境下，铁氧化物被还原为液态铁，同时伴随着其他化学反应，形成渣和煤气等产物。以下将详细探讨高炉炼铁的还原过程，强调其在炼铁工艺中的重要性以及影响因素。高炉炼铁的还原过程是一个复杂的多相反应系统，其中包括气固相、液固相和液相三个基本相态。在高温环境下，焦炭中的碳通过与铁氧化物发生还原反应，产生一系列气体和液态铁。这一反应可以用如下化学方程式表示：$Fe_2O_3+3C \longrightarrow 2Fe+3CO$ 该反应表明，焦炭作为还原剂，通过释放碳元素与铁氧化物发生还原反应，生成二氧化碳和液态铁。这个反应是高炉炼铁的核心步骤之一，其速率和效率直接关系到整个冶炼过程的成功进行。影响高炉炼铁还原过程的因素非常复杂，主要包括温度、压力、气体组成、还原剂质量和原料特性等。高炉内温度通常达到 1 500 摄氏度以上，这是确保还原反应进行的关键条件。高温有利于焦炭中碳的活化，促使其与铁氧化物发生更为剧烈的反应，从而提高还原速率。此外，高炉内的压力也对还原过程有一定的影响，虽然高炉压力相对较低，但在一定程度上仍能影响气体的扩散和反应速率。气体组成对高炉炼铁的还原过程同样具有重要作用。在还原反应中，产生的一氧化碳（CO）和二氧化碳（CO_2）不仅直接参与了还原反应，还对渣的液相性质和煤气成分产生影响。炉内气氛的控制对于高炉炼铁过程的平稳运行和铁的质量控制至关重要。还原剂的质量和原料的特性也是决定还原效果的重要因素。优质的焦炭含有较高的固定碳和低的灰分、硫分，这有助于提高焦炭的还原性能。同时，生铁矿的性质也直接关系到还原的难易程度，不同种类和含量的铁氧化物对还原的反应性有所差异。高炉炼铁的还原过程不仅涉及到气体相的反应，还伴随着渣的形成以及煤气的生成。渣的形成与还原反应中的矿石成分有关，其液相性质对高炉内的物质传递和反应速率起到关键作用。同时，通过合理设计高炉结构和操作条件，可以最大限度地收集和利用生成的煤气，提高冶炼的能效。高炉炼铁的还原过程是一个极其复杂的多相反应系统，受到多种因素的相互影响。通过科学合理地控制温度、压力、气体组成、还原剂质量和原料特性等参数，可以优化还原过程，确保高炉冶炼的高效、稳定和环保运行，实现铁的高质量生产。研究和改进高炉还原过程将对冶金产业的可持续发展产生积极的推动作用。

（二）高炉炼铁的熔化过程

高炉炼铁的熔化过程是整个冶炼过程中至关重要的阶段，它涉及到将已经通过还原反应得到的铁和一些残留的氧化物、硅、锰等杂质熔化成液态铁和渣。这一阶段的顺利进行直接关系到最终铁的产量、质量，以及高炉的稳定运行。在高温高压的环境下，熔化过程中的物理、化学和热学变化相互交织，需要科学合理地控制各种参数，以确保冶炼系统的高效运行。熔化过程的核心是将已经还原的铁矿石和残留的氧化物、硅、锰等杂质熔化成液态铁和渣。这个过程通常发生在高炉的下部，被称为铁水带。在这个区域，液态铁和渣的分离是一个关键步骤，因为高质量的铁要求渣中的杂质含量要尽可能低。通过科学设计高炉的结构，采用适当的倾吊装置和渣口形状，可以促使渣和液态铁有效地分离，从而提高铁的纯度。熔化过程中温度的控制至关重要。高炉内温度通常达到 1 500 摄氏度以上，这是确保铁和渣能够充分熔化的关键条件。高温有助于降低熔体的粘度，提高流动性，从而有利于熔化过程的顺利进行。温度的控制涉及到燃烧炉料的调节、气体的供给以及高炉内各个部位的热平衡，需要科学合理地协调各项因素，以确保高炉内温度稳定在适宜的范围内。熔化过程中的气体相也不可忽视。在高温环境下，液态铁表面会发生还原反应，将一部分氧气还原成一氧化碳，这一过程被称为还原碳化反应。这些还原气体在高炉内的流动和分布对于铁的质量和产量具有直接影响。合理设计高炉结构和气流分布，以促进还原碳化反应的进行，有助于提高铁的产率和降低渣中的氧化物含量。熔化过程中渣的形成也是一个关键问题。渣是由氧化物、硅、锰等杂质组成的残余物质，其性质直接关系到高炉冶炼的稳定性和铁的纯度。通过在高炉预处理阶段合理控制原料的化学成分和颗粒大小，可以降低渣的熔点，有利于渣的形成和铁的分离。此外，渣中的成分也会影响到渣的流动性和液相性质，进而影响到高炉内的物质传递和反应速率。熔化过程中产生的煤气也是一个重要的副产品。通过科学合理地设计高炉结构和操作条件，可以最大限度地收集和利用生成的煤气，提高冶炼的能效。煤气中包含一定量的一氧化碳和二氧化碳，这些气体不仅可以作为燃料参与炉料的燃烧，还可以用于其他冶金工艺中的能量回收，减少能源浪费。高炉炼铁的熔化过程是一个复杂的多相反应系统，受到多种因素的相互影响。通过科学合理地控制温度、气体相、渣的形成以及产生的煤气等参数，可以优化熔化过程，确保高炉冶炼的高效、稳定和环保运行，实现铁的高质量生产。研究和改进高炉炼铁的熔化过程将对冶金产业的可持续发展产生积极的推动作用。

四、炼渣的形成和作用

（一）炼渣的形成

高炉炼铁炼渣的形成是整个冶炼过程中不可或缺的环节，直接关系到铁的质量、产量和高炉的稳定运行。炼渣是由铁矿石中的氧化物、硅、锰等杂质组成的残余物质，其形成是通过在高炉内的一系列复杂的物理、化学和热学反应。这一过程涉及到高温、高压的环境，需要科学合理地控制各种因素，以确保渣的质量和液态铁的分离，最终实现高效、稳定的铁产出。高炉炼铁的炼渣过程是在还原反应之后，经过熔化过程，残余的氧化物和其他杂质形成渣。在高炉内，炉料从上部逐渐下降，通过一系列的还原和熔化，氧化物逐渐减少，而残留的硅、锰等杂质则逐渐富集。随着温度的升高，这些残余物质开始熔化，并与液态铁分离，形成炼渣。炼渣的主要成分包括硅酸盐、锰酸盐等，其性质对高炉的稳定运行和产出的铁的质量起着至关重要的作用。影响炼渣形成的关键因素之一是原料的特性。铁矿石中含有不同种类和含量的氧化物，而这些氧化物在还原和熔化过程中会形成不同的炼渣成分。例如，氧化亚铁主要通过还原反应转化为液态铁，而氧化铝、氧化硅等氧化物则在炼渣中富集。通过在高炉预处理阶段合理控制原料的化学成分和颗粒大小，可以调节炼渣的成分，优化炼渣的性质，从而提高铁的产量和质量。炼渣形成与高炉的操作条件密切相关。高炉内的温度、压力、气氛等参数对炼渣的形成和性质有直接影响。适宜的高温有助于炼渣中残余物质的充分熔化，提高流动性，有利于炼渣的形成。同时，高炉内的气氛对于还原反应和炼渣形成同样至关重要。通过合理控制炉内气氛的氧分压和还原气体的供给，可以调节还原反应的强度，影响氧化物的还原程度和炼渣的成分。渣的形成还受到温度梯度的影响。在高炉的不同部位，温度梯度较大，这直接影响到炼渣中各种物质的分布。通常情况下，高炉的上部温度较低，有利于炼渣中的硅酸盐等物质的凝固，形成固态渣。而在下部，温度较高，有助于炼渣中的锰酸盐等物质的保持液态状态，确保渣的流动性。通过合理设计高炉结构和操作条件，可以控制温度梯度，优化炼渣的性质。炼渣过程中渣的流动性和液相性质也对高炉的冶炼过程有直接影响。流动性差的渣会降低高炉的料柱流动性，影响到炉料的均匀分布和还原反应的进行，从而影响到铁的产量和质量。通过添加矿渣流动性改良剂等方法，可以调节渣的流动性，提高高炉的冶炼效果。高炉炼铁的炼渣过程是一个复杂的多相反应系统，受到多种因素的相互影响。通过科学合理地控制原料的特性、高炉的操作条件、温度梯度等参数，可以优化炼渣过程，确保高炉冶炼的高效、稳定和环保运行，实现铁的高质量生产。研究和改进高炉炼铁的炼渣过程将对冶金产业的可持续发展产生积极的推动作用。

（二）炼渣的作用

高炉炼铁炼渣的作用在整个冶炼过程中显得至关重要，它直接影响到产铁的质量、高炉的稳定运行以及冶炼效率。炼渣不仅是残余氧化物、硅、锰等杂质形成的一种残余物质，更是高炉冶炼过程中的重要反应参与者。以下将详细探讨高炉炼铁炼渣的作用，包括其在还原、分离、保护液态铁、调节炉料流动性等方面的多重功能。炼渣在还原过程中发挥着重要的作用。在高炉内，炼渣中富集的氧化物等物质通过还原反应，参与到将铁矿石中的氧化物还原为液态铁的过程中。这一还原反应的核心是将氧气从氧化物中释放出来，使其与还原剂（主要为焦炭）发生反应，生成一氧化碳等还原气体。通过这一过程，氧化物被还原，氧气释放，有助于提高液态铁的纯度，促进冶炼的进行。炼渣在高炉冶炼中具有分离功能。在高温高压的环境下，炼渣中残留的氧化物、硅、锰等杂质能够与液态铁分离，并形成流动性较好的炼渣。这种分离作用是高炉冶炼过程中的关键步骤，直接关系到产铁的质量。通过科学合理地设计高炉结构和操作条件，可以促使渣和液态铁有效地分离，防止杂质残留在产铁中，提高铁的纯度和冶炼效果。炼渣还起到保护液态铁的作用。在高温环境下，液态铁容易受到氧化和腐蚀，而炼渣能够覆盖在液态铁表面形成一层保护膜，防止氧气和其他有害物质的直接接触。这种保护作用不仅有助于提高液态铁的纯度，还可以防止液态铁受到进一步的氧化和损耗，从而维护高炉的正常运行和产铁的稳定性。炼渣还在调节炉料流动性方面发挥着关键作用。在高炉冶炼中，炼渣的流动性和液相性质直接影响到高炉内的物质传递和反应速率。适当的流动性有助于维持炉料的均匀分布，促进还原反应和物质传递的进行。通过添加矿渣流动性改良剂等手段，可以调节炼渣的性质，优化高炉的冶炼效果。炼渣中的成分也与高炉的温度和气氛调控有关。炼渣的成分对于高炉内的温度梯度、气氛和还原碳化反应等产生直接影响。通过调节炉内的操作条件，可以控制炼渣的成分，影响炼渣的流动性、液相性质以及对还原反应的影响，进而调整高炉的冶炼过程。高炉炼铁炼渣的作用多方面而复杂。它不仅参与到还原过程中，促进氧化物的还原，提高液态铁的纯度；同时，在分离、保护液态铁、调节炉料流动性等方面发挥着关键作用。通过科学合理地控制高炉的结构和操作条件，可以优化炼渣的性质，确保高炉冶炼的高效、稳定和环保运行，实现铁的高质量生产。研究和改进高炉炼铁炼渣的作用将对冶金产业的可持续发展产生积极的推动作用。

五、出铁过程

高炉炼铁的出铁过程是整个冶炼过程的关键环节，直接决定着铁的最终产量和质量。该过程涉及多个步骤，包括铁水的采集、流动、排出和冷却等，需要在高温高压的环境下科学合理地进行操作。以下将详细探讨高炉炼铁的出铁过程，包括铁水的采集与流动、铁水的排出与冷却等关键步骤，以及相关的工艺和设备。

高炉炼铁的出铁过程始于铁水的采集与流动。在高炉的底部，通过设有铁口的出铁孔，可以采集到炉腔中的液态铁。这个出铁孔的位置通常设计在高炉的底部，考虑到液态铁相对较重，可以方便地从高炉内底部采集到。铁水在炉内的采集过程中，其温度非常高，通常在 1 500 摄氏度以上。为了保证铁水的顺利流动，高炉结构设计上通常包括一系列的导流装置，以促进铁水的流向出铁口。出铁过程中涉及到铁水的排出与冷却。一旦采集到足够的铁水，炉外的出铁阀门会被打开，液态铁会通过管道流向下游的铁水车或铁水槽。这个过程需要精确控制出铁阀门的开启和关闭，以避免过早或过晚排出铁水，确保产铁的均匀和稳定。同时，铁水在流动的过程中需要进行冷却。这一步骤的目的是迅速将高温的铁水冷却到适宜的温度范围，以便后续的处理和加工。通常，会采用喷水、风冷或液态铁与冷却设备直接接触等方式进行冷却，确保铁水迅速凝固成块状或颗粒状。与此同时，高炉炼铁的出铁过程中，为了避免产生渣铁，需要在铁水流向下游的过程中进行一系列的处理。渣铁是指在液态铁凝固时，未能与液态渣充分分离，导致渣和铁不够清晰地分层，影响到最终产铁的质量。为了解决这个问题，通常采用倾吊设备或倾吊车，通过控制倾吊角度，使铁水和渣充分分离，确保产铁的纯度。此外，通过在流动的过程中添加一定的矿渣流动性改良剂等方法，也可以提高渣和铁的分离效果。

值得注意的是，高炉炼铁的出铁过程中，对于产铁的质量和稳定性的要求非常高。因此，需要在操作中细致入微地控制各个环节，包括铁水的采集、流动、排出、冷却和渣铁的处理等。一方面，这需要高炉操作人员有丰富的经验和精湛的技术水平，另一方面，也需要先进的自动化控制系统和监测设备的支持，以确保整个出铁过程的稳定和高效进行。

高炉炼铁的出铁过程是炼铁工艺中一个至关重要的环节，关系到最终产铁的质量和产量。通过科学合理地设计高炉结构、采用先进的自动化控制系统、调控铁水的流动和温度等参数，可以优化出铁过程，确保高炉冶炼的高效、稳定和环保运行，实现铁的高质量生产。研究和改进高炉炼铁的出铁过程将对冶金产业的可持续发展产生积极的推动作用。

六、高炉操作和控制

（一）高炉操作

高炉操作是炼铁工艺中至关重要的环节之一，直接关系到冶炼效率、产品质量和设备的寿命。高炉作为一种大型冶炼设备，操作涉及多个方面，包括原料投料、空气和还原剂的供给、温度控制、流动和分离等多个关键步骤。操作人员需要具备丰富的经验和深厚的技术功底，同时借助先进的自动化技术和监测仪器，以确保高炉的稳定、高效和安全运行。

高炉操作的第一步是原料的投料。原料的选择和配比对于高炉的冶炼过程至关重要。铁矿石、焦炭和石灰石等原料的合理搭配，直接影响到产铁的质量和产量。操作人员需要根据高炉的实际情况，控制原料的投入量和比例，确保炉内反应达到最佳状态。此外，原料的粒度和含水率等参数也需要被仔细控制，以维持高炉的正常运行。高炉操作涉及到空气和还原剂的供给。在高炉炼铁过程中，空气是氧化铁矿石的主要氧化剂，而还原剂（通常是焦炭）则用于还原氧化铁，释放金属铁。操作人员需要通过合理调节风口和配比，控制空气和还原剂的供给量，以确保在高炉内维持适宜的气氛和还原反应的进行。这一过程需要根据高炉的状况和实时监测数据进行及时调整，以提高冶炼效率和降低能耗。

温度控制是高炉操作中的另一个关键点。高炉冶炼需要达到高温条件，以促进还原反应和矿石的熔化。操作人员通过调整风口和燃烧控制，确保高炉内部的温度稳定在适宜的范围，通常在1500摄氏度以上。温度控制不仅直接关系到还原反应的进行，还影响到铁水的流动性和炼渣的形成，因此需要仔细调控，以保证整个冶炼过程的平稳进行。与此同时，流动和分离也是高炉操作中需要重点考虑的方面。在高炉炼铁的过程中，液态铁和炼渣的分离是确保产铁质量的关键步骤。通过合理设计高炉结构和采用倾吊设备，操作人员可以控制铁水和渣的分离效果，减少渣铁的产生。流动性差的渣会影响高炉内的物质传递和反应速率，因此需要通过添加矿渣流动性改良剂等手段，优化炼渣的性质，提高铁的产量和质量。在高炉操作中，还需要考虑设备的保养和维护。高炉作为大型设备，其寿命和性能与操作的规范和维护密切相关。操作人员需要进行定期检查，及时发现和解决设备问题，确保高炉在长时间内平稳运行。先进的监测技术和智能化设备可以提供实时数据和预警信息，帮助操作人员更好地管理和维护高炉设备。最后，高炉操作需要高度的安全意识。高炉是一个高温高压的冶炼设备，操作人员需要严格遵守相关安全规程，佩戴必要的防护设备，并确保设备的正常运行。同时，高炉操作涉及到多种有害气体和颗粒物的产生，需要采取有效的防护措施，以保障操作人员的健康和安全。高炉操作是炼铁工艺中的核心环节，直接关系到产铁的质量和产量。操作人员需要具备丰富的经验和专业知识，通过合理调控原料、空气和还原剂的供给，控制温度，优化流动和分离效果，保养设备，确保高炉的高效、稳定和安全运行。随着科技的进步，智能化和自动化技术的应用将为高炉操作提供更多可能性，提高冶炼效率，降低能耗，推动冶金产业的可持续发展。

（二）高炉炼铁控制

高炉炼铁控制是铁冶金过程中至关重要的一环，直接影响炉内的矿石还原、熔化过程，以及最终生铁的产出质量。通过先进的控制系统、自动化技术和实时监测手段，可以实现高炉炼铁过程的精确、稳定和高效操作。

高炉炼铁的控制涉及到原料投入的精确控制。铁矿石、焦炭和石灰石等炼铁原料的比例和质量直接影响到还原和熔化的进行。通过先进的仪器设备和自动控制系统，可以实现对原料投入的实时监测和调整，确保炉内反应处于最佳状态。温度控制是高炉炼铁中的关键问题。高炉内部存在复杂的温度梯度，而不同区域的温度对于还原、熔化等反应的进行有着直接的影响。先进的温度监测系统和热电偶布置方案可以实现对高炉内部温度分布的实时监测，通过调整风口和料层的布局，实现温度的精确控制。

气体的流动对高炉炼铁过程也有着至关重要的影响。高炉内的还原反应需要足够的还原气体，而熔化过程需要适量的空气进行供氧。通过先进的气体流动监测系统，可以实现对高炉内气体流速、组成的实时监测，以便根据需要调整鼓风、煤气等的供给，确保气体在高炉内的均匀分布和合理利用。炼渣的控制也是高炉炼铁过程中的一个重要方面。炼渣的形成不仅关系到非铁杂质的吸附和分离，还与炼铁过程中的热平衡和矿石还原的进行密切相关。通过化验室的实时化验数据和高炉内部的温度、压力等参数的监测，可以对炼渣的成分和特性进行实时调整，以满足生铁的质量要求。

在高炉炼铁控制中，自动化技术的应用不断推动着工艺的进步。先进的控制系统可以整合多个传感器的信息，通过先进的算法进行实时分析，实现对高炉内各个参数的联动控制。这种高度智能化的控制系统不仅提高了炼铁的操作效率，还能够减少能耗、提高产能，并提高生铁的质量。高炉炼铁的控制还涉及到炉内结石、结渣等问题的预防与处理。通过实时监测炉内结石的形成情况，可以及时采取措施，调整炉内条件，避免结石对高炉操作的不利影响。对结渣问题，通过合理的操作和炉内条件调整，可以减少结渣对炼铁过程的干扰，提高生铁的产出效率。高炉炼铁控制是一项复杂而又关键的工作，需要综合运用先进的监测技术、自动化系统和工艺优化手段。通过不断的技术创新和工艺改进，高炉炼铁过程的控制水平将不断提升，为炼铁产业的可持续发展提供有力支持。

七、环保和资源利用

高炉炼铁作为铁冶金的主要工艺之一，其环保和资源利用问题备受关注。在炼铁过程中，对环境友好和可持续发展的追求已经成为产业发展的必然趋势。高炉炼铁过程中的环保问题主要集中在两个方面：气体排放和废渣处理。炼铁过程中产生的废气中含有一氧化碳、二氧化碳、氮氧化物等有害气体，其中二氧化硫和悬浮颗粒物是主要的环境污染物。为了减少这些气体的排放，现代高炉普遍采用烟气脱硫、脱尘等尾气处理技术。烟气脱硫通过喷射石灰浆或氨水等方式，将二氧化硫转化为硫酸盐，从而减少硫的排放。此外，脱尘设备则通过电除尘、布袋除尘等方式，有效去除悬浮颗粒物，减少对大气的污染。废渣的处理和利用也是高炉炼铁环保的重要方面。炼铁废渣主要包括炉渣和炉尘两类。炉渣是在高炉熔化过程中由金属铁和非铁成分共同形成的物质，而炉尘则主要是由炉内气体中的微粒经过冷却凝结而成。为了充分利用这些废渣，许多高炉炼铁厂采用了高炉炼渣综合利用技术。炼渣可用于建筑材料、路基等领域，而炉尘则可用于生产水泥、煤气化等工业过程。这种综合利用不仅减少了对自然资源的依赖，还降低了废弃物的排放，符合可持续发展的理念。高炉炼铁也在努力提高资源利用率。通过调整原料的比例和炉内工艺条件，可以降低对原始铁矿石的需求，增加对废钢、废铁等再循环原料的利用。废钢和废铁通常在炼铁过程中经过适当处理后，投入到高炉中，实现了废弃金属资源的再生利用。这种炼铁原料的多元化有助于减轻矿产资源的压力，同时也降低了炼铁过程的环境影响。高炉炼铁的节能问题也与资源利用紧密相连。炼铁过程中，需要大量的能源，主要用于燃烧焦炭、提供高温等。为了提高能源利用效率，现代高炉采用了先进的热能回收技术。通过余热回收装置，可以将部分高炉废热用于预热原料、发电或供热等用途，降低了对外部能源的依赖，提高了能源利用效率。在技术创新的推动下，高炉炼铁的环保和资源利用水平不断提高。一些高炉厂商致力于研发更为环保的高炉技术，包括采用先进的废气处理技术、优化炼铁工艺、提高原料利用率等方面的创新。同时，政府和行业协会也对高炉炼铁的环保标准提出了更为严格的要求，推动整个行业向着更加绿色、可持续的方向发展。高炉炼铁环保和资源利用问题的解决是一个综合性、系统性的工程，需要涉及炉内工艺、废弃物处理、能源利用等多个方面。通过科技创新、政策引导以及企业自律，高炉炼铁行业将能够在环保和资源可持续利用方面取得更为显著的成就，为整个铁冶金产业的可持续发展作出积极贡献。

任务四　非高炉炼铁

一、非高炉炼铁的含义

非高炉炼铁是一种铁冶炼的新型方法，与传统的高炉炼铁不同，它采用了一系列替代性技术和工艺。传统的高炉炼铁通常依赖于高温还原炉，利用焦炭将铁矿石还原成铁，然后通过液态的铁流动至底部，形成铁水，最后冷却成固态铁。而非高炉炼铁则包括直接还原法、电炉法、固态氧化物炼铁、熔融还原法和气体化还原法等多种新颖的工艺。直接还原法是通过天然气、煤等还原剂直接对铁矿石进行还原，生成直接还原铁。这种方法无需传统高炉，因此在减少能源消耗和排放方面具有显著的优势。其灵活性也使其适用于不同规模的生产，为铁冶炼提供了一种更为可持续和环保的选择。电炉法采用电力加热的方式进行铁的冶炼，广泛应用于废钢的再循环。相较于高炉，电炉法对原材料的要求较低，适用于多种不同类型的铁矿石和废金属。具有高温度和快速反应的特点，能够实现高效的炼铁过程。固态氧化物炼铁是一种通过固体还原剂如木炭、焦炭等对铁矿石进行还原的方法，避免了传统高炉中液态金属和熔渣的产生，具有节能环保的优势。然而，相对于其他方法，对原材料的选择要求较高，需要确保还原剂具有足够的还原能力。熔融还原法则是通过煤粉、天然气等还原剂与铁矿石混合在高温下熔融，直接得到铁。这一方法减少了传统炼铁过程中的矿石预处理步骤，提高了生产效率。管理好还原剂的供给是确保合适还原条件的关键。气体化还原法采用天然气、合成气等气体作为还原剂，直接还原铁矿石，生成直接还原铁。具有较高的还原效率和能源利用率，但需要对气体的质量和供给进行精确控制，以维持合适的还原反应。非高炉炼铁代表了铁冶炼领域的一次技术创新。这些新型方法的应用不仅有助于提高生产效率，减少能源消耗和环境污染，还提供了更为灵活的选择，适应不同的原材料和生产需求。随着科技的不断发展，非高炉炼铁方法将继续演进，为铁冶炼行业的可持续发展带来新的可能性。

二、非高炉炼铁的主要方法

（一）直接还原法

1. 直接还原法的基本原理

直接还原法作为铁冶金领域的一项重要技术，通过创新的冶炼方法，实现了在较低温度条件下将铁矿石中的铁氧化物直接还原为金属铁的过程，而无需经过高炉炼铁的熔化环节。这种技术以其独特的优势，包括能耗降低、适应多种原料、环保友好、操作灵活性高、产物质量优越等特点，引起了铁冶金领域的广泛关注。

直接还原法的核心在于还原反应，即将铁矿石中的铁氧化物还原成金属铁。铁矿石中常见的氧化物有 Fe_2O_3（赤铁矿）和 Fe_3O_4（磁铁矿）。这些氧化物在合适的还原剂的作用下，可以被还原为金属铁，反应过程中释放出氧气。在直接还原法中，选择合适的还原剂是关键的一步。常用的还原剂包括天然气（甲烷）、水煤气、合成气等。这些还原剂在高温条件下与铁矿石发生反应，其中碳气还原的反应方程式如下：

$$Fe_2O_3 + 3CO \longrightarrow 2Fe + 3CO_2$$

$$Fe_3O_4 + 4CO \longrightarrow 3Fe + 4CO_2$$

上述反应表明，在还原剂的作用下，氧化铁被还原成金属铁，并伴随着二氧化碳的生成。这一过程中，气相产物中的 CO_2 和 CO 可以通过相应的处理手段进行回收和利用。直接还原法相对于传统高炉炼铁，具有较低的操作温度，通常在 800 摄氏度至 1 200 摄氏度之间。这相较于高炉的高温熔化过程，减少了能耗，降低了操作成本。较低的温度条件也有助于减少金属铁的蒸发损失和非铁杂质的挥发。直接还原法对原料的适应性较强，不仅可以使用传统的铁矿石，还可以灵活应用废钢、废铁等再循环原料，实现了资源的综合利用。这对于减轻对矿产资源的依赖，推动循环经济具有积极的意义。直接还原法主要有两种形式的设备，即直接还原炉（DR 炉）和电弧炉。直接还原炉主要包括固体直接还原炉和液体直接还原炉，分别采用不同的还原剂和反应方式。电弧炉则通过高温电弧的作用，将铁矿石中的氧化铁直接还原为金属铁。

2. 直接还原法的主要形式

直接还原法作为非高炉炼铁的关键技术，采用不同的设备形式以实现将铁矿石中的氧化铁直接还原为金属铁。主要形式包括直接还原炉（DR 炉）和电弧炉，这两种技术在铁冶金领域都取得了显著的进展。直接还原炉是一种专门用于直接还原法的设备，主要分为固体直接还原炉和液体直接还原炉两种主要类型。固体直接还原炉：这种形式的直接还原炉主要采用固体还原剂，如天然气（甲烷）、水煤气等。在高温条件下，固体还原剂与铁矿石发生反应，将氧化铁还原为金属铁。这一过程中，产生的二氧化碳和水蒸气等气体可以进行处理和回收，减少环境污染。液体直接还原炉：与固体直接还原炉不同，液体直接还原炉采用液态还原剂，如煤油。通过将液态还原剂喷淋到铁矿石上，实现还原反应。这种形式的直接还原炉对一些特殊类型的铁矿石具有更强的适应性。电弧炉是另一种直接还原法的形式，通过高温电弧的作用，将铁矿石中的氧化铁直接还原为金属铁。高温电弧还原：在电弧炉中，电流通过电极引起高温电弧，同时通过铁矿石中的氧化铁进行还原反应。这一方式具有较高的温度和反应速率，适用于处理一些特殊的铁矿石或废钢。

直接还原法的共同特点：相较于传统高炉炼铁，直接还原法通常在较低的温度条件下进行，从 800 摄氏度至 1 200 摄氏度之间。这降低了能耗，减少了金属铁的蒸发损失和非铁杂质的挥发。直接还原法具有较强的原料适应性，不仅可以使用传统的铁矿石，还可以采用废钢、废铁等再循环原料，有助于资源的综合利用。由于无需高温熔化，直接还原法能耗相对较低，减少了对能源的需求，有利于提高资源利用效率。直接还原法无需大量焦炭的使用，废气排放中的有害气体和颗粒物较少，符合环保标准，减少了对环境的污染。直接还原法具有较高的操作灵活性，适用于中小型生产线，可以根据市场需求进行灵活调整产量。未来直接还原法将继续受益于技术创新，以提高生产效率、增强适应性和降低成本。新型催化剂和反应工艺的引入将推动直接还原法技术的不断发展。直接还原法将更加注重对多元化原料的适应性，加强对废钢、废铁等再循环资源的充分利用，以实现对矿产资源的更为节约和可持续的利用。随着环保法规的不断严格，直接还原法将不断优化废气处理和废渣利用技术，以确保生产过程符合更为严格的环保标准。直接还原法在设备投资和运营成本方面仍然存在一些挑战，未来将寻求降低成本、提高设备的稳定性和寿命，以提高经济性。直接还原法是一个国际性的领域，未来将更多地依赖国际合作，分享技术经验，推动全球直接还原法技术的共同发展。直接还原法在非高炉炼铁中具有广阔的应用前景。通过不断的技术创新、设备优化和资源管理，直接还原法将成为推动铁冶金产业更为可持续发展的重要引擎。

（二）电炉法

1. 电炉法的基本原理

电弧炉是一种利用高温电弧将金属材料加热融化的冶炼设备，常用于非高炉炼铁过程中的铁水生产。其基本原理是通过电流产生的弧放电，将电能转化为热能，使金属料达到足够高的温度，从而使其融化成液态金属。电炉法的核心设备包括电极、炉盖、炉体和电源系统。在电弧炉的运作中，首先通过电源系统提供高电压，形成电弧放电。电弧产生的高温将金属料（主要是废钢、废铁等）加热至融化状态，形成液态金属。电弧放电的高温条件使金属中的杂质被氧化或还原，从而实现了炼铁的目的。电炉法相比传统高炉炼铁具有一些显著的优势。电弧炉可以更灵活地处理不同种类的原料，包括废旧金属和铁合金。这使得电炉法成为资源回收和利用的有效手段，有助于减少对原生矿石的依赖。电炉法反应过程中的高温使得炼铁速度较快，生产效率相对较高。此外，电弧炉不需要像高炉那样大规模的基建，更适合小规模生产，有助于降低投资成本。电炉法也存在一些挑战和局限性。电弧炉反应过程中产生的气体和渣滓需要进行处理，以防止对环境造成污染。电炉法对电能的需求较大，因此在电能供应不稳定或成本较高的地区可能不太适用。此外，虽然电炉法可以灵活处理不同原料，但也需要对原料进行预处理以保证炉内反应的稳定性。电炉法作为一种非高炉炼铁的技术手段，通过电弧放电将金属料加热至高温，实现炼铁的目的。其灵活性、高效性和资源回收的优势使其在特定情境下成为一种有力的替代方案。然而，要充分发挥电炉法的优势，仍需解决一些环境、能源和原料处理等方面的技术和经济问题。

2. 电炉法的主要形式

非高炉炼铁的主要形式之一是电炉法，它包括电弧炉和感应炉两种主要类型。电弧炉是利用高温电弧将金属材料加热融化的一种设备，而感应炉则通过感应加热的原理来实现金属的冶炼。这两种形式在原理、工艺和应用方面各有特点，为现代冶金工业提供了多样化的选择。电弧炉是电炉法的代表形式之一，其基本原理是通过电流产生的电弧放电，将电能转化为热能，从而将金属料加热至融化状态。电弧炉主要包括电极、炉盖、炉体和电源系统。在工作过程中，电源系统提供高电压，形成电弧放电，将金属料（如废钢、废铁等）加热至高温，使其融化成液态金属。电炉法的灵活性使其能够处理不同种类的原料，包括废旧金属和铁合金，有助于资源回收和减少对原生矿石的依赖。另一种电炉法的主要形式是感应炉。感应炉通过电磁感应的原理，利用感应加热将金属料加热至融化状态。感应炉包括感应线圈和金属料在感应线圈中的位置。当交流电通过感应线圈时，会产生变化的磁场，金属料在这个变化的磁场中感应出涡流，从而产生热量使金属料加热。感应炉通常用于小规模生产和特殊金属的冶炼，具有较高的能量利用率和操作灵活性。这两种电炉法形式各自有其优势和局限性。电弧炉反应过程中的高温条件使其炼铁速度较快，生产效率相对较高，而感应炉则具有能量利用效率高、操作简便等特点。然而，电弧炉需要对气体和渣滓进行处理以防止环境污染，而感应炉则对金属料的导电性要求较高。选择电炉法的形式需根据具体情况考虑原料特性、生产规模和工艺要求等因素。电炉法作为非高炉炼铁的重要手段，通过电能将金属料加热至高温，实现金属冶炼的目的。电弧炉和感应炉作为其主要形式，分别在不同领域展现出独特的优势。在未来的发展中，随着技术的不断进步和对环境友好型冶金工艺的需求增加，电炉法有望继续发挥重要作用，为冶金产业的可持续发展提供有力支持。

（三）固态氧化物炼铁

1. 固态氧化物炼铁的基本原理

固态氧化物炼铁是一种常见的冶金过程，其基本原理涉及到铁矿石的还原和熔融，主要包括以下几个关键步骤。铁矿石通常以氧化铁的形式存在，例如赤铁矿（Fe_2O_3）或磁铁矿（Fe_3O_4）。在炼铁过程中，这些氧化铁需要被还原为纯铁，以获得所需的金属。炼铁的第一步是矿石的预处理。通常，铁矿石会被破碎成较小的颗粒，以增大表面积，有利于后续的化学反应。矿石中可能还含有一些杂质，如硅、铝、磷等，这些杂质需要在后续步骤中进行处理以确保最终产品的纯度。接下来的关键步骤是还原反应。这一步骤通常在高温环境中进行，以促使化学反应发生。在高温下，矿石中的氧化铁与还原剂（通常是焦炭）发生反应，产生一氧化碳和水蒸气。化学方程式如下：

$$Fe_2O_3 + 3C \longrightarrow 2Fe + 3CO$$

这个反应将氧化铁还原为纯铁，并生成一氧化碳。这里的焦炭起到还原剂的作用，而生成的一氧化碳也可以作为燃料继续参与反应，形成一个连锁反应的过程。在还原过程中，生成的纯铁在高温下融化，并逐渐沉积到炉底。这一融化过程被称为“块状焦炭的还原熔融”，在这个阶段，铁的颗粒逐渐聚集形成液态铁滴。然而，由于炼铁过程中温度相当高，还原反应中产生的一氧化碳也可能与矿石中的其他元素形成气体，被带出炉外。为了防止铁在还原过程中被再次氧化，通常在炉内会保持一定的还原气氛，确保矿石中的氧化铁能够被充分还原。此外，通过控制炉内的温度、气氛和其他参数，可以调整炼铁过程中产生的废气的组成，减少对环境的不良影响。固态氧化物炼铁的基本原理包括预处理、还原反应和熔融过程。这一复杂的工艺旨在从铁矿石中提取出高纯度的铁，为各种工业应用提供所需的金属原料。随着技术的不断发展，炼铁过程也在不断改进，以提高产能、降低能耗和减少对环境的影响。

2. 固态氧化物炼铁的主要形式

固态氧化物炼铁是一种重要而广泛应用的冶金过程，其主要形式包括直接还原法、间接还原法和电解法。直接还原法主要包括高炉法和固定床还原法，而间接还原法则主要以直接还原法的副产品-炼铁炉煤气为还原剂，通过直接还原和氧化铁的两步反应达到炼铁的目的。电解法则通过电解过程直接从固态氧化物中提取纯铁。这些不同的形式各具特点，有着各自的优势和应用领域。直接还原法是固态氧化物炼铁最传统、最常见的形式之一。高炉法是其中应用最广泛的一种，其基本原理是将矿石与焦炭一同投入高炉，在高温下通过还原反应将氧化铁还原为金属铁。高炉法的优势在于可以处理多种类型的铁矿石，而且生产规模较大，但同时也伴随着能耗高、炉渣产生多等缺点。固定床还原法则通过将铁矿石与还原剂在固定床中反应，实现铁的直接还原。这种形式相较于高炉法，能够更灵活地应对原材料的变化，但生产规模较小，适用于特定条件下的生产。与直接还原法相对的是间接还原法，它主要通过炼铁炉煤气来实现铁的还原。炼铁炉煤气中富含一氧化碳和水蒸气，这些成分可以与氧化铁发生反应，达到还原的效果。这种方法的优势在于可以更灵活地控制还原过程，同时减少了炉渣的生成，但相对而言，能效相对较低。电解法则是一种较为新颖的固态氧化物炼铁形式。在这种方法中，电流通过含氧化铁的固体电解质，将氧化铁直接电解成纯铁和氧气。电解法的优势在于能耗相对较低，而且生产的纯度较高，但目前仍然受到技术和经济等因素的限制，规模化生产仍然面临一定的挑战。不同形式的固态氧化物炼铁在工业生产中各有优缺点，其选择取决于原材料的性质、生产规模、能源成本等因素。在未来，随着技术的不断发展，固态氧化物炼铁的各种形式将继续得到优化和创新，以满足日益增长的金属需求，并更好地适应环境和资源的可持续利用。

（四）熔融还原法

1. 熔融还原法的基本原理

熔融还原法是一种重要的冶金工艺，其基本原理是通过将金属矿石在高温条件下熔化，并引入还原剂，使矿石中的金属氧化物发生还原反应，最终得到纯金属。这种方法广泛应用于提取多种金属，包括铁、铜、镍等。其核心步骤包括矿石的熔化、还原反应和分离纯金属等过程。矿石的熔化是熔融还原法的关键步骤之一。通常，金属矿石是以氧化物、硫化物等形式存在的，而这些矿石需要在高温环境中被熔化成液态。高温有助于打破矿石中的结晶结构，使其转变为可流动的液态金属熔体。这通常需要使用高温的炉子或熔炉，以提供足够的能量，确保矿石充分熔化。随后，熔融过程中引入还原剂，如焦炭、木炭或其他碳源，以进行还原反应。在高温下，还原剂与金属氧化物发生化学反应，还原成金属，并产生一些气体，如一氧化碳和水蒸气。这些气体通常会从熔炉中排出，而金属则在液态熔体中沉积和集聚。还原反应的具体化学方程式取决于金属矿石的类型。以提取铁为例，铁矿石中的氧化铁（Fe_2O_3）在还原过程中会与焦炭发生反应，生成铁和一氧化碳。通过一系列物理和化学分离步骤，将熔融过程中得到的金属从其他杂质中分离出来，得到纯金属产品。这可能包括过滤、冷却、沉淀等步骤，以确保最终产物的纯度和质量。熔融还原法是一种高效的冶金工艺，通过将金属矿石在高温条件下熔化，并引入还原剂进行化学反应，实现金属的提取和分离。这一工艺在工业生产中应用广泛，为各种金属的生产提供了重要的技术手段。随着技术的不断发展，熔融还原法也在不断演进和优化，以提高产能、降低能耗，并适应不同类型金属矿石的冶炼需求。

2. 熔融还原法的主要形式

熔融还原法是一种重要的冶金工艺，主要用于提取金属元素或合金的制备。这一方法的核心思想是通过高温条件下将金属矿石或氧化物暴露在还原剂的作用下，使金属元素从其化合物中分离出来。熔融还原法的主要形式包括焙烧、熔炼和电解等几种关键步骤，每一步骤都在整个过程中发挥着重要的作用。焙烧是熔融还原法中的关键步骤之一。在这一阶段，矿石或氧化物通常被加热至较高温度，以使其中的水分和挥发性物质蒸发或挥发出来。同时，焙烧还有助于将金属矿石中的一些非金属杂质转化为易于处理的氧化物形式。这一过程不仅有助于提高后续还原步骤的效率，还能够改善金属的纯度。熔炼是熔融还原法的另一个关键环节。在焙烧后，金属矿石或氧化物通常被置于高温熔炼炉中，与还原剂一同加热。在这一步骤中，还原剂将与金属矿石中的氧化物反应，从而释放出金属元素。熔炼过程中的温度、反应时间和还原剂的选择等因素都对金属提取的效率和纯度产生重要影响。通过巧妙控制这些参数，可以实现对目标金属的高效提取。电解是熔融还原法中的一种特殊形式，尤其适用于提取高反应性金属。在电解过程中，熔融的电解质被通电，导致金属离子在电场的作用下还原成纯金属。这种方法通常用于提取铝、镁等金属，具有高效、可控的特点。然而，电解也要求相对较高的能量投入，因此在实际应用中需要平衡能源成本与提取效率。熔融还原法以其在金属提取过程中的高效性和广泛适用性而备受重视。通过在焙烧、熔炼和电解等关键步骤中巧妙控制条件，可以实现对各种金属元素的有效提取，并在冶金工业中发挥着不可替代的作用。然而，随着对资源可持续性和环境友好性要求的提高，未来熔融还原法的发展方向可能会更加注重能源节约和环境保护。

（五）气体化还原法

1. 气体化还原法的基本原理

气体化还原法是一种重要的冶金工艺，其基本原理是通过将金属矿石或氧化物在高温条件下与气体还原剂发生反应，使金属元素从其化合物中分离出来。这一工艺的核心在于利用气体还原剂的还原性能，促使金属离子还原为自由金属。气体化还原法的主要形式包括气固反应、气液反应等几种关键步骤，每个步骤都在整个过程中发挥着关键作用。气体化还原法的第一步通常是气固反应，即金属矿石或氧化物与气体还原剂在高温条件下发生反应。在这一阶段，气体还原剂通常以高温气体的形式供应，例如氢气、一氧化碳等。气体还原剂的选择取决于金属矿石的性质和反应的要求。反应中，气体还原剂与金属矿石中的氧化物发生还原反应，将氧元素从金属中剥离出来，形成气体产物。这一步骤的关键在于选择合适的温度和气体流量，以确保反应的高效进行。气液反应是气体化还原法中的另一关键步骤。在气体还原剂与金属矿石发生反应后，生成的气体产物通常需要经过一定处理，以进一步提取目标金属。这一处理过程中，气体产物通常与液体反应，形成易于处理的化合物。例如，一氧化碳和水蒸气可以进一步反应生成可溶于水的气体产物，通过这种方式实现金属的分离和提取。气液反应的条件控制是确保提取效率和产物纯度的重要因素。在气体化还原法中，温度的控制是至关重要的。高温有助于提高反应速率和增强还原反应的进行，但过高的温度可能导致金属蒸发或其他不良反应的发生。因此，工艺中需要精确控制反应温度，以平衡反应速率、产物纯度和能源消耗。气体化还原法作为一种高效的冶金工艺，在提取金属元素方面具有广泛的应用。通过合理选择气体还原剂、优化反应条件，以及控制气固反应和气液反应等关键步骤，可以实现对各种金属的有效提取。然而，随着对资源和环境可持续性的关注增加，未来气体化还原法的发展可能会更加注重节能减排和环境友好性的要求。

2. 气体化还原法的主要形式

气体化还原法是一种广泛应用于冶金领域的工艺，其主要形式包括气固反应、气液反应等多种关键步骤，通过这些步骤实现金属元素从其氧化物中的分离和提取。气固反应是气体化还原法的核心步骤之一。在这个阶段，金属矿石或氧化物与气体还原剂在高温条件下发生反应。典型的气体还原剂包括氢气、一氧化碳等，它们具有强烈的还原性，有能力将金属氧化物还原为自由金属。通过调控温度和气体流量等条件，可以控制气固反应的进行，确保金属得以高效提取。气液反应是气体化还原法中另一个重要的形式。在气固反应后，产生的气体产物往往需要进一步处理，以便提取目标金属。气液反应通过使气体产物与液体相互作用，形成易于处理的化合物，实现金属的分离和提取。举例而言，一氧化碳和水蒸气可以反应生成水溶性的气体产物，通过这一步骤，金属可以更容易地被提取。气液反应的优化是保证金属提取效率和产物纯度的关键环节。气体化还原法的一种特殊形式是气体直接还原法，它是通过直接使用气体还原剂将金属矿石中的氧化物还原成金属。这种方法常用于提取一些高反应性的金属，例如铝。在这个过程中，气体直接还原法通常需要高温条件，并且要注意控制反应的速率和温度，以避免不良的副反应和能量浪费。气体化还原法的应用范围广泛，涵盖了多种金属的提取，包括铁、铜、铝等。不同金属矿石的性质和反应要求可能导致采用不同的气体还原剂和反应条件。因此，工艺中需要根据具体情况精确控制各个步骤，以确保金属提取的高效性和经济性。气体化还原法以其高效、灵活的特性在冶金工业中占有重要地位。通过优化气固反应、气液反应等关键步骤，以及选择合适的气体还原剂，可以实现对多种金属的有效提取。然而，未来气体化还原法的发展可能会更加注重可持续性和环境友好性的要求，以满足社会对资源和环境的日益增长的关切。

知识小结

铁冶金作为重要的冶金学科，涉及从铁矿石中提取金属铁的过程。通过对以下四个任务的深入学习，我们对铁冶金的关键概念、工艺过程和技术发展有了全面的了解。铁矿石是一种含有铁元素的矿石，主要包括赤铁矿、磁铁矿等。了解铁矿石的种类和特性对于选择合适的冶金原料至关重要。同时，对于资源的合理开发和可持续利用提出了深刻的思考。炼铁过程中需要使用多种原料，包括铁矿石、煤炭、焦炭、石灰石等。这些原料的选择和质量直接关系到最终铁的质量和产量。学习炼铁原料，我们深刻认识到在工业生产中如何平衡经济效益和环境可持续性。高炉炼铁是主流的铁冶金方式，通过高温还原将铁从矿石中提取出来。深入了解高炉的结构、工作原理以及相关的物理化学反应，我们对于高炉炼铁的复杂性和能源消耗有了更清晰的认识。与高炉炼铁相比，非高炉炼铁采用不同的工艺和设备，例如直接还原法、电炉法等。通过学习非高炉炼铁方式，我们意识到技术创新对于提高炼铁效率、减少环境污染的重要性，同时在不同条件下选择合适的炼铁工艺。铁冶金不仅仅是一门关于金属提取的技术，更涉及资源管理、环境保护和可持续发展等多个层面的知识。通过深入学习铁冶金，我们在技术理解的基础上，培养了对社会、环境和可持续性的全面认识。这将有助于我们更加负责任地应用这一技术，推动冶金工业的可持续发展。

思考练习

1. 铁矿石是铁冶金的主要原料之一。就当前铁矿石的开采和利用情况而言，你认为如何平衡资源的合理开发与保护自然环境的关系？提出一些建议，使铁冶金产业更加符合可持续性发展的原则。

2. 高炉炼铁是主流的铁冶金方式，但其高温反应和能源消耗对环境造成一定影响。思考在当前环境意识提升的背景下，如何通过技术创新降低高炉炼铁的能源消耗，减轻环境负担。探讨可能的技术手段和可行性。

3. 非高炉炼铁方式因其相对环保的特点备受关注。就当前的技术水平而言，你认为非高炉炼铁在何种场景下更为适用？探讨非高炉炼铁方式的优势和局限性，以及未来可能的技术创新方向。

项目四　粉末结构与性能分析

项 目 导 读

粉末结构与性能分析是一个综合性的研究项目，旨在深入探讨粉末材料的组成、微观结构和性能特性。本项目涵盖了七个关键任务，每个任务都对粉末材料的不同方面进行深入研究，以全面了解粉末在各个层面上的性能表现。任务一首先介绍了粉末材料的基本概念和组成，从而为后续深入研究打下基础。同时，通过分析粉末的基本性能，如物理性质和化学性质，为进一步的微观结构与性能分析奠定基础。任务二我们将深入研究粉末的微观结构，探讨其与材料性能之间的关系。通过先进的显微技术和分析方法，我们将揭示粉末内部结构的复杂性，为更全面的性能评估提供依据。任务三将对粉末的性能进行详尽的分析，包括力学性能、导电性能、热性能等多个方面。通过系统性的性能评估，我们能够全面了解粉末在不同应用场景中的潜在价值和优势。粉末的粒度是影响其性能的重要因素之一。任务四将聚焦于研究粉末的粒度特征及其分布规律，为优化制备工艺和提高材料性能提供关键信息。任务五将介绍各种先进的粉末性能测定技术，包括但不限于实验室测试和数值模拟方法。通过这些技术，我们可以更准确地评估粉末的各项性能，为工程应用提供科学依据。颗粒形状对粉末性能同样具有重要影响。任务六将深入研究粉末颗粒的形状特征，并分析其与材料性能之间的关联，为优化设计和制备提供指导。最后一个任务将关注粉末的比表面积，这是一个影响材料反应速率和吸附性能的关键参数。通过精确的比表面积分析，我们能够更好地理解粉末在催化、吸附等方面的应用潜力。通过以上七个任务的系统研究，我们将全面了解粉末结构与性能的内在联系，为粉末材料的设计、制备和应用提供科学可靠的指导。

学 习 目 标

通过参与项目四中的七项任务，学员将能够达到以下学习目标：了解粉末及其性能、了解粉末颗粒的形状特征解粉末在不同条件下的性能表现，为材料应用提供综合性参考；掌握粉末材料的基本概念和组成。理解粉末的基本性能，包括物理性质和化学性质。掌握对粉末力学性能、导电性能、热性能等进行系统评估的方法。学会使用各种方法准确测定粉末的比表面积，掌握粉末粒度分布的分析方法，为制备工艺和性能优化提供基础数据。通过完成这七项任务，学员将全面了解粉末结构与性能的关键因素，并具备运用所学知识解决实际问题的能力。这将为未来从事粉末材料设计、制备和性能优化的工作提供坚实的基础。

思 政 之 窗

项目四中的七项任务不仅是对粉末结构与性能的科学研究，更是一个思政之窗，引导学员深刻思考与社会责任和伦理观相关的议题。粉末科学与环境保护：探讨粉末材料在环境中的应用，关注生产过程中的资源消耗与环境影响。考虑如何通过科学研究，降低对环境的负面影响，推动可持续发展。科技创新与社会效益：研究粉末的微观结构和性能，思考科技创新如何为社会提供更高效、可靠的材料。引导学员思考科研成果如何转化为实际应用，为社会创造更大的经济和社会效益。粉末生产与社会责任：研究粉末的粒度与分布规律，思考在生产中如何最小化浪费，提高资源利用效率。引导学员关注生产过程中的伦理问题，倡导负责任的生产方式。先进技术与社会公平：学习粉末性能测定技术，思考这些技术如何普及，确保先进科技造福全社会。引导学员反思科技发展对社会产生的不平等现象，提倡技术创新的公平分配。通过这个思政之窗，学员将不仅仅在粉末科学的领域获得专业知识，更会培养出关注社会责任和伦理观的思维，为未来的科技研究与应用奠定坚实的道德基础。

任务一　粉末及其性能

一、粉末的制备方法

（一）机械法

粉末的制备方法有多种，其中机械法是一种常用且有效的方法。机械法通过机械力的作用将原料物质转化为粉末状态。该方法主要包括研磨、球磨和机械合金化等过程。研磨是一种机械法制备粉末的基本手段之一。这一过程通过使用研磨设备，如研磨机、砂轮机等，对原料物质进行摩擦、碰撞和剪切，将其逐渐破碎为微小颗粒。研磨的细度和均匀度取决于研磨设备的性能和操作参数的调控。研磨过程可以根据需要进行多级操作，以获得所需颗粒大小的粉末。球磨是机械法中的一种重要手段，特别适用于金属、陶瓷等硬质材料的粉末制备。球磨设备通常包括转动的容器和一定数量的研磨介质，如钢球或陶瓷球。在旋转容器的作用下，原料与研磨介质发生碰撞、摩擦和压缩，逐渐被磨细为粉末。球磨的优点在于其能够在相对较短的时间内制备出细度较高的粉末，但也需要注意对球磨介质和容器材料的选择，以避免杂质的引入。机械合金化是一种通过机械力将不同种类的原料混合并合金化的方法，从而制备出具有优异性能的粉末材料。机械合金化的过程通常通过高能球磨设备实现，原料在球磨过程中不仅发生磨碎，同时还发生混合和合金化的反应。这种方法不仅可用于制备金属合金粉末，还可应用于非金属材料的混合和改性。机械合金化的粉末通常具有均匀的成分分布和细小的颗粒大小，对于提高材料的性能具有重要意义。机械法是一种灵活、广泛应用的粉末制备方法，适用于各类材料的粉末化处理。通过调控机械力的大小、研磨介质的选择以及操作参数的优化，可以实现粉末的精细控制，满足不同应用对粉末品质的要求。机械法的制备过程相对简单，设备相对容易获取，因此在实际生产中得到了广泛的应用。

（二）化学法

粉末的制备方法中，化学法是一种重要而广泛应用的方法，通过化学反应将溶液中的溶质转化为颗粒状的固体粉末。这一方法包括溶胶-凝胶法、沉淀法、气相法等多种技术，每种方法都有其独特的应用领域和特点。溶胶-凝胶法是一种常见的化学法，适用于制备纳米级颗粒的粉末。该方法首先通过溶胶过程，将溶质溶解在溶剂中，形成均匀的溶胶溶液。接下来，通过凝胶化过程，通过控制温度、浓度和凝胶剂的加入，使溶胶逐渐凝结成凝胶体。最后，通过热处理，将凝胶转变为固体粉末。溶胶-凝胶法的优势在于可以制备具有高度均匀微观结构和纳米级颗粒大小的粉末，适用于催化剂、陶瓷等领域。沉淀法是一种通过溶液中的化学反应产生沉淀颗粒的方法。在这一过程中，溶液中存在两种或更多的离子，它们发生反应生成一种不溶于溶剂的固体产物，即沉淀。通过控制反应条件，如温度、pH 值和反应时间，可以调控沉淀的形成速率和颗粒大小。沉淀法的优点在于其操作简便，可实现大规模生产，并广泛应用于金属氧化物、陶瓷等领域的粉末制备。气相法是一种通过气相反应制备粉末的高效方法。其中一种常见的气相法是化学气相沉积（Chemical Vapor Deposition，CVD）技术。在 CVD 过程中，气体中的前体物质在高温下发生反应，生成固体产物并沉积在基底表面。这种方法适用于制备高纯度、均匀性好的薄膜和粉末，广泛应用于半导体、光电子等领域。化学法是一种多样化的粉末制备方法，通过精确控制反应条件，可以获得具有特定结构和性质的粉末材料。不同的化学法适用于不同类型的原料和应用领域，为各行各业提供了丰富的粉末制备选择。在实际应用中，选择合适的化学法对于获得所需粉末的性能至关重要。

（三）物理法

粉末的制备方法有许多种，其中物理法是一类常用的方法之一。物理法主要依赖于物质的物理性质，通过一系列的物理过程来实现粉末的制备。以下将详细讨论几种常见的物理法，包括磨碎法、溅射法、凝聚法和喷雾法。磨碎法是一种通过机械力对块状原料进行破碎，使其变成粉末的方法。这种方法主要包括球磨法、颚式破碎法等。在球磨法中，通过球磨机将原料放入容器中，加入适量的磨料球，通过旋转容器使磨料球对原料进行撞击、摩擦和磨擦，最终实现原料的细化，形成粉末。颚式破碎法则是通过颚式破碎机对原料进行压碎，使其变成适当粒度的粉末。这些方法具有简便、成本低等优点，广泛应用于金属、陶瓷等领域。溅射法是一种利用高能粒子束对靶材进行轰击，使其表面材料脱落并沉积在基材上的制备粉末的方法。这种方法主要包括物理气相沉积（PVD）和化学气相沉积（CVD）等。在 PVD 中，通过在真空或惰性气氛中，利用电子束、激光束或者离子束等粒子束轰击靶材表面，使其材料脱离靶材并沉积在基材上，最终形成粉末。这种方法制备的粉末具有较高的纯度和均匀性，适用于制备高性能材料。凝聚法是一种通过气体、液体或等离子体等介质将原料凝聚成粉末的方法。这包括气相凝聚法、液相凝聚法等。在气相凝聚法中，原料以气体形式通过化学反应或物理过程被转化为凝聚态，再通过凝聚成粉末。液相凝聚法则是通过在液态介质中使原料发生反应或通过溶剂将原料溶解，并通过适当的方式将其凝聚成粉末。这些方法的优势在于可以制备高度纯净、微观结构可调的粉末。喷雾法是一种通过将液态原料通过喷嘴喷雾成细小液滴，然后在合适的条件下使其凝固形成粉末的方法。这种方法包括喷雾干燥法、喷雾凝胶法等。在喷雾干燥法中，通过将液态原料喷雾到热气流中，使其在瞬间蒸发凝固，形成粉末。喷雾凝胶法则是通过将溶解的原料液喷雾成细小液滴，通过溶剂的挥发或化学反应使其形成凝胶，最终通过热处理使其成为粉末。这些方法适用于制备颗粒均匀、形状可控的粉末。物理法是一类通过物理过程制备粉末的方法，包括磨碎法、溅射法、凝聚法和喷雾法等。不同的物理法适用于不同的原料和制备要求，选择合适的方法对于获得高质量的粉末材料至关重要。

二、粉末的性质

（一）颗粒大小

粉末的性质中，颗粒大小是一个关键参数，直接影响着粉末在各种应用中的性能和特性。颗粒大小的控制对于材料的性能、加工工艺以及最终产品的性质都具有重要意义。在科学研究和工业生产中，人们通过各种手段来调控颗粒大小，以满足不同领域的需求。颗粒大小是粉末的一个基本物理特性，通常以颗粒的直径或体积分布来描述。颗粒的大小可以从纳米级到微米级不等，而这一范围的变化将直接影响着材料的性能。纳米颗粒的小尺寸使得其具有较大的比表面积和独特的量子效应，使其在催化、传感、医学等领域展现出卓越的性能。微米级颗粒则更常见于一些传统材料中，如金属粉末、陶瓷粉末等。颗粒大小对材料的力学性能和力学行为有着显著影响。在粉末冶金中，颗粒大小直接影响着粉末的流动性和压实性。小颗粒通常具有较好的流动性，易于填充成型模具，有利于制备高密度、高强度的零件。另一方面，大颗粒则可能导致颗粒堆积不均匀，影响材料的致密性。因此，在粉末冶金工艺中，通过控制颗粒大小可以调节制备零件的工艺性能。颗粒大小还直接关联着粉末的表面特性。随着颗粒尺寸的减小，比表面积增加，使得粉末更容易与其他物质发生化学反应，增强了其化学活性。这对于催化剂、吸附剂等应用中的性能至关重要。此外，小颗粒也可能导致粉末的固体溶解度的增加，从而影响材料的溶解动力学行为。在材料的光学性质方面，颗粒大小同样发挥着重要的作用。纳米颗粒由于其尺寸与光波长相近，表现出与大颗粒截然不同的光学特性。纳米颗粒在光学应用中，如光学传感器、光学涂料等方面具有独特的优势。通过调控颗粒大小，可以实现对材料光学性质的精确控制。在药物制备领域，颗粒大小对于药物的生物利用度和溶解性等方面起着决定性的作用。纳米颗粒药物传递系统被广泛研究和应用，通过将药物粉末制备成纳米颗粒形式，提高了药物在体内的溶解度，增加了药物对目标细胞的靶向性，提高了治疗效果。因此，颗粒大小在纳米医学领域中有着广泛的应用前景。颗粒大小是粉末材料性质中一个至关重要的因素。通过精确控制颗粒大小，可以调节材料的物理、力学、化学和光学性质，满足不同领域对材料性能的需求。在材料科学和工程中，对颗粒大小的深入研究和控制将为新材料的设计和制备提供更多可能性，推动科技创新的发展。大数据，

（二）颗粒形状

颗粒形状是粉末性质中一个至关重要的因素，对于材料的性能、加工工艺和最终产品的特性都具有深远的影响。颗粒形状通常包括球形、棱柱形、片状、纳米颗粒等多种形态，而这些形状的差异直接决定了粉末在各个领域的应用性能。颗粒形状与粉末的堆积密度和流动性密切相关。球形颗粒通常具有较好的流动性，易于在加工中形成均匀的密集堆积，因此在粉末冶金、制备陶瓷材料等领域广泛应用。相比之下，非球形颗粒如片状颗粒则可能导致不规则的堆积，影响材料的致密性和均匀性。在一些特殊应用中，如填料、涂料等，通过调控颗粒形状可以实现更好的流动性和分散性，提高产品的加工性能。颗粒形状对材料的表面积和表面能有直接的影响。非球形颗粒通常具有较大的比表面积，这使得它们更容易与其他物质发生化学反应，提高了材料的化学活性。纳米颗粒的高比表面积更是使其在催化、吸附等方面表现出卓越性能。因此，通过调节颗粒形状可以实现对材料表面性质的有针对性的调控，拓展了材料在各个领域的应用范围。颗粒形状还对材料的力学性能产生显著影响。例如，在材料的强度和韧性方面，球形颗粒具有较好的均匀性和各向同性，有利于提高材料的整体力学性能。而一些非球形颗粒，如纤维状颗粒，由于其特殊的形状，可能在特定方向上具有更高的强度，被广泛应用于增强材料中，如纤维增强复合材料。颗粒形状在电学和磁学性质方面也扮演着重要的角色。例如，一些具有非球形形状的颗粒在电导率和磁导率方面可能表现出与球形颗粒不同的特性。这对于电子器件、电磁材料等应用具有重要的意义。通过精确控制颗粒形状，可以实现对材料电磁性能的调控，拓展了电磁材料在通信、能源等领域的应用。在药物领域，颗粒形状也是一个重要的考虑因素。药物颗粒的形状可以影响其在体内的生物分布和药效学特性。例如，通过调整颗粒形状可以实现药物的缓释，延长其在体内的停留时间，提高药物的疗效。此外，纳米颗粒的形状对于药物的靶向性有着独特的影响，可以通过设计形状以实现对药物在体内的定向传递，提高治疗效果。颗粒形状是粉末性质中一个多方面影响的因素，涉及到材料的加工性能、表面性质、力学性能、电磁性能等多个方面。在科学研究和工业生产中，对颗粒形状的深入了解和控制将为新材料的设计和制备提供更多可能性，推动材料科学领域的不断创新发展。

三、粉末的性能

（一）流动性

粉末的流动性是其在各种工业制备和处理过程中至关重要的性能之一。流动性指

的是粉末在外力作用下流动的能力，直接影响着颗粒的堆积、充实、混合以及成型等加工过程。影响粉末流动性的因素包括颗粒的形状、大小、表面粗糙度、湿度以及电荷状态等。颗粒的形状是影响粉末流动性的重要因素之一。球形颗粒通常具有较好的流动性，由于其各向同性，易于形成紧密堆积，有利于各种加工工艺的进行。相反，非球形颗粒如片状、纤维状颗粒由于其不规则的形状可能导致颗粒之间的相互嵌套和堆积不均匀，从而影响了粉末的流动性。在实际生产中，通过选择或设计颗粒形状，可以调节粉末的流动性，提高材料的加工效率。颗粒大小也对粉末的流动性产生显著影响。通常情况下，小颗粒具有更好的流动性，因为它们更容易填充和流动。这一特性在粉末冶金、制备陶瓷材料等领域中具有重要意义，有助于形成均匀、致密的材料结构。然而，当颗粒过小时，由于粉尘效应的增强，可能会导致颗粒之间的相互吸附，从而降低整体流动性。因此，在实际应用中需要综合考虑颗粒大小对流动性的双重影响。表面粗糙度是另一个影响粉末流动性的重要因素。颗粒表面的不规则性和粗糙度会增加颗粒之间的摩擦力，从而降低流动性。在一些工业应用中，通过对颗粒表面进行润湿处理或添加流动性改良剂，可以减小颗粒之间的摩擦力，提高粉末的流动性。此外，表面处理还能改善颗粒之间的分散性，有助于实现更均匀的颗粒分布。湿度是影响粉末流动性的另一关键因素。湿度的变化直接影响着粉末颗粒之间的相互吸附和附着力。在高湿度环境下，粉末颗粒可能吸湿并形成团簇，导致流动性的下降。相反，在低湿度环境下，由于颗粒表面带有静电荷，可能出现静电吸附，同样影响了流动性。因此，在实际生产中需要根据具体工艺条件和要求来合理控制湿度，以维持粉末的适当流动性。电荷状态也会对粉末的流动性产生一定的影响。颗粒表面的静电荷可能导致颗粒之间的静电吸引或排斥，影响流动性。通过加入抗静电剂或通过表面处理来调节颗粒的电荷状态，可以改善粉末的流动性。这在电子、粉末冶金等领域中具有重要应用价值。粉末的流动性是一个综合性能指标，受多种因素的综合影响。在工业制备和加工中，通过合理选择颗粒形状、控制颗粒大小、表面处理、湿度调控等手段，可以有效调节粉末的流动性，从而提高生产效率、优化材料结构，满足不同领域对粉末性能的需求。深入了解和控制粉末流动性有助于优化制备工艺、提高产品质量，推动粉体材料在各个领域的广泛应用。

（二）稳定性

粉末的稳定性是指在不同环境条件下，粉末颗粒之间的相互作用、颗粒与周围介质的相互作用，以及颗粒自身的物理和化学性质对其整体性能的维持能力。稳定性直接关系到粉末在储存、运输、处理以及最终应用中的可控性和可靠性。因此，了解和控制粉末的稳定性是粉末材料科学和工程中的一个重要方面。

环境条件对粉末的稳定性产生显著影响。湿度、温度、气氛成分等环境参数都可能引起粉末的稳定性变化。高湿度环境下，粉末颗粒容易吸湿形成结块，影响其流动性和加工性能。相反，在干燥环境下，可能导致粉尘的产生和粉末的静电充电。控制粉末的储存条件，维持适宜的环境参数，是确保粉末稳定性的重要手段。

颗粒之间的相互作用对于粉末的稳定性至关重要。静电吸附、范德华力、表面张力等相互作用力影响着颗粒的堆积、分散和聚集行为。通过添加分散剂、改变颗粒表面性质等手段，可以调节颗粒之间的相互作用，提高粉末的分散性和流动性。此外，粉末颗粒之间的磨损和磨粒效应也是一个重要的稳定性考虑因素，需要在制备和加工过程中加以控制。颗粒自身的物理和化学性质对稳定性也有重要影响。颗粒的形状、大小、表面粗糙度等物理性质直接决定了颗粒之间的相互作用。例如，球形颗粒通常比非球形颗粒具有更好的流动性，而较小颗粒则更容易分散。颗粒的化学性质，包括表面化学成分、氧化状态等，也对稳定性产生直接影响。在一些特殊应用中，通过表面处理、控制颗粒的氧化状态等手段，可以提高粉末的抗氧化性和化学稳定性。在储存和运输过程中，包装材料的选择和设计也是保障粉末稳定性的重要环节。合适的包装材料能够隔绝湿气、防止氧化，避免外界污染物质的进入，保护粉末的结构和性质不受损。此外，包装材料的密封性和机械强度也是确保粉末在长时间储存和运输中稳定性的关键因素。在粉末的最终应用中，稳定性对于产品性能的可控性和可靠性至关重要。在制备成型过程中，粉末的稳定性直接关系到成品的均匀性和致密度。在高温、高压等极端条件下，粉末的稳定性也直接决定了产品的机械性能、导电性能等。通过在制备工艺中加入稳定性改良剂、优化成型工艺，可以提高产品的一致性和稳定性。粉末的稳定性是一个综合性能指标，受到多个因素的共同影响。在粉末科学和工程中，通过深入了解粉末颗粒的物理、化学特性，控制环境条件，采用合适的包装和加工工艺，可以实现对粉末稳定性的有效调控。这对于确保产品的质量、提高生产效率以及推动粉末材料在各个应用领域的广泛应用具有重要意义。

（三）导电性

粉末的导电性是指粉末材料在电场作用下的电导能力，这一性能在多个领域中具有关键意义。导电性主要受到粉末颗粒的形状、大小、结构以及颗粒之间的相互作用等因素的影响。对粉末导电性的深入研究和控制不仅对电子器件、电池、传感器等领域的发展有着直接的影响，还在导电材料的设计和应用中发挥着重要作用。粉末颗粒的形状对导电性产生显著影响。球形颗粒通常具有较好的流动性，有助于形成均匀的导电网络结构。然而，一些非球形颗粒如纤维状、片状颗粒可能具有更高的导电性，尤其在某个方向上。这对于设计和制备具有特殊导电性能的材料，如导电油墨、导电涂层等，提供了多样性的选择。颗粒的大小是影响导电性的另一个重要因素。小颗粒通常具有更大的比表面积，有利于形成更加紧密的导电网络。纳米颗粒由于其尺寸相对较小，能够形成更细致的导电结构，因此在导电材料中具有独特的优势。然而，过小的颗粒也可能导致颗粒之间的电子隧穿效应增强，从而影响材料整体的导电性能。颗粒之间的相互作用对导电性能同样起着至关重要的作用。颗粒之间的电子传输主要通过电子隧穿效应或电子跃迁效应实现。在导电网络中，颗粒之间的相互接触、排列和间隙大小都将直接影响电子传输的效率。通过精确控制颗粒之间的相互作用，可以实现导电性能的优化。导电性还受到粉末颗粒的电荷状态的影响。颗粒表面的静电充电状态可能影响导电网络的形成和稳定性。通过表面处理、添加导电助剂等手段，可以调控颗粒表面的电荷状态，从而影响材料的导电性能。在实际应用中，粉末的导电性不仅仅是一种基础性能，更是电子器件、电池等高技术产品的核心组成部分。例如，导电粉末广泛用于印刷电路板、导电胶黏剂、导电油墨等制造中。此外，纳米颗粒的导电性也在柔性电子、透明导电薄膜等领域展示出潜在的革命性应用。粉末的导电性是一个多因素综合影响的性能指标，涉及颗粒形状、大小、结构、相互作用以及电荷状态等多个方面。在科学研究和工业生产中，通过深入了解和控制这些因素，可以实现对导电性的精准调控，推动导电材料的创新和应用领域的不断拓展。这对于提高电子器件的性能、推动电子科技的发展，具有深远的意义。

（四）磁性

粉末的磁性是指在外部磁场作用下，粉末材料表现出的磁响应性能。这一性质对于磁性材料的设计、制备以及在磁存储、传感器、医疗设备等领域的应用具有重要意义。粉末磁性的核心特征包括磁矩的生成、磁滞回线的形状、磁导率等，这些性质直接取决于粉末颗粒的结构、组成、形状等因素。粉末的磁性与其组成物质的磁性有直接关系。常见的磁性材料包括铁、镍、钴等磁性金属，以及氧化铁、氧化镍等磁性氧化物。通过调整粉末的成分，可以实现对磁性的调控。此外，通过合金化、添加磁性助剂、调整材料的氧化还原状态等手段，也可以改变粉末的磁性特性，拓展其在不同领域的应用。粉末颗粒的结构和形状对磁性表现产生深远的影响。纳米颗粒因其尺寸接近或小于磁畴尺寸，常常表现出特殊的磁性行为。例如，超顺磁性、超顺磁性等效应在纳米颗粒中表现得更为显著，这对于提高材料的磁导率和响应速度具有重要意义。此外，通过控制颗粒的形状，如纳米棒状、纳米片状等，也可以实现对磁性性能的定向调控，优化材料在特定应用中的表现。颗粒之间的相互作用对粉末磁性的影响同样不可忽视。在粉末中，颗粒之间可能存在磁偶极相互作用、交换耦合等现象，直接影响着整体材料的磁性行为。通过改变颗粒之间的相互距离、添加磁性耦合剂等手段，可以调节颗粒之间的相互作用，从而实现对粉末的整体磁性的精确控制。在实际应用中，粉末的磁性不仅在磁存储领域有着广泛应用，还在电磁传感、医学成像、磁性流体等领域具有潜在的重要作用。纳米粉末的磁性尤为引人注目，由于其特殊的尺寸效应和表面效应，可以应用于高密度磁存储、生物医学领域的靶向治疗等方面。通过合理设计和制备粉末材料，可以充分发挥其在磁性领域的潜在应用价值。粉末的磁性是一个复杂而多层次的性能指标，涉及材料的成分、结构、形状、相互作用等多个方面。在科学研究和工程应用中，通过深入了解和精确控制这些因素，可以实现对粉末磁性的精准调控，拓展其在磁性材料科学和技术领域的应用潜力，推动相关技术的不断创新和发展。

（五）热性能

粉末的热性能是指粉末材料在不同温度条件下的热传导、热膨胀、热稳定性等热学性质。这些性能对于材料在高温环境下的稳定性、导热性能、热膨胀行为等方面具有直接的影响，对于热工业、陶瓷制备、电子器件等领域的材料设计和应用至关重要。粉末的热导率是衡量其导热性能的关键指标。热导率直接决定了材料在热传导中的效率和速度。颗粒形状、大小、结构等因素直接影响材料内部的热传导路径和热导率。纳米粉末由于其小尺寸效应，可能表现出较高的热导率，这在高性能散热材料的设计中具有潜在应用。通过调控颗粒的形状和大小，可以实现对粉末热导率的精准调控，满足不同领域对材料导热性能的需求。热膨胀性是另一个重要的热性能指标，特别是在温度变化较大的环境下。粉末材料的热膨胀行为直接影响着材料在不同温度条件下的尺寸变化和稳定性。通过调整粉末的成分、结构、添加膨胀剂等手段，可以实现对材料热膨胀性能的控制，防止由于温度变化导致的尺寸不稳定和应力集中，提高材料的使用寿命和可靠性。粉末的热稳定性也是热性能的一个重要方面。在高温环境下，材料可能发生热分解、晶体相变等现象，影响其性能和稳定性。通过在粉末制备中采用特殊的热处理工艺、合理选择材料成分，可以提高粉末材料的热稳定性，使其更适用于高温环境下的应用，如航空航天、汽车引擎等领域。在热性能的研究中，对粉末的热导率、热膨胀系数、热稳定性等进行综合考虑，可以实现对材料在高温条件下的整体热性能的全面了解。这对于材料的设计、制备和应用提供了指导，为高温工况下的新材料研发和工业生产提供了科学依据。在热性能的实际应用中，粉末材料广泛应用于热导材料、陶瓷、高温结构材料等领域。例如，高导热性的金属粉末常被用于制备导热垫片、散热膏等散热材料，用于电子器件的散热。陶瓷粉末在高温环境下表现出良好的热稳定性，因此在航空航天、能源等领域的高温结构材料中得到广泛应用。粉末的热性能是一个多方面影响的综合性能，涉及到热导率、热膨胀性、热稳定性等多个方面。通过深入了解和控制颗粒的形状、大小、结构等因素，可以实现对粉末热性能的精准调控，推动高性能热材料的研发和应用。这对于满足不同领域对材料在高温环境下性能要求的需求，促进材料科学和工程的不断创新，具有重要的科学和实际意义。

任务二　粉末微观结构与性能

一、粉末微观结构

（一）颗粒形状

1. 球形颗粒

球形颗粒是一种在粉末微观结构中常见的颗粒形状，其几何外形呈现近似球体的特征。这种颗粒形状在粉末科学和工程中具有广泛的应用，并在材料制备、工业生产、药物制剂等多个领域发挥着重要作用。球形颗粒的形成和性质对于材料的性能、加工性以及最终产品的品质都有着深刻的影响。球形颗粒通常具有较好的流动性。由于球形颗粒在任何方向上的几何形状都相同，因此在粉体中更容易形成紧密堆积结构，减小颗粒之间的摩擦阻力，有利于颗粒在加工、输送、混合等工艺中的流动性。这种流动性的优越性使球形颗粒广泛应用于制备颗粒材料的过程，例如在制药、化工、食品等工业中的颗粒制备和混合过程中，球形颗粒的选择有助于提高生产效率。球形颗粒通常具有较好的填充性能。由于球形颗粒在堆积时能够形成最紧密的排列，颗粒之间的间隙较小，因此在成型、压制等加工过程中，球形颗粒更容易填充形成均匀的颗粒堆积。这对于制备密度均匀的制品、陶瓷材料、金属粉末冶金等方面具有积极意义，有助于提高制品的力学性能和致密度。球形颗粒的形状有利于提高颗粒的均匀性。由于球形颗粒的各向同性，颗粒之间的形状差异较小，有助于降低颗粒之间的表面能，减小颗粒的聚集倾向，从而提高颗粒的分散性。在颗粒分散剂、颜料、涂料等领域，球形颗粒的选择常常能够改善材料的均匀性和性能。在材料的热性能方面，球形颗粒通常表现出较好的热传导性。球形颗粒的结构有助于形成更有效的热导通道，提高材料的整体热导率。这对于热传导材料、散热膏等领域具有积极的影响，有助于提高材料在高温环境下的热稳定性和散热性能。球形颗粒作为一种常见的粉末微观结构形态，其优越的流动性、填充性以及均匀性使其在多个领域中得到广泛应用。通过选择或设计球形颗粒，可以优化粉末材料的性能，提高生产效率，改善产品质量。球形颗粒在粉末科学和工程领域中的研究不仅拓展了对颗粒形状对性能影响的理解，同时也为粉体材料的定制设计和应用提供了有力支持。

2. 多边形颗粒

多边形颗粒作为粉末微观结构中的一种常见形状，其几何特征呈现出多边形的外形，如六边形、八边形等。这种颗粒形状在粉末科学和工程领域中引起广泛关注，其微观结构对于粉体材料的流动性、填充性、压实性以及最终产品的性能有着深远的影响。多边形颗粒由于其不规则的外形，通常表现出较好的填充性能。多边形颗粒之间的形状不规则性使得颗粒在堆积时能够形成较为紧密的结构，减小颗粒之间的间隙，有利于颗粒在加工过程中的填充和堆积。这种填充性能对于制备高密度的陶瓷、金属粉末冶金制品等领域具有重要作用，有助于提高产品的致密度和力学性能。多边形颗粒的形状特征对于流动性产生显著影响。相比于球形颗粒，多边形颗粒的不规则形状可能导致颗粒之间的摩擦阻力增加，使得粉末在输送、混合等过程中的流动性较差。然而，通过调整多边形颗粒的角度、边长分布等参数，可以优化颗粒之间的摩擦关系，从而提高多边形颗粒的流动性。这种特性对于颗粒材料的工业生产、物流输送等环节具有重要意义。多边形颗粒的形状特点也对于颗粒的堆积紧密度产生直接影响。颗粒堆积的紧密度直接关系到粉末的体积密度和最终制品的性能。通过合理设计和控制多边形颗粒的形状，可以实现对粉末堆积结构的调控，有助于提高产品的致密性和力学性能。在颗粒的热性能方面，多边形颗粒的不规则形状也可能影响材料的热传导性。多边形颗粒的接触点较球形颗粒更为复杂，导致热传导路径的变化，从而影响材料的整体热导率。通过对多边形颗粒形状的优化设计，可以实现对材料热性能的调控，有助于满足不同应用领域对于热导率的要求。多边形颗粒在粉末科学和工程中的研究对于深入理解颗粒形状对材料性能的影响，以及在工业生产和应用中的优化设计具有重要意义。通过对多边形颗粒形状的深入认识，科学家和工程师可以更好地选择或设计颗粒形状，优化材料性能，提高生产效率，推动相关领域的技术发展。在不同应用场景中，多边形颗粒的优势特性为制备高性能、多功能的粉体材料提供了新的思路和解决方案。

（二）颗粒尺寸

粉末微观结构中的颗粒尺寸是决定材料性能和应用特性的关键因素之一。颗粒尺寸的控制不仅涉及到粉体科学和工程领域，还直接影响到颗粒材料在多个应用领域中的性能表现。对于颗粒尺寸的深入研究和调控，对于优化材料性能、提高制备工艺效率以及推动新兴领域的发展都具有重要的意义。颗粒尺寸对于粉体的表面积和比表面积具有直接影响。小尺寸颗粒具有更大的比表面积，这导致相同质量的粉末在单位体积内包含更多的颗粒，增加颗粒之间的相互作用表面。这种表面积的增大不仅影响颗粒之间的力学性质，还对材料的表面活性、化学反应速率等方面产生显著影响。在催化、吸附等应用中，小尺寸颗粒通常表现出更高的活性和反应性，因此尺寸调控在这些领域具有关键的应用价值。颗粒尺寸对于粉体的流动性和压实性能也有着显著的影响。小尺寸颗粒通常表现出较好的流动性，有助于在加工过程中形成均匀的颗粒堆积。此外，小尺寸颗粒之间的间隙较小，有利于颗粒在加工中的压实，从而提高制品的致密度。这对于陶瓷、金属粉末冶金等领域的制备工艺具有积极的影响，有助于提高产品的机械性能和致密度。颗粒尺寸还对于颗粒材料的分散性产生显著影响。小尺寸颗粒由于其较大的表面积，可能在颗粒之间形成较强的表面张力，导致颗粒之间的聚集倾向增强。因此，对于小尺寸颗粒的分散性控制成为一个挑战。在颜料、涂料、油墨等领域，对于颗粒尺寸和分散性的有效控制是确保产品质量和性能的重要因素。在电子器件、光学材料等高科技领域，颗粒尺寸的调控对于材料的光电性能具有决定性作用。纳米颗粒由于其小尺寸效应，可能表现出特殊的光电性质，如量子尺寸效应、光致变色效应等。因此，在这些领域，通过调控颗粒尺寸可以实现对材料的光电性能的精准调控，为光电器件的设计和制备提供了新的思路。颗粒尺寸还对于粉体材料的热性能具有直接影响。小尺寸颗粒通常表现出更高的比热容，更大的比表面积，从而影响材料的热导率和热稳定性。这对于热导材料、散热材料等领域的应用具有深远的影响。颗粒尺寸在粉末科学和工程中具有多方面的重要影响，从表面性质到力学性质，从光电性能到热性能，都涉及到颗粒尺寸的调控和优化。随着纳米技术的发展，对于颗粒尺寸的精准控制成为实现多种领域应用的关键。通过深入研究颗粒尺寸的影响机制和调控方法，可以更好地理解粉体材料的性能，推动颗粒科学和工程领域的创新和发展。颗粒尺寸的精准调控将为制备高性能、高附加值材料提供新的途径，助力材料科学和工程领域的不断突破和进步。

（三）表面特性

1. 表面积

粉末微观结构中的表面特性是材料性能和应用的关键因素之一，直接影响着颗粒材料在吸附、催化、化学反应、表面润湿等方面的行为。表面积作为表征表面特性的一个重要参数，不仅关乎材料的宏观性能，还在纳米科技等领域的应用中具有特殊的意义。表面积与颗粒尺寸直接相关，小尺寸颗粒具有更大的比表面积。具体来说，表面积是指单位质量或单位体积内颗粒的表面总面积。在纳米颗粒中，由于尺寸较小，相同质量或体积的颗粒具有更多的表面积，增加了表面反应的可能性。这对于催化、吸附、表面润湿等表面相关性质的研究和应用提供了有力支持。表面积的增大通常伴随着更多的表面活性位点，有利于催化反应的进行。在催化领域，表面积的增加意味着催化剂上活性位点的增多，提高了催化反应的效率。纳米颗粒由于其较大的表面积，常常表现出优越的催化性能，因此在催化材料的设计和制备中引起了广泛关注。通过调控表面积，可以实现对催化剂的性能和选择性的调控，推动相关领域的研究和应用。表面积对于吸附性能也具有显著影响。在吸附过程中，表面积越大，颗粒与吸附物质之间的相互作用位点越多，从而增加了吸附物质的吸附量。这对于吸附材料、吸附剂的设计和应用具有实际意义，例如在环境治理、气体分离等领域。表面积还与颗粒的分散性、稳定性密切相关。小尺寸颗粒由于其较大的表面积，可能在颗粒之间形成较强的表面张力，导致颗粒之间的聚集倾向增强。这对于分散剂的选择和粉体工程的控制具有挑战性。通过调控表面积，可以优化颗粒之间的相互作用，提高粉体的分散性和稳定性。在纳米科技领域，表面积的控制成为材料设计的一个重要方面。纳米材料由于其特殊的尺寸效应，表面积增大使得其表面活性更加突出。这在纳米颗粒的制备、纳米复合材料的设计、纳米药物载体等方面都发挥了关键作用。通过调控表面积，科学家和工程师可以精准设计具有特殊功能和性能的纳米材料，推动纳米技术在医学、电子、光学等领域的广泛应用。表面积作为粉末微观结构中的一个重要特性，对于颗粒材料的性能和应用具有广泛的影响。通过深入研究表面积与其他因素的关系，可以更好地理解材料的性质和行为，为新材料的设计和应用提供科学依据。在纳米科技时代，对表面积的精准控制将为材料科学和工程领域的不断发展提供新的思路和解决方案。

2. 表面粗糙度

表面粗糙度是粉末微观结构中的一个关键表征，直接关系到材料的表面性质、相互作用以及在多个应用领域中的性能表现。粉末的表面粗糙度不仅在制备工艺中具有重要作用，还在催化、吸附、摩擦学、生物医学等领域的应用中发挥着重要的功能。表面粗糙度直接影响着粉末的表面积。相较于光滑表面，粗糙表面具有更多的微观结构和微观孔隙，因此具有更大的表面积。这对于吸附、催化、表面润湿等表面相关性质的研究和应用具有关键意义。在吸附领域，粗糙表面通过增加吸附物质与颗粒表面的接触点，提高了吸附性能。在催化领域，表面粗糙度的增加使得催化剂表面上的活性位点更多，提高了催化活性。此外，在表面润湿过程中，粗糙表面可能形成更为复杂的表面形貌，影响润湿行为，对于化妆品、涂料等行业具有实际应用价值。表面粗糙度对于摩擦学性能产生显著影响。在摩擦学领域，表面粗糙度决定了颗粒之间的相互作用，直接关系到材料的摩擦系数和磨损行为。粗糙表面可能导致颗粒之间的微观嵌套，增加了摩擦力，影响了材料的耐磨性。在材料设计和工程应用中，通过调控表面粗糙度，可以实现对摩擦学性能的精准调控，提高材料的耐磨性和摩擦稳定性。表面粗糙度还对于颗粒的分散性和稳定性产生重要影响。粗糙表面可能增加颗粒之间的摩擦力，导致颗粒聚集。在粉体工程和生物医学领域，颗粒的分散性和稳定性是至关重要的。通过精准控制表面粗糙度，可以实现对颗粒的分散和稳定性的优化，有助于制备高性能的分散剂、载体等材料。在生物医学应用中，表面粗糙度对于生物相容性和细胞附着行为具有直接的影响。粗糙表面能够提供更多的生物活性位点，促进细胞附着、增殖和分化。因此，在生物医学材料的设计中，通过调控表面粗糙度，可以实现对材料与生物体的相互作用的精准控制，为生物医学领域的材料研究和应用提供新的思路。表面粗糙度在制备工艺中的应用也备受关注。例如，粗糙表面有助于改善材料的附着性能，提高涂层的附着力。在涂料、涂层、粉末冶金等工艺中，通过合理设计和控制表面粗糙度，可以实现对材料性能和制备工艺的双重优化。粉末微观结构中的表面粗糙度是一个多方面影响的关键因素，对于材料的吸附性能、催化活性、摩擦学性能、分散稳定性、生物相容性等都有深远的影响。通过深入研究和理解表面粗糙度与其他性质之间的关系，可以更好地指导材料设计和制备，推动材料科学和工程领域的创新和发展。表面粗糙度的精准控制将为制备高性能、多功能的材料提供新的途径，助力材料科学和工程领域的不断进步。

（四）晶体结构

1. 结晶性

粉末微观结构中的晶体结构是材料科学和工程中至关重要的一部分，直接决定着材料的性质、性能和应用。结晶性是指粉末中的晶体颗粒具有有序的、长程的周期性排列，形成一定的晶体结构。这种有序性直接关联着材料的热学、电学、光学、力学等多个方面的性质。结晶性对于材料的力学性能具有深远的影响。晶体结构中的有序排列使得晶体在受力时能够更有效地传递应力，提高了材料的强度和刚度。晶体的晶格结构不仅影响材料的宏观弹性模量，还直接关系到晶体在微观尺度上的塑性变形行为。在金属、陶瓷等领域，通过调控晶体结构，可以实现对材料的力学性能的精准调控，满足不同应用场景对于强度、硬度等方面性能的要求。结晶性对于材料的导电性和热导性也有显著的影响。晶体结构中的电子排布和原子间的周期性排列影响着电子在晶体中的传输行为。在半导体和导体材料中，通过调控晶体结构，可以实现对电子迁移率和电导率的调控，从而影响材料的导电性能。此外，晶体结构中的周期性排列也直接影响着热子的传导行为，对材料的热导率产生影响。这对于热导材料的设计和应用具有实际意义，例如在热管理、电子器件散热等领域。晶体结构的有序性还对于材料的光学性能产生显著影响。晶体对于光的吸收、散射、透射等光学过程的响应与晶体结构紧密相关。通过晶体的结晶性调控，可以实现对光学材料的折射率、透明度、发光性能等方面的调控。这在激光器、光电器件、光学涂层等应用中具有广泛的应用。晶体结构中的有序排列对于材料的热稳定性和相变行为也具有直接影响。晶体结构的稳定性直接关系到材料在高温、高压等条件下的稳定性，以及相变过程的热力学和动力学性质。通过深入研究晶体结构与热力学参数之间的关系，可以为新材料的设计和高温应用提供指导。结晶性对于材料的化学稳定性和化学反应行为也发挥着关键作用。晶体结构的有序性影响着材料表面的化学反应活性，直接关系到材料的耐腐蚀性和化学稳定性。在催化、电化学、电池等领域，通过调控晶体结构，可以实现对材料的表面活性位点的优化，提高催化效率和电化学性能。粉末微观结构中的晶体结构和结晶性是材料科学研究和工程应用中的一个核心问题。通过深入理解晶体结构与材料性能之间的关系，可以更好地指导材料设计、合成和制备工艺，推动材料科学和工程领域的发展。结晶性的精准调控将为制备高性能、高附加值材料提供新的途径，助力材料科学和工程领域的不断突破和进步。

2. 非晶态

粉末微观结构中的非晶态是指材料中的原子、离子或分子没有长程的周期性排列，而呈现出无序、短程有序的结构。与晶体结构相对，非晶态在材料科学和工程中也占据着重要的地位。非晶态材料的独特性质不仅影响材料的物理、力学性能，还在各种领域的应用中展现了广泛的潜力。非晶态材料的无序结构使其具有特殊的光学性质。由于非晶态的原子排列没有明显的晶格结构，非晶态材料在光的传播过程中表现出较低的折射率和较弱的散射，使其在光学领域中具有一些特殊的应用。例如，在光学涂层、光学纤维、太阳能电池等领域，非晶态材料因其低折射率、高透明度等性质而具有独特的优势。非晶态材料常常表现出较好的塑性变形能力和韧性。由于其无序结构，非晶态材料在受力时不会出现层状滑移等晶体缺陷，从而减缓了材料的断裂过程。这使得非晶态材料在提高材料强度、延展性和韧性方面具有优势。在金属、塑料、玻璃等材料的设计中，通过引入非晶态结构，可以实现对材料的塑性变形行为和力学性能的调控。非晶态材料还在磁性和电学性能方面表现出独特的特性。在某些非晶态合金中，非晶态结构有助于维持高磁导率，使其在电力变压器的核心材料中具有广泛的应用。此外，非晶态材料的导电性质也常常表现出优异的特点，为磁性传感器、磁存储等领域提供了新的材料选择。在化学反应和催化方面，非晶态材料也发挥着独特的作用。由于其无序性质，非晶态材料表面具有更多的缺陷和活性位点，这对于催化反应的进行具有积极的影响。在催化剂设计和化学反应工程中，通过引入非晶态结构，可以实现对催化活性和选择性的精准调控。在材料的热学性质方面，非晶态材料常常表现出较低的热导率。由于其无序结构，非晶态材料中的振动模式相对较复杂，导致了较低的热传导性。这使得非晶态材料在隔热、保温等应用中具有一定的优势，例如在建筑材料、隔热涂层等领域的应用中发挥了积极的作用。非晶态材料的制备和加工具有较高的灵活性。相比于晶体材料，非晶态材料的制备过程更容易实现无序结构，而且通常不需要高温和高压条件。这为非晶态材料的大规模制备、加工成型提供了更多的选择，从而推动了非晶态材料在实际工程应用中的广泛应用。粉末微观结构中的非晶态是一种在材料科学和工程中备受关注的结构形态。非晶态材料的独特性质在光学、力学、电学、磁学、催化等多个领域都展现出巨大的应用潜力。通过深入理解非晶态结构与材料性质之间的关系，可以更好地指导材料的设计和制备，推动材料科学和工程领域的不断发展。非晶态材料的应用将为新型材料的研发和实际应用提供丰富的可能性，促进材料领域的创新和进步。

（五）孔隙结构

粉末微观结构中的孔隙结构是指粉末中存在的空隙、孔洞或多孔结构，对于材料的吸附、储能、传质、力学性能等方面产生深远的影响。孔隙结构的形态、大小、分布等特征直接关系到材料的功能和性能。在各种领域，包括催化、吸附、电池、过滤、分离等，孔隙结构的精准调控和设计都成为材料科学和工程中的重要研究方向。孔隙结构对于气体和液体的吸附和储存性能具有显著影响。在气体吸附材料中，如吸附剂、吸附分离材料等，孔隙结构的调控对于吸附量、吸附速率以及吸附选择性有着关键的影响。通过合理设计孔隙结构，可以实现对不同气体的选择性吸附，推动气体分离和气体储存技术的发展。在电池和超级电容器等能源存储领域，孔隙结构的存在能够提供更多的储存空间，影响电极材料的充放电性能，对电能储存器件的性能提升至关重要。孔隙结构对于催化反应的进行具有关键性作用。在催化剂中，通过调控孔隙结构，可以提高催化剂表面积，增加催化活性位点的暴露程度，从而提高催化活性。孔隙结构还能影响反应物的扩散和传递，影响催化反应的速率和效果。因此，在工业催化、化学合成等领域，孔隙结构的设计和调控成为提高催化效率、选择性的重要手段。在分离和过滤技术中，孔隙结构也发挥着重要作用。微孔、纳米孔等孔隙结构可以作为分子筛，根据分子大小或极性选择性地分离物质。在膜分离、膜过滤、蒸馏等过程中，孔隙结构的设计决定了材料的分离性能，对于提高过滤效率、分离纯度具有重要意义。孔隙结构还对于材料的力学性能和变形行为产生直接影响。在金属、陶瓷、塑料等材料中，孔隙结构能够影响材料的密度、强度、刚度等力学性能。通过合理设计孔隙结构，可以实现对材料的强度和重量的平衡，提高材料的轻量化性能。此外，在软材料中，如泡沫塑料、泡沫橡胶等，孔隙结构决定了材料的柔软性和弹性，对于吸能缓冲和隔音降噪具有重要作用。孔隙结构对于材料的导热性能也有显著影响。在隔热材料、绝缘材料等领域，通过引入孔隙结构可以减小热传导，提高材料的绝缘性能。在导热材料中，通过精确设计孔隙结构，可以实现对材料的导热性能的调控，为热导材料的设计提供新的思路。孔隙结构还对于材料的生物相容性和生物医学应用产生重要影响。在生物医学领域，孔隙结构的存在能够提供细胞侵入的通道，有利于细胞附着、增殖和组织修复。通过精准调控孔隙结构，可以实现对生物材料的生物相容性和组织工程性能的优化，推动生物医学材料的研发和应用。粉末微观结构中的孔隙结构是一个非常重要的设计参数，对于材料的吸附、储能、传质、力学性能等方面具有重要影响。通过深入研究孔隙结构与材料性质之间的关系，可以更好地指导材料的设计和制备，推动材料科学和工程领域的不断创新和发展。孔隙结构的精准调控将为制备高性能、高附加值材料提供新的途径，助力材料科学和工程领域的不断突破和进步。

二、粉末微观结构性能

（一）吸附性

粉末的微观结构对其性能有着深远的影响，而吸附性是其中一个至关重要的方面。吸附性指的是粉末表面对吸附物质的能力，这一性质直接关系到粉末在各种应用中的表现和效果。在研究粉末的吸附性时，需要考虑多个因素，包括粉末的形貌、比表面积、孔隙结构等微观特征，以及与吸附物质之间的相互作用。粉末的形貌对其吸附性有着显著的影响。不同形状的粉末颗粒具有不同的表面积和结构特征，从而影响其与吸附物质之间的接触面积和相互作用方式。例如，球形颗粒相对于片状或纤维状颗粒可能具有更小的比表面积，因此其吸附性能可能相对较低。而高比表面积的颗粒通常具有更强的吸附能力，因为其表面提供了更多的吸附位点。粉末的比表面积是决定吸附性的重要因素之一。比表面积越大，粉末与周围环境中的气体、液体或溶质之间的接触面积就越大，从而提高了吸附的可能性。通常情况下，高比表面积的粉末更容易吸附气体分子或溶质，因此在一些吸附应用中表现出更优越的性能。孔隙结构也是影响粉末吸附性的关键因素之一。粉末内部的孔隙结构直接影响气体或液体在粉末中的扩散和吸附过程。开放孔隙和闭合孔隙的存在会影响吸附物质在粉末中的传输速率，从而影响吸附性能。此外，孔隙的尺寸分布也对吸附性能起到关键的调控作用，因为不同尺寸的孔隙对不同大小的分子具有不同的吸附能力。除了物理结构之外，粉末的表面化学性质也对吸附性能产生显著影响。表面的化学官能团、带电性质以及表面能等参数都能够影响粉末与吸附物质之间的相互作用。一些功能性表面改性方法，如化学处理或表面涂层，可以调控粉末表面的化学性质，从而改善其吸附性能。在工业和科研领域中，对粉末吸附性的深入研究有助于优化材料设计和应用。通过调控粉末的微观结构，可以实现对吸附性能的精确调控，从而满足不同领域对于吸附材料的特定需求。这不仅有助于提高吸附材料的效能，还为环境保护、能源存储和传输等方面的应用提供了有力支持。

（二）分散性

粉末的分散性是其微观结构性能中的一个关键方面，对于多种应用领域至关重要。分散性指的是粉末颗粒在溶剂或基体中的均匀分布程度，这直接影响到粉末在制备、加工和最终应用中的性能表现。在研究和优化粉末的分散性时，需要考虑多个因素，包括颗粒大小、表面性质、表面改性、溶剂选择以及分散剂的使用等。这些因素相互作用，共同决定了粉末在分散体系中的稳定性和均匀性。颗粒大小是影响粉末分散性的重要因素之一。较小的颗粒通常具有更大的比表面积，使其更容易在溶剂中分散。然而，颗粒过小可能导致颗粒间的吸引力增强，使得分散变得更为困难。因此，在追求优良分散性时，需要在颗粒大小和表面积之间找到一个平衡点。颗粒表面性质对分散性有着直接而显著的影响。不同的表面特性，如亲水性或疏水性，会影响颗粒与溶剂之间的相互作用力。亲水性表面可能更容易在水性溶剂中分散，而疏水性表面可能更适合非极性溶剂。表面电荷也是一个关键因素，带电颗粒之间的静电排斥力可能促进分散，而相反的情况可能导致颗粒聚集。表面改性是提高粉末分散性的有效手段之一。通过在粉末表面引入功能性官能团或进行表面修饰，可以调整颗粒的亲水性或疏水性，改变表面电荷分布，从而优化分散性能。例如，采用硅烷偶联剂对颗粒进行表面改性，可以增强颗粒与基体之间的相容性，提高分散性。溶剂选择也对粉末分散性起到至关重要的作用。选择合适的溶剂可以调整颗粒与溶剂之间的相互作用力，提高分散效果。此外，溶剂的极性和表面张力也会影响颗粒的分散行为。在一些应用中，可能需要使用多种溶剂或溶剂混合物，以在不同的环境中获得最佳的分散性能。分散剂的引入是改善粉末分散性的另一种有效方法。分散剂是一类能够降低颗粒之间相互吸引力的添加剂，通过吸附于颗粒表面，形成稳定的分散体系。常见的分散剂包括表面活性剂、聚合物以及特定的有机分子。这些分散剂能够形成保护层，减小颗粒之间的静电吸引力或范德华力，从而防止颗粒的聚集和沉积。在工业应用中，粉末的优良分散性对于制备均匀的材料、提高涂层质量、增强材料性能等方面都具有重要意义。例如，在涂料和油墨工业中，通过优化颜料的分散性，可以实现涂层的颜色均匀度和光泽度的提升。在陶瓷制备中，颗粒的均匀分散可确保最终制品的力学性能和表面质量。因此，深入研究和理解粉末的分散性能，对于提高材料制备和应用的效率和质量具有重要意义。

（三）力学性能

粉末的微观结构对其力学性能产生深远的影响，这一方面涵盖了粉末颗粒自身的力学性质，另一方面也包括了颗粒之间相互作用所形成的整体材料力学性能。粉末颗粒的力学性质直接决定了其在加工、压制和应用过程中的变形和破裂行为。颗粒的硬度、弹性模量以及断裂韧性等性质将在颗粒层面上影响材料的抗变形和抗破裂能力。在粉末冶金、陶瓷制备等工艺中，通过控制粉末颗粒的力学性质，可以实现所需材料的力学性能调控，从而满足不同应用领域的需求。

粉末颗粒之间的相互作用力和结合方式对整体材料的力学性能产生深刻的影响。在粉末冶金和粉末压制工艺中，颗粒之间的结合力强度和方式直接关系到制备的材料的强度、硬度和耐磨性等性能。不同的结合方式，如焊接、烧结或者液相烧结，将影响材料的晶体结构、晶粒尺寸和晶粒界面，进而对力学性能产生重要影响。颗粒之间的结合还与材料的孔隙率和密度等宏观性能紧密相关，这对于一些特殊应用，如轻量化材料的制备，具有重要意义。粉末的微观结构也会影响材料的断裂行为和疲劳性能。颗粒之间的晶粒界面、孔隙结构以及颗粒分布均对材料的断裂机制产生影响，例如裂纹的扩展路径、断裂韧性等方面。对于高强度、高韧性的材料设计，需要精确控制颗粒之间的结构，以达到更优异的断裂韧性和抗疲劳性能。在纳米粉末领域，微观结构对力学性能的影响更加显著。由于颗粒尺寸在纳米尺度，晶粒的晶界对材料性能有着重要影响。纳米颗粒的高比表面积、晶界能量以及颗粒尺寸分布对材料的力学性能具有显著的影响。此外，纳米粉末的制备和处理方法，如机械合金化、溅射沉积等，也会对纳米材料的力学性能产生重要影响。研究粉末的力学性能不仅仅有助于深入理解材料的变形和断裂机制，也为粉末冶金、陶瓷制备、复合材料等领域的材料设计和性能调控提供了基础。通过调控粉末的微观结构，可以实现材料的优异力学性能，推动新材料的开发和应用。在工程实践中，深入了解粉末微观结构与力学性能之间的关系，对于制备出更强、更轻、更耐磨、更耐腐蚀的材料具有实际而重要的指导意义。

（四）反应活性

粉末的微观结构性能中，反应活性是一个至关重要的方面，直接关系到粉末在化学反应、催化以及能源存储等领域的应用性能。微观结构中的晶体结构、表面特性以及晶粒尺寸等因素都会对粉末的反应活性产生深远的影响。粉末的晶体结构对其反应活性具有决定性影响。不同晶体结构的材料在化学反应中表现出不同的催化活性和反应动力学，因此通过调控粉末的晶体结构可以实现对反应活性的精确调控。例如，具有高比表面积的纳米晶颗粒由于晶界的存在通常表现出更高的反应活性，这在催化和电化学领域得到广泛应用。粉末的表面特性对其反应活性也具有关键的影响。粉末颗粒的表面能、表面化学官能团以及表面结构都可以影响粉末与反应物之间的相互作用。在催化剂领域，表面的活性位点对反应物的吸附和解离起到关键作用，因此通过控制粉末表面的特性可以调控催化剂的活性。此外，通过表面修饰或表面涂层等手段，可以改善粉末的表面活性，提高其在催化、吸附等过程中的反应速率和选择性。晶粒尺寸是影响粉末反应活性的重要参数之一。纳米颗粒由于其高比表面积和相对较短的反应路径，通常表现出更高的反应活性。这种尺寸效应在催化和电化学反应中特别显著，因为纳米颗粒的特殊结构可以提供更多的活性位点，并促使更有效的质子、电子传输。此外，纳米粉末的尺寸效应还可以改变物质的电子结构，进而影响其电子亲和性和电子传导性，从而影响催化和电催化反应的性能。另一个关键的因素是晶界效应，尤其是在纳米颗粒中。纳米颗粒中的晶界提供了额外的反应活性位点，这些位点对于催化、电化学反应以及气体吸附等过程具有显著的促进作用。晶界区域的相对高能状态使得颗粒表面更容易发生反应，因此通过精确控制晶界的存在和分布，可以实现对粉末反应活性的定向调控。对于可逆反应，比如电化学储能材料中的锂离子电池，粉末微观结构的变化也直接关联着材料的循环稳定性。在循环过程中，颗粒的膨胀和收缩、表面的形成和破裂等微观结构变化将影响材料的电极性能和寿命。深入理解粉末微观结构对反应活性的影响，有助于精确调控材料在催化、电化学、吸附等方面的性能，从而推动材料科学在能源、环保和化学工程等领域的应用。通过微观结构设计，可以实现材料的高效催化、高效存储和高效转换等特定功能，为解决当今社会面临的一系列挑战提供新的解决方案。

任务三 粉末粒度与粒度分布

一、粉末粒度

（一）颗粒大小测量方法

1. 激光粒度分析法

激光粒度分析法是一种广泛应用于粉末颗粒大小测量的先进技术，利用激光散射原理实现对颗粒尺寸分布的准确测定。该方法基于激光与颗粒的相互作用，通过测量散射光的强度和角度，可以推断颗粒的大小分布范围，为材料研究、工业生产等提供了重要的颗粒粒度信息。激光粒度分析法的原理基于光散射现象。当激光束照射到粉末样品中的颗粒时，光会被颗粒表面散射，散射光的强度和散射角度与颗粒的大小密切相关。通过精密的光学装置和敏感的探测器，可以捕捉并记录散射光的特征，进而推导出颗粒尺寸分布的信息。激光粒度分析法具有高分辨率和广测量范围的特点。由于激光的波长较短，激光粒度分析法能够实现对小尺寸颗粒的高分辨率测量。同时，仪器通常具有广泛的测量范围，可以涵盖从纳米级到微米级的颗粒尺寸，适用于多种颗粒的测量需求。这种高分辨率和广泛适用性使得激光粒度分析法成为当今颗粒大小测量领域的重要工具。激光粒度分析法的第三个优点是其非破坏性和快速测量的特性。相比一些传统的颗粒测量方法，如显微镜观察或者机械筛分，激光粒度分析法无需对样品进行破坏性处理，避免了可能引入的外部影响。同时，激光粒度分析法的测量速度较快，大大提高了样品的测量效率，适用于高通量实验和实际生产中的在线监测。激光粒度分析法还能够提供关于颗粒形状的信息。通过结合适当的数学模型和软件算法，激光粒度分析仪器能够推断颗粒的形状参数，如圆度、长短轴比等。这对于深入理解粉末样品的物理性质、工艺特性以及应用性能具有重要帮助。激光粒度分析法也面临一些挑战和限制。对于高度聚集的颗粒体系，可能会导致测量结果的偏差。在样品制备和仪器操作中，需要注意采取适当的分散剂和测量条件，以减小颗粒聚集的影响。激光粒度分析法对于透明或半透明颗粒的测量有一定困难，因为这些颗粒对激光的散射较弱。在这种情况下，可能需要采用其他测量方法来补充或替代激光粒度分析。激光粒度分析法作为一种高分辨率、广测量范围、非破坏性和快速测量的先进技术，在粉末颗粒大小测量领域具有广泛应用。其原理基于激光与颗粒的相互作用，通过测量散射光的强度和角度，能够准确获取颗粒尺寸分布的信息，为材料科学、工程和制造领域提供了重要的实验手段。通过不断改进仪器性能、解决技术难题，激光粒度分析法有望在未来更广泛地应用于各个领域，推动颗粒大小测量技术的发展和创新。

2. 电子显微镜观察

电子显微镜（Transmission Electron Microscope，TEM）作为一种高分辨率的显微镜

技术，在粉末颗粒大小测量中发挥着关键作用。相比于传统光学显微镜，TEM 的分辨率更高，能够实现对纳米级颗粒的观察，为粉末颗粒的形貌、大小以及结构提供了详细且精准的信息。TEM 的工作原理基于电子的波动性。相比于可见光的波长，电子的波长较短，因此具有更高的分辨率。通过透射电子束穿过样品并被样品内部的原子散射，形成显微图像，TEM 能够实现对颗粒的高分辨率观察。这使得 TEM 在观察粉末颗粒时，能够揭示纳米级甚至亚纳米级的细微结构，为材料科学、纳米材料研究提供了强大的工具。TEM 的分析能力不仅限于颗粒的表面形貌，还可以深入观察颗粒的内部结构。通过透射电子显微镜的高分辨率成像，可以清晰地看到颗粒内部的晶体结构、缺陷、孔隙以及其他微观特征。这对于了解粉末颗粒的形成机制、性质和行为提供了深入洞察，为材料设计和性能优化提供了有力支持。第三，TEM 在观察样品时不仅能够提供二维图像，还能够通过连续拍摄不同角度的图像，重建三维结构。这使得 TEM 在研究颗粒的立体形貌和内部结构方面更具优势。对于复杂结构的粉末颗粒，如纳米颗粒团簇或多层纳米结构，TEM 能够提供全方位的信息，有助于更全面地理解颗粒的组成和排列方式。TEM 还可以配合能谱分析技术，如能谱仪和电子衍射仪，实现对颗粒的化学成分和晶体结构的详细分析。通过能谱仪，可以获取样品的 X 射线荧光谱，从而确定颗粒的元素组成。电子衍射仪则可以提供颗粒的晶体学信息，包括晶格结构、晶面取向等，为深入理解颗粒的性质提供了更多信息。使用 TEM 观察粉末颗粒也存在一些挑战。样品的制备需要高度技术水平，因为颗粒的制备需要避免聚集和变形，以确保观察的颗粒能够真实反映其原有形貌。电子束在穿过样品时会引起辐射损伤，可能导致颗粒的结构和形貌发生改变。因此，在观察之前，需要谨慎选择适当的电子束强度和观察条件，以减小样品的辐射损伤。电子显微镜在粉末颗粒大小测量中发挥着独特而强大的作用。其高分辨率、能够提供颗粒内部结构信息以及化学成分分析的能力，使得 TEM 成为材料科学、纳米材料研究等领域不可或缺的工具。通过不断提高仪器性能、优化样品制备技术，电子显微镜在粉末颗粒研究中的应用前景将更为广阔，为材料领域的进步和创新提供有力支持。

3. 激光衍射法

激光衍射法是一种常用于粉末颗粒大小测量的高精度技术，利用激光光束与颗粒相互作用时发生的衍射现象，通过分析衍射光的模式和强度，实现对颗粒尺寸分布的精确测定。这一方法具有非常高的灵敏度、快速测量和广泛适用性，广泛应用于材料科学、药物制备、生物技术等领域。激光衍射法的原理基于光波通过颗粒时发生的衍射现象。当激光光束照射到颗粒表面时，光波会发生弯曲，形成一种衍射图案。通过测量衍射光的强度、角度和形状，可以推断出颗粒的尺寸分布。激光衍射法能够覆盖从亚微米到数百微米的颗粒尺寸范围，适用于多种材料类型，包括固体粉末、液滴悬浮液等。激光衍射法具有高精度和高分辨率的优势。激光波长较短，这使得激光衍射法能够实现对微小颗粒的高分辨率测量。通过采用适当的仪器设计和信号处理方法，激光衍射法可以精确地分析衍射图案，提供准确的颗粒尺寸信息。这种高精度和高分辨率使得激光衍射法在微观尺度颗粒研究中具有重要应用价值。激光衍射法的测量过程是非接触的，无需特殊的样品处理。与传统的粉末颗粒测量方法相比，如筛分和显微镜观察，激光衍射法无需对样品进行破坏性处理，也无需样品特殊的制备，避免了可能引入的外部影响。这种非接触性质使得激光衍射法适用于对敏感样品的测量，也为高通量实验和在线监测提供了便利。激光衍射法还具有多角度测量的能力，可以提供更为全面的颗粒信息。通过测量不同角度的衍射图案，可以获取颗粒尺寸分布的多个参数，包括平均粒径、尺寸分布宽度等。这种多角度测量的方法有助于更准确地刻画颗粒系统的复杂性和多样性。激光衍射法在实际应用中也面临一些挑战。颗粒形状和光学特性对测量结果的影响较大。对于非球形颗粒或者颗粒之间有相互作用的情况，可能需要引入相应的校正模型，以提高测量的准确性。对于透明或半透明颗粒的测量，激光衍射法可能受到限制，因为这些颗粒对激光的散射较弱。在这种情况下，可能需要结合其他测量方法来综合考虑。激光衍射法作为一种高精度、高分辨率的粉末颗粒大小测量方法，在材料研究、制药工业、食品科学等领域取得了显著的成就。其原理基于激光与颗粒的相互作用，通过分析衍射图案，可以提供准确的颗粒尺寸分布信息。通过不断优化仪器性能和测量方法，激光衍射法有望在未来继续发挥重要作用，为粉末颗粒大小测量领域的研究和应用提供更多可能性。

（二）颗粒大小的表示方法

1. 平均颗粒大小

平均颗粒大小是描述粉末颗粒尺寸分布的重要参数之一，它通过对颗粒尺寸的平均值进行量化，提供了对整体颗粒分布特征的简明概括。这一参数在材料科学、制药工业、食品科学等领域的研究和生产中具有广泛应用，对于控制和优化材料性能以及生产工艺具有重要意义。平均颗粒大小可以通过不同的测量方法得到，其中包括激光粒度分析、电子显微镜观察、激光衍射法等。这些方法各自具有优势和适用范围，选择合适的测量方法取决于颗粒的性质、尺寸范围以及实验目的。无论采用何种方法，平均颗粒大小都是通过对大量颗粒尺寸进行测量，并对这些尺寸进行统计平均得到的一个代表性数值。平均颗粒大小的表示方法通常采用数学统计学中的平均值概念，常见的有算术平均、几何平均、体积平均等。算术平均是最为直观的平均值，通过将所有颗粒尺寸相加后除以颗粒总数得到。几何平均则是将所有颗粒尺寸的对数值相加后除以颗粒总数，适用于颗粒尺寸分布较宽的情况，能够更好地反映整体分布的特征。体积平均则考虑了颗粒的体积分布，通过将所有颗粒体积相加后除以颗粒总数得到。这些平均值的选择取决于具体的应用场景和对颗粒分布特征的要求。平均颗粒大小的表示方法还可以结合颗粒尺寸分布曲线，如累积分布曲线和频率分布曲线，从而更全面地了解颗粒分布的情况。累积分布曲线表示在某一特定尺寸以下的颗粒占总颗粒数的百分比，而频率分布曲线则显示各个尺寸区间的颗粒数量占总颗粒数的比例。这些曲线能够提供更为细致的分布信息，有助于深入理解颗粒系统的复杂性。平均颗粒大小的选择与理解需要考虑实际应用的要求。在某些情况下，特别是在制药和食品工业中，对颗粒大小的精确控制是关键的，因此需要选择合适的平均值表示方法，并结合颗粒分布曲线来更全面地评估颗粒群体的特性。在其他情况下，如材料研究中，对颗粒整体分布的了解可能更为重要，因此可以通过多种平均值和分布曲线来全面评估颗粒尺寸的变化和分布情况。平均颗粒大小是描述颗粒尺寸分布的重要参数，其选择和表示方法需要根据具体的应用需求和颗粒系统的特性进行合理选择。通过合适的测量方法和表示方式，平均颗粒大小提供了一个简单而有效的指标，为材料科学、工程制药、食品科学等领域的研究和生产提供了重要的参考和控制手段。

2. 颗粒大小分布

颗粒大小分布是描述粉末颗粒尺寸特征的重要参数，它提供了对颗粒群体内部尺寸差异的详细洞察，对于材料的性能和行为的理解至关重要。颗粒大小分布的表示方法包括累积分布曲线、频率分布曲线和分布参数等，这些方法在不同领域的研究和工业应用中具有广泛的应用。颗粒大小分布可以通过累积分布曲线表示。累积分布曲线显示在某一特定尺寸以下的颗粒占总颗粒数的百分比，这种表示方法能够直观展示不同尺寸区间的颗粒分布情况。通过观察累积分布曲线的形状，可以推断颗粒的尺寸分布特征，例如是否存在广泛的尺寸差异或者集中在某一尺寸范围内。频率分布曲线是另一种常用的颗粒大小分布表示方法。该曲线显示在不同尺寸区间内颗粒数量占总颗粒数的比例，提供了对颗粒尺寸分布更为详细的信息。频率分布曲线能够呈现颗粒的多峰分布、单峰分布等不同形态，为颗粒群体的尺寸特征提供更全面的了解。另一方面，颗粒大小分布还可以通过描述性统计的分布参数来表示，包括平均值、标准差、偏度、峰度等。平均值是颗粒尺寸的代表性数值，标准差反映了尺寸分布的离散程度，偏度和峰度则提供了关于分布形状的信息。这些参数能够为颗粒大小的集中趋势和分散程度提供量化的度量，是分析颗粒群体特性的重要手段。采用直方图（histogram）也是颗粒大小分布表示的一种有效方法。通过将颗粒尺寸范围划分成若干相等的尺寸区间，然后统计每个区间内颗粒的数量，绘制直方图能够直观地展示颗粒尺寸的分布情况。直方图可配合其他分布曲线使用，从而更全面地描述颗粒大小的变化规律。颗粒大小分布的选择和表示方法应该根据具体应用的需要和颗粒群体的特性而定。在一些需要对颗粒群体的整体分布进行全面了解的场景中，累积分布曲线和频率分布曲线可以提供直观而全面的信息。而在一些对颗粒群体的集中趋势和离散程度更为关注的情况下，采用分布参数和直方图表示法可能更为合适。颗粒大小分布是评估和控制粉末颗粒尺寸特性的关键参数之一。通过选择合适的表示方法，能够更全面、准确地了解颗粒群体的尺寸分布特征，为材料科学、工程制药、食品科学等领域的研究和生产提供有力支持。

（三）影响颗粒大小的因素

1. 制备方法

粉末颗粒的大小受多种因素的影响，其中制备方法是决定颗粒大小的关键因素之一。不同的制备方法导致了不同的物理和化学过程，直接影响了粉末颗粒的尺寸分布和形貌。以下是一些常见的制备方法及其对粉末颗粒大小的影响：溶液法是一种常见的制备方法，通过在溶剂中溶解物质，形成溶液，然后通过溶剂的蒸发或沉淀反应得到固体颗粒。溶液法的颗粒大小受溶液浓度、溶剂挥发速率、搅拌速度等因素的影响。通常情况下，浓溶液和搅拌速度较快可能导致较小的颗粒，而溶剂挥发速率较慢则有助于形成较大的颗粒。气溶胶法是一种通过将溶胶喷雾成微小颗粒，然后在气相中固化形成颗粒的方法。气溶胶法的颗粒大小可以通过调节溶胶的浓度、气溶胶生成的条件（如温度和压力）、喷雾器的性能等参数来控制。高浓度、低温和高压通常有助于形成较小的颗粒。机械法是通过机械能对物料进行破碎、磨碎或压缩，从而获得粉末颗粒。机械法的颗粒大小受机械设备、研磨介质和处理时间等因素的制约。较高的机械能和较小的研磨介质可能导致更小的颗粒。气相法是通过气相反应形成颗粒，如气相沉积和气相凝聚。气相法的颗粒大小主要受气相反应条件、气体组成、温度和压力等因素的影响。调节这些参数可以有效地控制气相法制备的颗粒的尺寸。凝胶法是通过凝胶体系的固化得到颗粒，其颗粒大小受到凝胶的化学成分、浓度、凝胶化条件等的影响。通过调整凝胶体系的参数，可以获得具有不同尺寸的颗粒。需要注意的是，以上提到的制备方法可能会相互结合使用，形成复合制备方法，以更好地调控颗粒的尺寸和形貌。此外，制备方法还可能影响颗粒的结晶度、形状、表面活性等性质，进一步影响材料的性能和应用。不同的制备方法直接决定了粉末颗粒的形成过程，因此是影响颗粒大小和分布的主要因素之一。在实际应用中，科学家和工程师根据具体需求选择适当的制备方法，并通过优化工艺参数，实现对粉末颗粒大小的精确控制。这种对颗粒制备方法的深入了解和灵活运用有助于满足不同领域对粉末材料尺寸特性的特定要求。

2. 原料性质

粉末颗粒的大小受原料性质的影响，原料的物理和化学特性直接影响着颗粒的形成过程和最终的尺寸分布。以下是一些关键的原料性质因素，它们在粉末颗粒制备中对颗粒大小的影响：原料的粒度分布是决定颗粒尺寸的关键因素之一。如果原料自身的颗粒分布较宽，那么在制备过程中可能导致形成的颗粒尺寸分布也较广。相反，如果原料的颗粒分布较为均匀，那么制备的颗粒也更容易具有较为均匀的尺寸分布。因此，对原料的颗粒分布进行精确的控制和筛选，可以在一定程度上调控最终颗粒的大小。原料的晶体结构和晶体形态对颗粒大小有着显著的影响。在一些制备方法中，如溶液法和气溶胶法，原料的溶解速度、溶剂与溶质的相互作用等受晶体结构和形态的影响。晶体结构的稳定性和形态的规则性能够影响颗粒的生长速率和方向，进而影响颗粒的最终尺寸和形状。化学成分是另一个重要的原料性质因素。不同的化学成分可能导致不同的反应动力学和热力学条件，从而影响颗粒的生长速率和形成机制。在一些反应中，溶液中的物质浓度、反应速率以及产物的溶解度等都直接关联着颗粒的形成和生长过程。因此，了解原料的化学成分以及其在反应中的行为对于控制颗粒大小至关重要。表面活性剂和添加剂也是影响颗粒大小的关键原料性质因素。表面活性剂在某些制备方法中扮演着重要角色，它可以调节溶液的表面张力，影响颗粒的形成和生长。添加剂的引入可能会改变反应的动力学和热力学条件，从而对颗粒尺寸产生直接影响。在制备过程中对表面活性剂和添加剂的合理选择和控制，有助于精确调控颗粒的尺寸和分布。原料的形态特征，如颗粒的形状、结晶度、表面结构等也在颗粒制备中发挥着重要作用。不同形状的原料颗粒可能在制备过程中具有不同的生长方式和机制，进而影响最终颗粒的尺寸。结晶度和表面结构则与溶解速率、反应速率等密切相关，对颗粒的形成过程产生直接影响。原料性质在粉末颗粒制备中扮演着决定性的角色。通过深入了解原料的粒度分布、晶体结构、化学成分、表面活性剂、添加剂以及形态特征等因素，可以有效地调控颗粒的尺寸和分布。在实际应用中，科学家和工程师通常会根据目标要求选择适当的原料，并通过精确的控制和优化制备过程，实现对颗粒尺寸的精准调节。这种对原料性质的深入了解和灵活应用有助于在各个领域中获得所需的粉末颗粒特性，推动材料科学、制药工业、食品科学等领域的发展和创新。

3. 工艺参数

粉末颗粒大小的形成和控制与制备工艺参数密切相关，工艺参数的调节直接影响了颗粒的形成过程、生长速率以及最终的尺寸分布。以下是一些关键的工艺参数因素，它们在粉末颗粒制备中对颗粒大小的影响：温度是影响颗粒大小的关键工艺参数之一。在液相制备方法中，反应温度可以直接影响溶液的溶解度、反应速率以及颗粒的生长速率。通常来说，较高的温度有助于提高反应速率，促进颗粒的形成，但也可能导致颗粒过度生长。因此，合理选择和控制反应温度对于调控颗粒大小至关重要。，搅拌速度是液相制备中常用的工艺参数，它对颗粒大小的影响主要通过影响颗粒的均匀分散和溶质的输运。较高的搅拌速度通常有助于颗粒的均匀分散，减小颗粒之间的相互作用，但过高的搅拌速度也可能导致颗粒的碰撞和聚集，影响最终的尺寸分布。反应时间是另一个重要的工艺参数，它决定了颗粒形成的时间窗口。较短的反应时间可能导致颗粒未能充分生长，而过长的反应时间则可能导致颗粒过度生长。因此，通过合理选择反应时间，可以实现对颗粒大小的控制。反应物浓度是液相制备中影响颗粒大小的重要参数之一。较高的反应物浓度通常导致更高的溶质浓度，从而影响颗粒的生长速率。通过调节反应物的浓度，可以实现对颗粒尺寸的有效控制。然而，过高的浓度可能导致颗粒的聚集和团聚，因此需要在浓度选择上进行合理权衡。喷雾干燥中的气流速度和温度也是影响颗粒大小的关键工艺参数。较高的气流速度有助于颗粒的离散分散，减小颗粒之间的碰撞和团聚，从而控制颗粒的尺寸。温度则通过影响颗粒的干燥速率和形成过程，进一步调节颗粒的最终大小。压力是液相制备和气相制备中可能影响颗粒大小的参数。在一些制备方法中，较高的压力可能促使反应物更加深入地渗透到颗粒内部，影响颗粒的形成机制。因此，压力的选择需要根据具体制备方法和材料体系的需求来确定。工艺参数的选择和优化是实现对粉末颗粒大小精准控制的关键步骤。通过合理调节温度、搅拌速度、反应时间、反应物浓度、气流速度、压力等工艺参数，可以在不同制备方法中实现对颗粒大小和尺寸分布的有效调控。精细的工艺参数调节不仅有助于获得具有特定尺寸和形貌的粉末颗粒，也为材料科学、制药工业、食品科学等领域的应用提供了更多可能性。

二、粉末粒度分布

（一）粒度指数

粉末粒度分布中的粒度指数是一个重要的描述性参数，它反映了颗粒尺寸分布的广泛性和分散程度。粒度指数通常通过分析颗粒尺寸分布曲线或直方图来计算，是粉末技术中一个用于表征颗粒尺寸分散程度的关键参数。粒度指数是指颗粒尺寸分布的广泛性，即颗粒尺寸分布的范围。具体而言，粒度指数越大，表示颗粒尺寸分布越广泛，存在较大和较小颗粒的比例较大。反之，较小的粒度指数则表明颗粒尺寸分布较为集中，颗粒大小相对一致。这对于一些需要控制颗粒尺寸分布范围的应用，如制药、涂料和粉末冶金等领域，具有重要的意义。粒度指数对于预测颗粒的工艺性能和最终产品特性具有实际应用价值。在制备粉末的过程中，不同的制备方法和工艺条件可能导致不同的粒度指数，从而影响颗粒的尺寸分布。通过精确测量和控制粒度指数，可以更好地理解和优化粉末的制备工艺，确保所得产品符合特定的质量和性能标准。粒度指数的计算通常依赖于颗粒尺寸分布曲线的形状，其中最常见的方法之一是使用累积分布曲线。通过对颗粒尺寸进行累积计数，并将其表示为累积分布曲线，可以更清晰地观察颗粒尺寸分布的整体情况。粒度指数通常通过计算累积分布曲线上的百分之九十九（D99）和百分之一（D1）两个百分位点的比值得出。不同的工业领域和应用对于粉末的粒度指数有着不同的要求。例如，在制药工业中，需要确保药品颗粒的尺寸分布相对集中，以确保剂量的准确性和药效的一致性。相反，在某些涂料应用中，可能需要一定范围内的颗粒尺寸分布，以获得所需的流变性能和表面涂覆效果。因此，粒度指数的选择和优化应根据具体的应用要求和工业标准进行调整。粒度指数在粉末技术中是一个关键的参数，它反映了颗粒尺寸分布的广泛性和分散程度，对于控制颗粒尺寸、优化制备工艺以及确保产品性能具有重要作用。通过准确测量和控制粒度指数，可以更好地满足不同领域和行业的特定需求，推动粉末技术的发展和应用。

（二）粒度分布曲线

粉末粒度分布曲线是描述颗粒尺寸分布的一种图形表示方法，通过在坐标系上绘制颗粒尺寸和对应的累积百分比，展示了颗粒群体中不同尺寸颗粒的相对比例。该曲线对于粉末工程、材料科学和其他颗粒相关领域的研究至关重要，提供了直观、全面的颗粒尺寸分布信息。粉末粒度分布曲线通常呈现为一条上升的曲线，其中横轴表示颗粒的尺寸，纵轴表示累积百分比。曲线的形状反映了颗粒群体中各尺寸颗粒的相对数量，帮助科学家和工程师了解颗粒尺寸分布的整体特征。具体而言，曲线的斜率越陡峭，说明颗粒尺寸分布越广泛，颗粒尺寸变化范围较大；而斜率较缓的曲线则表明颗粒尺寸相对集中，分布较为均匀。分析粉末粒度分布曲线的形状可以得出关于颗粒制备过程和工艺的重要信息。不同制备方法和工艺条件可能导致不同形状的分布曲线。例如，单峰曲线通常表示颗粒尺寸相对一致，可能是由于某一特定制备条件的影响，而多峰曲线则表明颗粒尺寸分布存在多个峰值，可能是由于不同生长机制或多个制备步骤的影响。通过对曲线形状的解读，可以深入了解颗粒的形成机制和制备过程中的影响因素。分析曲线上的关键百分位点也是研究颗粒尺寸分布的重要手段。例如，D10、D50和D90分别表示颗粒尺寸分布的10%、50%和90%的累积百分比对应的尺寸。这些百分位点提供了颗粒尺寸的具体数值，有助于确定颗粒的平均尺寸、中位数和分布范围，为粉末的特定应用提供关键参考。在实际应用中，粉末粒度分布曲线的分析对于颗粒的质量控制和工艺优化具有重要意义。通过调整制备工艺参数、优化原料选择和改进生产工艺，科学家和工程师可以实现对粉末颗粒尺寸分布的精确控制，以满足不同领域和应用对颗粒大小的特定要求。粉末粒度分布曲线是研究颗粒尺寸分布的重要工具，提供了直观、全面的颗粒尺寸信息。通过深入分析曲线的形状和关键百分位点，可以更好地理解颗粒的制备过程、优化工艺条件，并为粉末在各个领域的应用提供关键的质量保证和性能控制手段。

（三）D10、D50、D90值

粉末粒度分布中的D10、D50、D90值是描述颗粒尺寸分布的关键百分位点，它们分别代表颗粒尺寸分布的10%、50%和90%的累积百分比对应的尺寸。这些数值提供了颗粒尺寸分布的具体信息，对于工程应用、质量控制和制备工艺的优化至关重要。D10值是颗粒尺寸分布的10%累积百分比对应的尺寸，即颗粒中最小的10%的颗粒尺寸。这个值通常被认为是颗粒尺寸分布的细部分，反映了颗粒中最小的颗粒尺寸。在一些应用中，如制药工业和高精度涂料生产，D10值的小尺寸颗粒可能对最终产品的性能产生显著影响。D50值是颗粒尺寸分布的50%累积百分比对应的尺寸，即颗粒中50%的颗粒尺寸位于D50值以下。这个值通常被称为中值或中位数，是颗粒尺寸分布的平均尺寸。D50值是颗粒分布曲线的重要参考点，对于评估颗粒群体的平均尺寸、控制颗粒大小具有关键意义。D90值是颗粒尺寸分布的90%累积百分比对应的尺寸，即颗粒中最大的10%的颗粒尺寸。这个值通常反映了颗粒尺寸分布的粗部分，与D10值相对应。在一些颗粒尺寸要求宽泛的应用中，D90值的大尺寸颗粒可能对颗粒流动性、堆积性等性能产生显著影响。综合考虑D10、D50、D90值，可以形成一种全面的颗粒尺寸分布描述。例如，如果D10、D50、D90值非常接近，说明颗粒尺寸分布相对均匀，颗粒大小差异较小。相反，如果这三个值之间存在较大的差异，颗粒尺寸分布可能较为广泛，包含有较大范围的颗粒大小。在实际应用中，对D10、D50、D90值的准确测量和控制对于各个领域的工程设计和制备工艺具有实际意义。例如，在制药工业中，通过调节制备工艺，可以实现对D50值的控制，确保药品颗粒的平均尺寸满足特定的医学要求。在涂料工业中，通过优化原料选择和生产工艺，可以调整D90值，以实现所需的颗粒分布范围，从而影响涂料的性能。D10、D50、D90值是粉末粒度分布中的关键参数，通过这些数值的测量和分析，可以更深入地理解颗粒尺寸分布的特征，为不同领域和应用中的粉末材料提供关键的质量控制手段。

任务四　粉末性能测定技术

一、比表面积测定技术

比表面积是粉末性能中一个关键的物理指标，通常用来描述粉末颗粒的表面活性和颗粒间的相互作用。比表面积测定技术是一种用于精确测量粉末颗粒表面积的方法，对于材料科学、制药工业、催化剂设计等领域的研究和生产具有重要意义。这些测定方法通常基于比表面积的概念，即单位质量或单位体积的颗粒表面积，以提供对粉末性质和性能的深入理解。一种常用的比表面积测定技术是氮气吸附法。该方法基于氮气在低温下与粉末颗粒表面发生吸附的原理。通过测量氮气在吸附和脱附过程中的体积变化，可以得到颗粒的比表面积。该技术的优势在于其高灵敏度和广泛适用性，可用于测定各种材料的比表面积，包括催化剂、吸附剂、药物等。氮气吸附法广泛应用于研究颗粒的孔隙结构、表面活性以及在催化反应和吸附过程中的性能。另一种常见的比表面积测定技术是比重法，也被称为气固比重法。该方法通过测量颗粒在气流中的沉降速度，结合颗粒的密度，计算颗粒的表面积。这种方法适用于测定颗粒的整体表面积，特别适用于测定粗颗粒或粉末颗粒的总表面积。然而，与氮气吸附法相比，比重法通常对颗粒的孔隙结构和微观表面特性的分辨能力较低。气相吸附法是另一种常用的比表面积测定技术，尤其适用于多孔材料的表面积测定。该方法基于气体分子在吸附和脱附过程中与颗粒表面的相互作用。常用的气体包括氮气、氢气等。通过测量吸附过程中气体体积的变化，可以计算出颗粒的比表面积。气相吸附法对于孔隙结构较复杂的材料，如活性炭、分子筛等，提供了有效的表面积测定手段。比表面积测定技术的选择取决于样品的特性和研究需求。对于孔隙结构较为简单的样品，气相吸附法和比重法可能是较为经济和有效的选择。而对于具有复杂孔隙结构和微观表面特性的样品，氮气吸附法则更为常用，因为其高灵敏度和较高的分辨率。比表面积测定技术在材料研究和工业生产中具有广泛的应用，为了解颗粒表面特性、优化催化剂设计、改进吸附材料性能等提供了有力的工具。随着科技的不断发展，不同的比表面积测定技术将继续得到改进和创新，以满足对粉末性能深入研究的日益增长的需求。

二、流动性测定技术

流动性是粉末性能的一个重要指标，直接关系到粉末在生产、运输、储存和加工过程中的行为。流动性测定技术是一种用于定量评估粉末流动性的方法，对于各种领域的粉末材料，如制药、化工、食品和粉末冶金等，具有关键的实际意义。这些测定方法旨在揭示粉末在不同条件下的流动性特征，为工程设计和生产提供重要的指导信息。一种常用的流动性测定技术是倾斜槽法，也被称为剪切槽法。这种方法通过将粉末样品放置在一个倾斜的槽内，通过改变槽的角度，观察或测量粉末的流动行为。通过分析粉末在不同角度下的倾斜槽的流动角度和速度，可以推断出粉末的流动性。倾斜槽法适用于不同颗粒形状和颗粒大小的粉末，对于一些粘性较大的粉末也有一定的适用性。另一种常见的流动性测定技术是流动函数法，也称为流动函数仪。这种方法通过应用定量的机械振动或气流刺激，观察粉末在受到外力作用下的流动行为。通过测量流动过程中的压力、位移或振荡频率等参数，可以得出粉末的流动性特征。流动函数法广泛应用于粉末冶金、建筑材料等领域，对于大批量粉末的快速评估具有高效性。除此之外，喷雾流变法是另一种流动性测定技术，通过模拟喷雾的流动状态来评估粉末的流动性。在这种方法中，粉末样品通过气流或液体进行喷射，通过测量喷雾的形成和稳定性等参数，可以判断粉末的流动性。喷雾流变法主要应用于制药工业、涂料工业等对粉末流动性要求较高的领域。粉末流变仪是一种常见的流动性测定设备，可以通过施加剪切力来模拟粉末在流动过程中的行为。通过测量剪切力和变形等参数，可以得出粉末的流变特性。流变仪广泛应用于研究颗粒的流变行为、控制工艺参数以及优化粉末制备工艺。流动性测定技术的选择取决于研究的目的、粉末的性质以及实际应用场景。不同的方法有其独特的优势和适用范围。例如，在制药工业中，对于药粉的流动性要求较高，倾斜槽法和流变仪可能是较为常用的方法；而在粉末冶金中，对于金属粉末的流动性要求也很高，流动函数法和喷雾流变法可能更适用。流动性测定技术是评估粉末性能中不可或缺的手段，对于制定工艺参数、改进生产流程和确保产品质量具有重要意义。通过精确测定粉末的流动性，可以更好地了解其在不同环境下的行为，为各个领域中粉末材料的研究和应用提供有力的支持。

三、密度测定技术

粉末的密度是描述其物理性质和性能的关键参数之一，对于许多工业领域，如制药、粉末冶金、化工等，密度测定技术是一项至关重要的任务。粉末的密度包括实际密度、堆积密度和松散密度等多个方面，通过精确测定这些密度值，可以深入了解粉末的颗粒特性、堆积行为以及对工业应用的影响。一种常见的密度测定技术是实际密度测定。实际密度是指粉末颗粒本身的密度，即在无孔隙、无气隙的情况下的密度。气体比重瓶法是一种常用的实际密度测定方法，该方法通过比较粉末与标准液体在瓶内的浮沉速度，计算出粉末的实际密度。这种方法适用于不同形状和大小的颗粒，是一种较为通用的实际密度测定技术。另一方面，堆积密度和松散密度是描述粉末在堆积和未堆积状态下的密度。堆积密度是指粉末在一定条件下堆积形成的最大密度，而松散密度是指粉末在不受外界作用时的最小密度。这两个密度值通常通过试验室中的密度仪器进行测定。常见的密度仪器包括气流密度计和振动密度计等，它们通过测量粉末在不同状态下的体积和质量，计算出堆积密度和松散密度。气流密度计是一种常见的用于测定粉末密度的设备，其原理基于粉末颗粒在气流中的流动。通过将粉末样品投入密度计的漏斗中，在气流的作用下，粉末颗粒被携带到粉末密度计的容器中。通过测量粉末在容器中的体积和质量，可以计算出堆积密度。与之相反，振动密度计通过振动粉末样品，使其在容器中排列更为紧密，进而测定堆积密度。通过测定松散密度和堆积密度，可以计算出粉末的压缩指数。压缩指数是描述粉末颗粒在受到外部作用下的压缩程度的参数，对于一些颗粒在加工过程中的流动性和包装性能具有重要意义。压缩指数的测定也常用于研究颗粒间的相互作用力，为粉末在制备、运输和应用过程中的性能提供重要的参考信息。在实际应用中，密度测定技术对于确保粉末的质量、控制工艺参数以及优化产品性能具有关键作用。例如，在制药工业中，通过密度测定可以确保药品的剂量准确，保证制剂的均匀性和一致性。在粉末冶金中，密度测定技术被广泛用于控制金属粉末的堆积行为，影响烧结和成型工艺。在化工领域，密度测定则对于液固混合物的制备和处理过程中的配比和混合均匀性至关重要。密度测定技术在粉末性能的评估和控制中具有不可替代的地位。通过测定实际密度、堆积密度和松散密度等参数，可以全面了解粉末颗粒的特性，为不同领域和应用中的粉末材料提供重要的工程设计和质量控制支持。

四、磁性测定技术

磁性测定技术是一种用于评估粉末材料磁性特性的关键方法，对于磁性粉末在磁记录、电磁器件、医学成像等多个领域的应用具有重要意义。这些测定技术涵盖了多个方面，包括磁饱和磁感应强度、磁滞回线、磁化曲线等，通过这些参数的测定，可以深入了解粉末材料的磁性行为、性能和潜在应用。一种常用的磁性测定技术是霍普金斯法，它用于测定磁性粉末的饱和磁感应强度。该方法基于磁粉置于强磁场中，通过测量磁粉在饱和状态下的磁感应强度，得到磁粉的饱和磁感应强度。霍普金斯法适用于不同类型的粉末，如氧化铁、氧化镍等，广泛应用于磁记录领域。另一种常见的磁性测定技术是振动样品磁强计（VSM）。VSM 通过在外加磁场下测量磁样品的振动，从而获得样品的磁化曲线，进而计算磁性参数。VSM 技术对于测定磁滞回线、磁化曲线等提供了高灵敏度和高精度的手段，广泛应用于磁性材料的研究和开发。除此之外，交流磁化测量是一项用于研究磁性粉末在交变磁场中的响应的技术。该方法通过在交变磁场下测量样品的交流磁感应强度，揭示了材料在不同频率下的磁性特性。这对于一些需要在高频环境中应用的磁性粉末，如高频电感器件和电磁波吸收材料，具有重要意义。磁导仪是一种用于测量磁化曲线的仪器，通过在不同磁场强度下测量材料的磁感应强度，绘制磁化曲线，揭示磁性材料在外磁场作用下的磁性行为。这种技术对于了解材料的磁滞回线、饱和磁感应强度和磁导率等参数提供了有效手段。在实际应用中，磁性测定技术对于各个领域的研究和应用都有着深远的影响。在电子领域，对磁性粉末的磁性测定有助于设计和优化磁性存储介质、传感器和电感器等器件。在医学成像领域，磁性粉末的磁性测定技术是磁共振成像（MRI）等技术的基础，用于提高对人体组织的成像分辨率。在电力工程领域，对磁性粉末的磁性测定有助于设计高效的电磁设备和变压器。磁性测定技术在磁性粉末的研究和应用中发挥着至关重要的作用。通过精确测定磁性参数，可以深入了解磁性粉末的性能特征，为粉末在各个领域的工程设计、生产优化和应用提供关键支持。不断创新和改进的磁性测定技术将进一步推动磁性粉末材料的发展，并在未来的科技进步中发挥更为重要的作用。

五、热性能测定技术

热性能测定技术是用于评估粉末材料在温度变化下的热学行为的重要手段，对于粉末在制备、加工和应用过程中的稳定性、热导性、热膨胀等性能具有关键的意义。这些测定技术包括热重分析法（TGA）、差示扫描量热法（DSC）、热导率测定法、热膨胀测定法等，通过对粉末材料在不同温度条件下的物理和化学响应进行测定，揭示了其热性能的重要特性。热重分析法（TGA）是一种常见的热性能测定技术，通过连续监测样品在升温或降温过程中的重量变化，可以获得样品的质量损失曲线。TGA 广泛用于研究粉末材料的热分解、蒸发、氧化等反应，为工业制备、材料设计提供重要的热学信息。对于粉末材料而言，TGA 还可用于分析其含水量、挥发性成分、化学稳定性等关键参数。差示扫描量热法（DSC）是另一种常用的热性能测定技术，通过测量样品与参比样品在相同升温或降温条件下的热量差异，揭示材料的相变、反应热等信息。DSC 对于研究粉末材料的玻璃转变、熔融行为、相变温度等方面提供了重要的实验手段。这种方法的高灵敏度和高分辨率使其在材料研究和质量控制中得到广泛应用。热导率测定法用于测量材料的导热性能，对于一些散热器材料、绝热材料等具有关键作用。通过将热量施加到样品上，测量其温度分布，可以计算出材料的热导率。对于粉末材料而言，热导率的测定对于优化散热性能、改进绝热性能、设计热障涂层等方面都具有实际意义。热膨胀测定法主要用于测量材料在温度变化下的尺寸变化，即热膨胀系数。通过监测样品的长度、体积或表面形貌等参数随温度的变化，可以了解材料在热膨胀方面的特性。对于粉末材料，热膨胀测定可应用于研究其在不同温度范围内的变形行为、应力分布等，为工程设计和生产提供重要的参考。在实际应用中，热性能测定技术对于多个领域的粉末材料都至关重要。在陶瓷工业中，通过 TGA 和 DSC 等技术可以了解陶瓷粉末的烧结行为和相变特性，为制备高性能陶瓷材料提供依据。在电子器件制造中，对导热粉末材料进行热导率测定有助于设计散热材料，提高电子设备的稳定性。在涂料工业中，热膨胀测定技术可用于优化涂料的耐温性能，提高其在不同温度环境下的稳定性。热性能测定技术为深入了解粉末材料的热学行为提供了丰富的信息，对于粉末材料的合理设计、性能优化和应用推广具有不可替代的作用。不断创新和改进的热性能测定技术将为粉末材料的研究和开发提供更加全面、精确的实验手段。

任务五　颗粒形状表征

一、几何形状

颗粒形状是粉体材料的一个关键特征，对于影响材料的物理性质、流动性、压实性以及在各种工业应用中的性能都具有重要作用。几何形状是颗粒形状表征的重要方面之一，描述了颗粒的外部轮廓和几何特征。几何形状的表征不仅涉及到颗粒的基本形状，还包括了颗粒之间的空隙结构、表面积等参数，对于材料科学和工程应用有着深远的影响。一种常见的几何形状表征方法是通过图像分析来描述颗粒的外观特征。这种方法使用光学显微镜、扫描电子显微镜（SEM）等设备来获得颗粒的图像，然后通过计算机图像处理技术，如图像分割、边缘检测等，来提取颗粒的形状信息。这样得到的数据可以用于计算颗粒的尺寸、面积、周长等几何参数，进而揭示颗粒的整体形状特征。另一种常用的方法是利用形状因子来描述颗粒的几何形状。形状因子是根据颗粒的几何特征和尺寸信息计算得出的一个综合性参数，常用的形状因子有圆度、纵横比、面积比等。其中，圆度指标衡量颗粒轮廓的圆形程度，纵横比表示颗粒在两个主要方向上的比例关系，面积比则描述了颗粒相对于一个标准形状的面积百分比。这些形状因子可以提供对颗粒形状的简明、量化的描述，有助于从整体上理解颗粒的几何结构。在三维颗粒形状的表征中，立体扫描技术和计算机辅助设计（CAD）等工具被广泛应用。通过使用三维扫描仪或 CAD 软件，可以获取颗粒的三维模型，从而更全面地描绘颗粒的几何形状。这对于那些具有复杂结构或非规则形状的颗粒而言尤为重要，例如纳米颗粒、多孔颗粒等。在三维颗粒形状的分析中，体积、表面积、空隙率等参数是常见的表征指标，可用于深入了解颗粒在三维空间中的排列和互相之间的联系。颗粒形状的几何特征对于材料的性能和应用具有深远的影响。在粉体工程中，颗粒形状的不同可能导致材料在流动性、压实性、包装密度等方面表现出不同的特性。例如，球形颗粒通常具有较好的流动性，而非球形颗粒可能对于改善润湿性或增强磁性等方面具有优势。在制备复合材料、陶瓷、涂料等领域，了解颗粒的几何形状有助于调控材料的结构和性能。几何形状的表征是粉体材料研究中的一个基础性工作，对于深入理解材料的结构、性质和行为至关重要。通过综合运用图像分析、形状因子计算、三维扫描等技术手段，可以全面而精确地描绘颗粒的几何形状，为材料科学和工程应用提供重要的参考。不断发展的几何形状表征技术将进一步推动粉体材料领域的研究和应用。

二、表面结构

颗粒的表面结构是粉体材料的一个重要特征，对于影响颗粒的性质、相互作用以及在各种应用中的性能具有关键作用。表面结构包括表面形态、表面积、孔隙结构等多个方面，其详细表征对于材料设计、工艺优化以及应用开发都至关重要。表面形态是表征颗粒表面外观和纹理的关键参数。颗粒表面形态的不同可能影响颗粒的润湿性、吸附性以及与周围环境的相互作用。表面形态可以通过高分辨率的显微镜观察、扫描电子显微镜（SEM）等图像分析技术来揭示。例如，颗粒表面的凹凸不平可能增加表面积，影响颗粒的吸附和反应性。对于不同形状和尺寸的颗粒，其表面形态的差异将直接影响材料的性能和应用。表面积是颗粒表面结构的另一个重要方面。表面积通常用比表面积来衡量，它是指单位质量或单位体积颗粒所具有的表面区域。比表面积的测定可以通过氮气吸附法、比表面测定仪等设备来实现。颗粒的比表面积直接关联到吸附、反应、扩散等过程，对于催化剂、吸附剂、涂料等领域的材料设计至关重要。高比表面积颗粒通常表现出更强的吸附能力和更活跃的催化性能，因此在各种应用中都备受关注。颗粒的孔隙结构也是表面结构的一个重要方面。孔隙结构包括孔隙大小、孔隙分布、孔隙形状等多个参数。孔隙结构的形成可能是由于物理过程、化学反应或模板法等多种因素引起的。对孔隙结构的准确表征有助于理解颗粒的吸附、贮存、传输等过程。例如，具有均匀孔结构的颗粒可以被用作吸附剂，用于废水处理和气体分离。而孔隙结构的存在也可能对颗粒的稳定性和机械性能产生影响，因此在材料设计和应用中需要加以考虑。表面结构的准确表征对于粉体材料的性能优化和应用推广具有深远的意义。在纳米颗粒和多孔材料领域，表面结构的微观调控更是至关重要。通过采用先进的表面分析技术，如原子力显微镜（AFM）、X射线光电子能谱（XPS）、透射电子显微镜（TEM）等，可以深入了解颗粒表面的化学成分、结晶结构和拓扑结构。这些信息为粉体材料的设计和制备提供了重要的参考，推动了纳米技术和多孔材料领域的不断发展。颗粒的表面结构是粉体材料研究中一个至关重要的方面。通过对表面形态、表面积、孔隙结构等参数的准确表征，我们可以深入了解颗粒的性质和行为，为材料科学和工程领域的创新提供有力支持。不断发展的表面结构表征技术将推动粉体材料研究走向更加精密、高效和可控的方向。

三、粒度大小分布

粒度大小分布是颗粒形状表征中至关重要的一个方面，它描述了颗粒在尺寸上的分布情况，对于粉体材料的性质、工艺处理以及最终应用性能都具有重要的影响。粒度大小分布的准确测定和控制对于材料的设计、工业生产以及科学研究都至关重要。颗粒的粒度大小分布通常通过颗粒的直径或等效直径来描述。颗粒直径是指颗粒的最大线性尺寸，而等效直径则是指具有相同体积或表面积的球形颗粒的直径。常见的粒度分布包括累积粒度分布和差别粒度分布。累积粒度分布描述的是小于或等于某一直径的颗粒所占总质量或总体积的百分比，而差别粒度分布则是小于某一直径的颗粒与小于或等于该直径的颗粒之间的质量或体积差异。测定粒度大小分布的方法多种多样，其中一种常用的方法是激光粒度分析法。激光粒度分析利用激光散射原理，通过测定颗粒对激光的散射光强，从而计算出颗粒的尺寸分布。该方法适用于广泛的颗粒尺寸范围，从亚微米到数毫米。激光粒度分析法具有高精度、高灵敏度的特点，广泛应用于颗粒研究和工业生产中。电子显微镜观察是另一种常用的方法，特别适用于微米级以下颗粒的观察。通过电子显微镜的高放大倍数和高分辨率，可以直观地获取颗粒的形状和尺寸信息。这种方法常结合图像处理技术，可以获取大量颗粒的尺寸数据，从而得到较为准确的粒度大小分布。在巨大颗粒尺寸范围内，例如毫米到厘米级别，传统的筛分法也是一种有效的手段。筛分法通过在一系列标准筛网上进行筛分，将颗粒按照大小分为不同的组别，然后通过称重或图像分析来确定每个组别的颗粒分布。尽管这种方法操作简单，但在处理细颗粒时可能受到颗粒形状的影响，因此在选择筛网和分析方法时需要谨慎。粒度大小分布的控制对于许多领域都至关重要。在制药工业中，药物的溶解速度和生物利用度受到颗粒大小的影响，因此需要严格控制药物颗粒的分布。在涂料和油漆行业，颗粒大小的均匀性直接影响涂层的光泽和质感。在粉末冶金和陶瓷工业中，颗粒大小的分布会影响材料的密度、强度和导热性能。因此，通过精确测定和控制颗粒的粒度大小分布，可以实现对材料性能的精细调控，从而满足不同应用的要求。粒度大小分布是颗粒形状表征中的一个关键方面，其准确测定对于理解和优化粉体材料的性能至关重要。随着分析技术的不断进步，我们能够更全面、更精确地了解颗粒的尺寸分布情况，为材料设计和工业应用提供更为可靠的基础。

四、排列方式

颗粒的排列方式是粉体材料中一个重要的结构特征，直接影响着材料的性质、工程行为以及在各种应用中的性能。颗粒的排列方式包括了颗粒之间的相对位置、堆积形态以及排列的有序程度。了解颗粒的排列方式对于材料的设计和加工过程具有关键的意义。一种常见的颗粒排列方式是紧密堆积。在紧密堆积结构中，颗粒之间的间隙很小，形成紧密的堆积结构。这种排列方式常见于颗粒直径较均匀的球形颗粒，具有高度有序的结构。紧密堆积的优势在于其高密度和相对稳定的结构，这对于一些颗粒填充应用、制备块体材料等方面具有重要意义。相对于紧密堆积，还存在着较为松散的堆积结构，即非紧密堆积。非紧密堆积中，颗粒之间的间隙较大，形成较为疏松的结构。这种排列方式通常见于颗粒大小差异较大、形状不规则的情况，如纤维状颗粒、片状颗粒等。非紧密堆积的结构更为复杂，对于一些颗粒传输、流动性等性质产生显著影响。颗粒还可以形成多层堆积或者堆积的无序排列。这种情况下，颗粒在三维空间中呈现出更为复杂的结构，具有较大的自由度。多层堆积常见于颗粒在运动或者输送过程中，而无序排列则可能是由于颗粒形状、大小、表面特性等多种因素导致的。颗粒排列方式对于材料的物理性质和工程行为产生了深远的影响。在粉体冶金中，颗粒的排列方式直接影响材料的压实性能、热导性能以及磁性能。在建筑材料中，颗粒的排列方式影响着混凝土的强度、密度以及隔热性能。在化工领域，颗粒排列方式则关系到颗粒间的传质、反应等过程。因此，通过控制颗粒的排列方式，可以调控材料的性质，实现特定功能和性能的定制。颗粒排列方式的研究和表征通常借助于一系列实验手段和分析技术。透射电子显微镜（TEM）、扫描电子显微镜（SEM）等高分辨率显微镜常用于观察颗粒的微观结构，揭示颗粒的排列方式。X 射线衍射（XRD）等技术则可用于分析颗粒的晶体结构，从而了解颗粒的有序排列程度。此外，一些计算方法和数学模型也被应用于颗粒的排列方式的模拟和分析。颗粒的排列方式是粉体材料研究中一个至关重要的方面，对于材料的性质和行为有着深远的影响。通过深入研究颗粒的排列方式，可以更好地理解和优化材料的结构，为材料设计和应用提供更加可靠的理论基础。未来的研究将继续探索新的表征技术和理论模型，以更全面、精准地描绘颗粒的排列方式，推动颗粒科学和工程的发展。

任务六　粉末比表面积分析

一、比表面积测量

比表面积是粉体材料中一个重要的物理性质，描述了单位质量或体积的颗粒所具有的表面积。比表面积的准确测量对于理解材料的活性、吸附性质以及在催化、吸附、药物输送等方面的应用至关重要。比表面积的测量方法多种多样，主要包括气体吸附法、液相吸附法和气固法等。一种常用的比表面积测量方法是气体吸附法，主要包括氮气吸附法和比表面测定仪法。氮气吸附法基于吸附物质（通常为氮气）在颗粒表面的吸附和脱附过程，通过监测氮气的吸附量和解吸量，从而计算出比表面积。该方法适用于颗粒尺寸在亚微米到几毫米范围内的材料，例如催化剂、活性炭、氧化物等。比表面测定仪法常使用固体气体吸附仪器，通过流量计和压力计等设备，测量吸附物质在颗粒表面的吸附量，进而得出比表面积的数值。液相吸附法是另一种测量比表面积的方法，通常使用液体吸附剂。该方法基于液体吸附剂与颗粒表面的相互作用，通过测量液体的吸附量和颗粒的质量或体积，计算比表面积。液相吸附法适用于颗粒尺寸较小的颗粒，尤其是纳米颗粒。然而，这种方法在应用上受到一些限制，例如液相吸附剂的选择、测量的复杂性等。气固法是一种基于气体在颗粒表面的吸附和脱附过程的比表面积测量方法。该方法通常使用低温等温线法或巴特方法，通过监测气体在不同温度下吸附和脱附的等温线或曲线，计算出比表面积。气固法适用于颗粒尺寸在亚微米到微米级别的材料，例如氧化物、硅胶等。这种方法的优点是简单、操作方便，但在一些颗粒尺寸较小或较大的情况下可能存在一定的局限性。除了这些主要的比表面积测量方法外，还有一些其他的方法，如 X 射线衍射法、电子显微镜观察法等。这些方法通常通过分析颗粒的晶体结构、形貌等特征来估算比表面积。X 射线衍射法适用于晶体颗粒，通过分析 X 射线的衍射图谱，得出晶体颗粒的晶格常数，从而估算比表面积。电子显微镜观察法则是通过对颗粒的形貌进行观察和分析，结合颗粒的密度等参数，来估算比表面积。在选择比表面积测量方法时，需要根据具体材料的特性和测量的要求进行合理选择。不同的方法有各自的适用范围和局限性。同时，为了提高测量的准确性，通常需要在实验中考虑诸如样品的预处理、环境条件的控制等因素。比表面积的准确测量对于理解颗粒材料的表面性质、催化性能、吸附行为等方面具有重要的意义。各种比表面积测量方法的不断发展和完善将为粉体材料的研究和应用提供更加精准和可靠的工具。

二、液相吸附法

液相吸附法是一种常用于测量粉体材料比表面积的方法，其原理基于液体吸附剂与颗粒表面的相互作用。通过测量液体吸附剂在颗粒表面的吸附量以及颗粒的质量或体积，可以计算出颗粒的比表面积。这种方法对于颗粒尺寸较小的颗粒，尤其是纳米颗粒的比表面积测量具有一定的优势。在液相吸附法中，选择适当的液体吸附剂是关键的一步。通常使用的液体吸附剂包括液态氮、氩气等。液态氮是一种常用的液体吸附剂，其低温下能够吸附在颗粒表面，形成一层薄薄的液膜。这种液膜的质量变化与颗粒的比表面积直接相关，因此通过测量液态氮的吸附量，可以计算出颗粒的比表面积。氩气也常用于低温液相吸附法，其吸附在颗粒表面的原理类似于液态氮。

液相吸附法的操作步骤主要包括以下几个方面：样品在进行液相吸附实验之前通常需要进行一些预处理，例如去除表面吸附的水分或其他杂质，以确保实验的准确性。样品与液体吸附剂接触，通过控制温度、压力等实验条件，使液体吸附剂在颗粒表面形成吸附层。实验过程中需要记录液体吸附剂的吸附量，通常使用吸附等温线或者直接测量液体吸附剂的质量变化。在吸附实验结束后，进行解吸实验以脱除吸附在颗粒表面的液体吸附剂。这一步通常通过升温来完成，使液体吸附剂从颗粒表面蒸发或者升华。通过实验记录的吸附量和解吸量，结合实验条件，可以使用比表面积的计算公式计算出颗粒的比表面积。液相吸附法的优势之一是其适用于各种不同形状和大小的颗粒，特别是对于纳米颗粒等微小颗粒的表面积测量具有一定的优越性。此外，液相吸附法还能够测量颗粒的孔隙结构和孔体积等信息，对于材料的微观结构研究提供了有益的信息。液相吸附法也存在一些局限性。该方法通常需要较低的温度条件，因此对于高温稳定性较差的样品可能不适用。液相吸附法在一些气体不易液化的情况下可能受到限制。此外，液相吸附法对于颗粒表面的非均匀性也较为敏感，需要谨慎考虑颗粒表面的化学性质和结构。液相吸附法作为一种测量比表面积的有效手段，在纳米颗粒和微米颗粒的研究中发挥着重要作用。在选择比表面积测量方法时，研究人员需要充分考虑样品的特性、实验条件以及所需的测量精度，以选择合适的方法。随着科学技术的不断发展，液相吸附法和其他比表面积测量方法的精度和适用范围将不断提高，为颗粒材料研究提供更为强大的工具。

三、光散射法

光散射法是一种常用于测量粉体材料比表面积的非常便捷且广泛应用的方法。该方法基于光散射原理，通过测量颗粒在光场中的散射行为，计算出颗粒的比表面积。光散射法适用于颗粒尺寸在亚微米到微米级别的材料，广泛应用于化工、制药、材料科学等领域。在光散射法中，常用的一种技术是动态光散射法（Dynamic Light Scattering，DLS）。DLS 利用激光光源照射样品，测量散射光的强度随时间的变化。由于颗粒在液体中的热运动，导致光强的涨落，通过分析这些涨落的频率和强度，可以得到颗粒的尺寸分布。进一步结合颗粒的密度等参数，可以计算出比表面积。另一种常用的光散射法是静态光散射法（Static Light Scattering，SLS）。SLS 测量的是颗粒在光场中的散射强度的空间分布，从而得到颗粒的尺寸和形状信息。通过利用散射光的强度、角度以及光源的特性，可以计算出颗粒的比表面积。光散射法的工作原理可以概括为以下几个步骤：将激光光源照射到样品上，光线与颗粒发生散射。检测颗粒在散射过程中产生的散射光。光散射仪器通常配备光电二极管或光电倍增管等光敏元件，用于检测光的强度和角度分布。通过对散射光的强度、散射角度等数据进行分析，可以得到颗粒的尺寸和形状信息。在动态光散射法中，颗粒的尺寸分布可通过自相关函数来获取。结合颗粒的密度等参数，可以计算出颗粒的比表面积。光散射法具有许多优势。该方法无需特殊样品处理，适用于各种形态的颗粒。测量过程快速、简便，且可在溶液中进行，适用于纳米颗粒和胶体颗粒的研究。此外，光散射法还可以用于实时监测颗粒的聚集状态和动态变化，提供对颗粒行为的详细洞察。光散射法也存在一些局限性。对于大颗粒的测量存在一定的困难，因为其散射信号较弱。该方法对颗粒的形状和结构敏感，需要在分析时进行合适的模型假设。最后，光散射法在颗粒浓度较高时容易受到多重散射的影响，可能导致数据的失真。光散射法作为一种快速、非破坏性的粉体比表面积测量方法，在科研和工业领域都得到广泛应用。随着技术的不断进步，光散射法在颗粒尺寸、形状、表面性质等方面的精度和适用范围将进一步提升，为材料研究和工程应用提供更为可靠的数据支持。

四、气相吸附法

气相吸附法是一种常用于测量粉体材料比表面积的有效方法，其基本原理是通过气体在颗粒表面的吸附和脱附过程，来获取颗粒的比表面积。这种方法主要适用于颗粒尺寸在亚微米到微米级别的材料，广泛应用于催化剂、吸附剂、纳米材料等领域的研究与应用。在气相吸附法中，常用的气体吸附剂包括氮气、氩气等。其中，氮气吸附法是最为常见和广泛应用的一种。该方法基于气体在低温下吸附在颗粒表面的原理，通过控制实验条件，包括温度、压力等，测量氮气的吸附量和脱附量，从而得到颗粒的比表面积。气相吸附法的操作步骤可以概括为以下几个方面：在进行气相吸附实验之前，通常需要对样品进行一些预处理，如去除表面吸附的水分、有机物等，以保证实验的准确性。样品与气体吸附剂接触，通过控制温度和压力等实验条件，使气体吸附在颗粒表面形成吸附层。在实验过程中，记录气体吸附的等温线，通常使用吸附等温线来描述吸附过程。在吸附实验结束后，进行解吸实验以脱除吸附在颗粒表面的气体吸附剂。这一步通常通过升温来完成，使气体从颗粒表面脱附。通过实验记录的吸附量和解吸量，结合实验条件，可以使用比表面积的计算公式计算出颗粒的比表面积。气相吸附法的优势之一是其适用于各种形状和大小的颗粒，对于纳米颗粒和微米颗粒的表面积测量具有较高的准确性。此外，该方法还可用于研究颗粒的孔隙结构、孔径分布等信息，对于催化剂和吸附剂等材料的表征提供了重要数据。气相吸附法也存在一些局限性。对于大颗粒的测量存在一定的困难，因为其吸附速度较慢。该方法对颗粒的形状和结构较为敏感，需要在分析时进行合适的模型假设。最后，气相吸附法在颗粒浓度较高时可能受到多重吸附的影响，需要谨慎考虑实验条件。气相吸附法作为一种快速、准确、广泛应用的粉体比表面积测量方法，在科研和工业领域都得到了广泛的应用。随着技术的不断发展，气相吸附法在颗粒尺寸、形状、表面性质等方面的精度和适用范围将进一步提升，为材料研究和工程应用提供更为可靠的数据支持。

知识小结

项目四关于粉末结构与性能分析的研究涵盖了多个任务，每个任务都对粉末这一重要材料的不同方面进行了深入的探讨。在任务一中，我们了解到粉末是一种细小的固体颗粒，而其性能则包括了多个方面，如流动性、压实性、导电性、热导性等。这为我们提供了对粉末基本特性的全面认识。任务二则聚焦于粉末的微观结构与性能之间的关系。通过研究微观结构，例如晶体结构和晶粒大小，我们能够更好地理解这些微观因素对粉末宏观性能的影响，为粉末的应用提供更为深刻的理论基础。在任务三中，我们深入挖掘了粉末的性能，包括但不限于强度、导电性、热稳定性等方面的指标。了解这些性能参数有助于我们更有针对性地调控粉末的性能，以满足特定的应用需求。任务四关注粉末的粒度与粒度分布，这是影响粉末流动性和加工性能的关键因素。通过对粉末颗粒大小的分析，我们能够了解粉末的均匀性和一致性，为粉末的制备和应用提供指导。任务五介绍了测定粉末性能的技术手段，包括拉伸试验、电导率测试等。深入了解这些测定方法有助于我们准确获取粉末性能的数据，为实际应用提供可靠的实验支持。任务六和任务七则侧重于粉末颗粒的形状表征和比表面积分析。颗粒形状的参数，如球形度、长宽比等，对粉末的性能具有重要影响，而比表面积的分析则提供了解粉末颗粒表面性质的关键信息。项目四的研究从多个角度系统地深入了解了粉末的结构和性能。这些任务不仅拓宽了我们对粉末材料的认知，同时也为粉末的制备、改性和应用提供了科学的基础和实用的技术指导。

思考练习

1. 考虑不同类型的微观结构，如多晶、单晶等，它们对粉末性能有何影响？在实际应用中，我们如何选择或调控微观结构以实现特定性能要求？

2. 思考不同粉末粒度和分布如何影响材料的加工性能，尤其是在压制、烧结等加工阶段，我们应该如何优化粉末的粒度以提高工艺效率和成品质量？

3. 粉末比表面积在材料设计中扮演着怎样的角色？在实际工程项目中，我们可以如何利用比表面积的信息来优化材料的性能和应用？

项目五　铁合金生产

项 目 导 读

铁合金生产是金属冶炼领域的一个重要分支，其产物广泛应用于不同工业领域。本项目分为五个任务，从铁合金的概述到具体的合金生产过程，详细探讨了耐火材料、电极材料、锰铁、硅铁和铬铁的生产过程及相关技术。在任务一中，我们将深入了解铁合金的概述，涉及其定义、种类、用途以及全球市场现状。通过对铁合金的全面了解，我们能够把握其在不同行业中的关键地位，并理解其生产对经济的重要性。任务二将关注耐火材料和电极材料，这两者在铁合金冶炼中扮演着至关重要的角色。耐火材料的选择直接关系到高温环境下设备的耐用性，而电极材料则是电弧炉中电能转化的核心。我们将深入探讨这些材料的特性、制备方法以及在生产中的应用。任务三、任务四和任务五分别聚焦于三种主要的铁合金：锰铁、硅铁和铬铁。通过深入研究其生产工艺、原料选择、反应机理以及产品用途，我们将为读者提供详实的技术资讯。锰铁作为一种重要的合金添加剂，在钢铁生产中发挥着关键作用；硅铁则在不锈钢、铸铁等方面有着广泛的应用；铬铁则是高强度合金钢的关键原料。通过本项目，读者将深入了解铁合金的生产全过程，从原料选择、反应机理到产品应用，将形成一个全面的知识体系。对于从事冶金、材料科学、工业生产等领域的专业人士，本项目提供了深度洞察铁合金行业的机会。同时，对于学生、研究人员和其他对这一领域感兴趣的读者，本项目也将为其提供一个系统的学习和研究的平台。通过这一系列任务，我们将深入挖掘铁合金生产的技术细节，使读者对这一行业有更为深刻的理解。

学 习 目 标

了解铁合金的概念与生产过程：学习铁合金的基本定义、分类以及生产工艺，包括从原料准备到熔炼的整个生产流程，理解铁合金在工业中的重要性和应用领域。掌握耐火材料及电极材料在铁合金生产中的作用：深入研究耐火材料在高温炉内的应用，以及电极材料在电弧炉中的关键作用，包括它们的特性、选择标准以及在生产过程中的应用。了解锰铁生产过程：学习锰铁的生产工艺，包括原料的选取、炉型的选择、冶炼过程的控制等，深入了解锰铁的用途和市场需求。了解硅铁生产过程：研究硅铁的制备方法，涵盖原料的准备、冶炼工艺、生产设备等方面，同时深入了解硅铁在钢铁冶炼和合金生产中的应用。熟悉铬铁生产技术：深入了解铬铁的生产过程，包括原料的选择、炉型的应用、炉内工艺参数的控制等，同时理解铬铁在不同工业领域的用途。通过完成以上学习目标，将能够全面了解铁合金的生产过程、原料选择、工艺控制等关键方面，同时对铁合金中的不同种类，如锰铁、硅铁、铬铁等的生产工艺和应用有深入的了解。这将为从事相关领域的研究、工程实践或生产管理提供必要的知识基础。

思政之窗

铁合金的社会责任与可持续发展：通过深入学习铁合金的生产过程和应用领域，理解铁合金产业在社会和经济发展中的角色，以及如何承担社会责任，推动可持续发展。耐火材料及电极材料的绿色生产：考察耐火材料及电极材料在铁合金生产中的应用，思考在材料选择和生产过程中如何推动环保、绿色生产，以及减少对自然资源的依赖。锰铁生产与社会效益：研究锰铁生产的社会效益，包括提供就业机会、促进当地经济发展等方面，思考如何实现铁合金产业与社会共同发展，促使生产活动更好地造福社会。硅铁生产与能源利用：探讨硅铁生产过程中的能源消耗情况，思考如何通过技术创新和节能减排措施，实现对能源的有效利用，推动铁合金产业的可持续发展。铬铁生产中的安全与环境：关注铬铁生产过程中的安全和环境问题，思考如何确保生产活动安全可控，同时降低对环境的影响，推崇绿色、安全的铁合金生产。思政之窗的目的是通过深入学习铁合金生产过程中的关键环节，结合社会、环境和可持续发展等方面的问题，引导学生思考铁合金产业的社会责任、可持续性发展以及与当代社会的联系。通过这样的思政之窗设计，旨在培养学生对工业生产的全面认知，使其在专业知识的同时具备社会责任感和可持续发展意识。

任务一　铁合金概述

一、铁合金成分及分类

（一）铁合金成分

铁合金的主要成分及其作用在材料科学和工程领域占据着重要地位。深入了解这些成分的性质和相互作用，有助于我们更好地理解铁合金的特性和应用。以下将详细探讨铁、碳以及常见合金元素在铁合金中的作用和影响。

铁是铁合金的基本成分，通常占据合金的主体。纯铁具有良好的可锻性和延展性，但在实际应用中，很少直接使用纯铁。铁的添加增强了合金的强度、硬度和导电性能。此外，铁的晶体结构对合金的整体性能也产生影响。通过改变铁的晶格结构，可以调节铁合金的磁性、塑性和导电性等特性。

碳是铁合金中另一个重要的合金元素。碳与铁形成碳化物，主要是碳化铁（Fe_3C），也称为水泥体。碳的含量对合金的硬度、强度和脆性有着显著影响。低碳合金钢通常具有良好的可塑性和可焊性，适用于一般结构应用。中碳合金钢在硬度和强度之间取得平衡，适用于一些机械零部件。高碳合金钢通常具有较高的硬度，但也更加脆性，常用于制造耐磨零件。

除了铁和碳，铁合金中还包含多种合金元素，它们通过形成固溶体、间隙固溶体、化合物等方式，改变了铁合金的晶体结构和性质。以下是一些常见合金元素及其作用：

锰（Mn）：提高硬度和强度，有助于提高耐磨性和抗冲击性。

硅（Si）：提高合金的流动性和熔点，有助于铸造过程。

铬（Cr）：提高抗腐蚀性，形成氧化铬层防止进一步氧化。

镍（Ni）：提高合金的韧性和强度，使其在低温环境下更具韧性。

钼（Mo）：提高强度和硬度，特别对高温下的性能有积极影响。

这些合金元素的选择和含量根据铁合金的具体用途和工艺要求进行调整，以获得理想的力学性能和化学性质。铁合金的成分设计是一个复杂而精密的过程，需要考虑到各种因素，以确保合金在特定应用中表现出优越的性能。

（二）铁合金分类

铁合金的分类涵盖了多个主要类别，每个类别根据其成分和性能特点都有不同的应用领域。以下详细讨论了碳钢、合金钢、不锈钢、铸铁和合金铸铁这几个主要的铁合金分类。碳是铁合金中最基本的合金元素之一，其含量决定了碳钢的性质。根据碳的含量，碳钢分为低碳钢（碳含量小于 0.3%）、中碳钢（碳含量 0.3%~0.6%）和高碳钢（碳含量大于 0.6%）。低碳钢具有良好的可塑性和可焊性，常用于建筑和制造业。中碳钢在硬度和强度之间取得平衡，适用于机械零部件。高碳钢通常具有较高的硬度，适用于耐磨零件。合金钢是在碳钢中添加其他合金元素的钢。常见的合金元素包括锰、硅、铬、镍、钼等。合金钢具有更高的强度、硬度、耐磨性和耐腐蚀性，适用于要求高性能的工程结构和机械零件。合金钢的性能可以通过调整合金元素的种类和含量来实现，以满足特定工业需求。不锈钢是一类耐腐蚀的合金钢，主要合金元素是铬。不锈钢根据其晶体结构分为奥氏体不锈钢、铁素体不锈钢和马氏体不锈钢。不锈钢具有抗腐蚀、耐高温、美观等特点，广泛应用于化工、食品加工、建筑等领域。不同类型的不锈钢适用于不同的环境和用途。铸铁是一种含碳量较高的铁合金，通常含有 2%以上的碳。根据组织结构，铸铁可分为灰口铸铁、球墨铸铁、白口铸铁等。铸铁具有出色的铸造性能和低成本，常用于制造大型零件和建筑结构。不同类型的铸铁适用于不同的应用，例如球墨铸铁具有较高的韧性和抗拉强度。合金铸铁是在铸铁中添加其他合金元素的铸铁。常见的合金元素包括锰、铬、钼等。合金铸铁通过合金化可以改善铸铁的性能，提高其抗磨损性、抗冲击性等。合金铸铁常用于要求高强度和耐磨性的应用场景，如汽车制造、工程机械等。这些铁合金的分类体现了铁合金多样性的应用和性能调控。通过对不同合金的选择和设计，可以满足各种工业领域对材料性能的需求。

二、铁合金性能

（一）机械性能

铁合金的机械性能是指其在受力作用下的表现，包括强度、硬度、韧性、延展性等。这些性能直接影响到铁合金在各种工程领域的应用。

1. 强度

铁合金的强度是衡量其抵抗外部力量作用的能力。强度通常分为屈服强度、抗拉强度和抗压强度。屈服强度是在材料开始发生塑性变形之前所能承受的最大应力，抗拉强度是在材料拉伸断裂时所能承受的最大应力，而抗压强度是在受压状态下所能承受的最大应力。合金化是提高铁合金强度的关键手段之一。通过添加合金元素，如铬、镍、钼等，可以形成固溶体、间隙固溶体或化合物，增强晶体结构，提高屈服强度和抗拉强度。不同的铁合金及其合金化方式会导致不同的强度水平，使其适用于各种机械结构和工程应用。

2. 硬度

硬度是材料抵抗划痕、穿刺或变形的能力。在铁合金中，硬度与其晶体结构、晶粒大小以及合金元素的含量和分布密切相关。通常，硬度测试包括布氏硬度、洛氏硬度等。合金元素的添加可以显著提高铁合金的硬度。例如，添加碳形成碳化物，加强了晶体结构，提高了硬度。此外，一些合金元素本身就具有硬化作用，如钼、钛等。通过调整合金元素的种类和含量，可以实现对铁合金硬度的有效控制，使其适应不同工程要求。

3. 韧性

韧性是指材料在受到冲击或载荷作用下能够吸收能量并发生变形的能力。铁合金的韧性与其组织结构、温度等因素密切相关。韧性测试常用冲击试验等方法来评估。提高铁合金的韧性通常需要在设计中考虑晶粒尺寸、晶体结构和合金元素的选择。细小的晶粒结构和适度的合金元素含量有助于提高铁合金的韧性。此外，低温下铁合金的韧性往往较差，因此在低温环境中的应用需要特别注意韧性的问题。

4. 延展性

延展性是指材料在受力作用下能够发生塑性变形而不断裂的能力。铁合金的延展性与其晶体结构、合金元素的添加和温度等因素有关。通常，延展性通过伸长率和冷弯测试等方法进行评估。合金元素的添加可以提高铁合金的延展性，使其更适用于需要较大变形的工程应用。然而，延展性和强度之间存在一种权衡关系，通常在设计中需要综合考虑这两个因素。铁合金的机械性能在很大程度上取决于其成分设计和制备工艺。通过科学合理地选择合金元素、优化合金配方和工艺参数，可以调控铁合金的机械性能，使其更好地满足各种工程和制造领域的需求。

（二）腐蚀抗性

铁合金的腐蚀抗性是其在不同环境中长期抵御腐蚀、氧化和化学侵蚀的能力。这一性能对于铁合金在广泛的应用领域至关重要，尤其是在化工、海洋工程、航空航天和汽车制造等领域。腐蚀是材料与其周围环境中化学物质相互作用的结果。在铁合金中，最常见的腐蚀形式是金属氧化，即铁的表面与氧气反应生成氧化铁（Fe_2O_3）。此外，水分、酸、碱、盐等环境因素都可能引起铁合金的腐蚀。添加合金元素是提高铁合金腐蚀抗性的关键手段之一。其中，铬是最重要的合金元素之一，其在铁合金中形成氧化铬层，能够防止进一步氧化，并提高抗腐蚀性。其他常见的合金元素如镍、钼、钛等也能通过形成稳定的氧化物或氧化物层来改善铁合金的腐蚀抗性。不锈钢是一类特殊的铁合金，以其卓越的腐蚀抗性而著称。主要不锈钢系列包括奥氏体不锈钢、铁素体不锈钢和马氏体不锈钢。这些不锈钢通过调整合金元素的含量和晶体结构，实现了在不同环境中的高度抗腐蚀性。奥氏体不锈钢：含有较高铬（Cr）和镍（Ni）的奥氏体不锈钢在大多数腐蚀环境中表现出色。例如，316 不锈钢中的锰（Mn）和钼（Mo）等合金元素提高了其在酸性和腐蚀性介质中的稳定性。铁素体不锈钢：包含较高铬但较低镍的铁素体不锈钢在耐腐蚀方面也表现良好，尤其适用于高温环境。这些不锈钢通常含有较少的镍，降低了成本，并在某些情况下提供了更好的热稳定性。马氏体不锈钢：通过合金化和热处理，马氏体不锈钢可以在高强度和高温环境中保持出色的腐蚀抗性。这使得它们在极端条件下的使用得以实现。表面处理是另一个影响铁合金腐蚀抗性的关键因素。例如，不锈钢可以通过酸洗、喷砂、抛光等方式进行表面处理，增加其表面平滑度和致密性，提高耐腐蚀性。不同环境对铁合金的腐蚀性能产生不同的影响。例如，在盐水环境中，铁合金更容易发生海水腐蚀。因此，在设计和选择材料时，必须充分考虑具体的使用环境，以确保铁合金具有足够的腐蚀抗性。铁合金的腐蚀抗性取决于其成分设计、合金元素的选择和含量、表面处理以及使用环境等多个因素。通过科学合理的设计和处理，可以使铁合金在各种恶劣条件下保持出色的腐蚀抗性，确保其在工程和制造中的可靠应用。

（三）导电性

铁合金的导电性是指其在电流传导方面的性能，这在多个工业领域，尤其是电子、电器、汽车和能源行业中至关重要。导电性能受多个因素的影响，包括合金元素、晶体结构、温度等。以下是对铁合金导电性能的详细讨论。合金元素在铁合金中的添加对导电性产生显著影响。一般而言，合金元素的加入可能会引起晶体结构的变化，从而影响电子的自由运动。在铁合金中，主要的导电元素是铜（Cu）和铝（Al），它们都是优良的导电材料。然而，在一些应用中，例如不锈钢，合金元素的添加可能会降低整体导电性能。晶体结构对铁合金的导电性能具有重要影响。良好的导电性通常需要晶体结构中存在自由移动的电子。在一些合金中，如黄铜（铜和锌的合金），具有良好的晶体结构，有利于电子的传导，因此表现出较好的导电性。而在一些高强度合金中，由于晶体结构的复杂性，导电性可能会降低。温度是影响铁合金导电性的重要因素之一。一般来说，提高温度会增加导电性，因为高温有助于提高电子的能量，使其更容易跃迁和传导。然而，在一些合金中，尤其是在过渡金属合金中，温度升高可能导致电子与合金元素之间的相互作用增强，从而影响导电性能。在一些铁合金中，特别是具有铁磁性的合金，磁性也可能对导电性产生一定的影响。磁性的存在可能导致磁阻效应，影响电子的传导。因此，在设计磁性铁合金时，需要综合考虑导电性和磁性之间的平衡。铁合金的非均匀性和微观结构也会对导电性产生重要影响。例如，晶界、位错等缺陷可能阻碍电子的传导，降低导电性。此外，合金的微观结构可能在电子的传导路径上引入障碍，影响导电性能。在实际应用中，对导电性的需求因应用领域而异。在电子器件、电缆、电机等领域，要求铁合金具有优异的导电性能，以确保设备的正常运行。因此，在铁合金的设计和选择中，需要根据具体应用的导电性能要求做出适当的调整。铁合金的导电性是一个综合性能，受多个因素的综合影响。通过科学合理地设计合金配方、优化加工工艺和控制微观结构，可以实现铁合金的优异导电性能，使其在电子、电器等领域得到广泛应用。

（四）热性能

铁合金的热性能是指其在高温环境下的行为和性能，对于多个工业领域，如冶金、汽车、航空航天等，热性能的理解和优化至关重要。铁合金的熔点是其在高温下发生相变的关键温度。纯铁的熔点为 1538 摄氏度，但合金化会显著改变这一性质。添加合金元素，如铬、镍、钼等，可以提高铁合金的熔点，使其适用于更高温的工作环境。熔化行为也是研究铁合金热性能的重要方面，了解合金在高温下的相变过程对于材料的设计和应用至关重要。铁合金的热膨胀性是指在温度变化下的尺寸变化程度。在高温环境下，热膨胀性成为材料设计的重要考虑因素。合金元素的加入通常会改变铁合金的热膨胀性，这对于避免因温度变化引起的热应力、热疲劳等问题具有重要意义。热导率是材料传导热量的能力，是热性能的关键指标之一。在高温条件下，铁合金的热导率会受合金元素和晶体结构的影响。合金元素的添加可以改变晶体结构，从而影响电子和磁矩的运动，进而影响热导率。在一些应用中，如热交换器、散热器等领域，需要考虑铁合金的热导率以确保设备的高效工作。在高温环境下，铁合金的强度和稳定性也是至关重要的性能指标。合金元素的添加可以通过固溶强化、析出硬化等机制提高铁合金的高温强度。此外，铁合金在高温下的晶体结构稳定性，特别是面对高温气氛中的氧化、硫化等腐蚀环境时，也是需要重点关注的方面。在高温环境中，铁合金可能会面临氧化、硫化、硝化等腐蚀问题。合金元素的选择和含量以及表面处理等因素将直接影响铁合金的高温氧化和腐蚀抗性。特别是在一些高温工程领域，如航空发动机、高温燃气轮机等，对铁合金的高温氧化和腐蚀抗性有严格要求。铁合金的热性能决定了其在高温环境中的应用领域。例如，高温强度和抗氧化性能良好的合金适用于航空航天、汽车引擎等高温工程领域。而在高温腐蚀要求严格的环境中，具有优异高温腐蚀抗性的铁合金更受青睐。在研究和应用铁合金的热性能时，综合考虑其熔点、热膨胀性、热导率、高温强度和稳定性、高温氧化和腐蚀抗性等因素，是确保其在高温环境中稳定、可靠应用的关键。通过科学合理的合金设计、热处理和材料表面工艺，可以优化铁合金的热性能，满足各种高温工程需求。

三、铁合金应用领域

（一）建筑行业

铁合金在建筑行业中具有广泛的应用，其卓越的机械性能、耐腐蚀性和成形加工性使其成为建筑材料领域中不可或缺的一部分。铁合金广泛用于建筑结构的钢材中。高强度、高韧性的钢材能够承受建筑物的重荷，同时在抗风、抗震等方面表现出色。建筑结构用的铁合金主要包括低碳结构钢、合金结构钢和不锈钢等，它们在建筑物的骨架和支撑结构中发挥着关键作用。钢结构建筑是铁合金在建筑领域的典型应用之一。使用高强度、轻质的铁合金制作建筑结构，如框架、梁、柱等，能够实现更大的跨度和更轻的建筑重量，从而提高建筑的设计自由度。此外，钢结构建筑还具有施工速度快、可回收再利用等优点。不锈钢是一种耐腐蚀的铁合金，被广泛用于建筑装饰中。其表面光洁、不易生锈的特性使其成为室外雕塑、建筑幕墙、室内装修等方面的理想选择。不锈钢的美观性和抗腐蚀性质使其能够在各种气候和环境条件下保持长久的良好状态。铁合金的高强度和优异的机械性能使其成为钢筋混凝土结构中的增强材料。在建筑物的混凝土结构中添加钢筋，可以显著提高混凝土的抗拉强度和韧性，使建筑更具稳定性和耐久性。铁合金，特别是镀锌钢和铝锌合金等，被广泛用于建筑物的金属屋面和墙板。这些金属材料具有抗腐蚀、耐候性强的特点，适用于各种气候条件下的建筑，同时能够提供多样的设计选择，使建筑外观更具现代感。不锈钢和铝合金等铁合金常用于制作建筑门窗和栏杆。这些材料具有抗腐蚀、易于清洁的优点，同时能够满足建筑物对于结构强度和外观美观的要求。不锈钢的耐候性使其在户外环境中表现出色，适用于长期暴露于自然条件下的建筑部件。铁合金在桥梁建设中发挥着重要作用。高强度的结构用钢材，以及抗腐蚀的不锈钢，可以确保桥梁具有足够的承载能力和耐久性。此外，铁合金的成形加工性也使其能够满足桥梁结构的复杂设计需求。在建筑工程中，使用铁合金制作的钢丝绳和索具广泛应用于吊装、起重、悬挂等场景。这些产品以其强度高、耐磨耐腐的特性，为建筑工程的施工和运输提供了可靠的支持。铁合金在建筑行业中涵盖了结构、装饰、强化、外观等多个方面的应用。其卓越的机械性能和耐腐蚀性使其成为现代建筑材料的首选，为建筑师提供了更大的设计灵活性和施工可行性。随着科技的不断进步，铁合金在建筑行业中的应用将继续创新和拓展。

（二）汽车工业

铁合金在汽车工业中扮演着不可替代的角色，其优异的机械性能、耐磨性、耐腐蚀性以及轻量化特性，使其成为汽车制造领域中的关键材料。构件中得到广泛应用。高强度的结构用钢材和其他铁合金，如铝合金，用于制造车身框架、底盘、横梁等部件，以提高整车的结构强度和耐撞击性。同时，铁合金的成形加工性能使其能够满足汽车设计中对于轻量化和复杂结构的要求。铁合金在汽车引擎和传动系统中发挥着关键作用。发动机部件，如曲轴、连杆、缸体等，通常采用高强度和耐高温的合金钢或铝合金。此外，铁合金在传动系统的齿轮、轴承、传动轴等零部件中也广泛应用，以确保其耐磨、耐腐蚀、高强度的性能。铁合金在汽车制动系统中扮演着重要角色。制动盘和制动鼓通常采用铸铁或合金钢，以确保其具有足够的热传导性和抗磨耐用性。铁合金的热性能使其能够在制动过程中迅速散热，提高制动系统的效率和稳定性。悬挂系统是汽车行驶过程中的重要组成部分，铁合金在悬挂系统的弹簧、减震器、控制臂等零部件中发挥着重要作用。弹簧和减震器通常采用高强度的弹簧钢或铝合金，以提高悬挂系统的稳定性和行驶舒适性。控制臂等零部件也常使用铁合金，以保证其强度和耐久性。汽车的轮毂和轮胎零部件通常由铝合金或其他铁合金制成。这些部件需要具备足够的强度和耐腐蚀性，同时轻量化的特性有助于降低整车质量，提高燃油效率和行驶性能。铁合金在汽车内饰和装饰件中也得到了广泛运用。不锈钢、铝合金等在汽车仪表盘、门把手、排档杆等零部件中提供了优异的装饰性和抗腐蚀性。此外，铁合金在汽车座椅结构、座椅调节器等方面也发挥了重要作用。汽车的电子与电气系统中也使用了大量的铁合金材料。导电性能良好的合金钢和铜合金被用于制造电线、电缆、电池接头等导电零部件，确保车辆电气系统的稳定性和可靠性。近年来，随着对环保和能源效率的关注增加，铁合金的应用也在这个方向上进行了创新。轻量化的铝合金和高强度的合金钢被广泛用于制造新能源汽车，以提高电池续航能力和整车的能效。在汽车工业中，铁合金不仅在车辆的机械结构中发挥关键作用，还在提高车辆性能、安全性、舒适性和节能环保方面做出了不可忽视的贡献。随着汽车技术的不断发展，铁合金在汽车制造中的应用将继续推动整个行业的创新和进步。

（三）电子和电器

铁合金在电子和电器领域中具有广泛的应用，其卓越的导电性能、磁性能、机械性能以及耐腐蚀性使其成为电子设备和电器产品的重要材料。铁合金在电子器件和集成电路中扮演着重要的角色。集成电路中的金属导线通常采用铜合金，而铁合金如镍铁合金则常用于磁性元件，如磁芯、磁头等。铁合金的高导电性和稳定性有助于确保电子器件的高性能和稳定运行。铁合金在电磁设备和变压器中广泛应用。电机、发电机和变压器的磁芯通常由硅钢片或镍铁合金制成，以提高磁导率和减小磁损耗。这些材料在电磁设备中的应用有助于提高能效、降低能耗和增强设备的性能。铁合金在电子散热材料中发挥关键作用。铝合金、铜合金等铁合金常被用于制造散热器、散热片等部件，以有效散热电子设备中产生的热量，确保设备在长时间运行中保持稳定的温度。这对于提高电子设备的可靠性和寿命至关重要。铁合金在电子连接器和导电部件中得到广泛运用。不锈钢、铜合金等铁合金被用于制造电子元器件的引线、插头、插座等连接器部件，其良好的导电性和耐腐蚀性有助于确保电子设备的稳定连接和可靠传导。铁合金在电池制造中也发挥着重要作用。电池的正负极材料中通常包含铁合金，以提高电池的储能密度和循环寿命。铁合金材料在锂离子电池、镍氢电池等不同类型的电池中都得到了应用。铁合金在电子设备的包装和外壳材料中发挥重要作用。铝合金、不锈钢等铁合金具有良好的强度和耐腐蚀性，常被用于制造电子设备的外壳、壳体等部件，以确保电子器件在不同环境下的稳定运行。在电子电路的制造中，铁合金在电路板的焊接材料中得到了广泛应用。铅锡合金、铜合金等铁合金被用于焊点的制造，以确保电路连接的可靠性和稳定性。铁合金在电子元件的包覆材料中也发挥了关键作用。铝合金、不锈钢等耐高温、耐腐蚀的铁合金常被用于制造元件的外壳和封装，以保护电子元件不受外界环境的影响。在电子废弃物回收中，铁合金的可再生性得到了充分利用。通过有效的回收和处理，铁合金材料可以重新被用于电子设备的制造，降低资源浪费，实现可持续发展。铁合金在电子和电器领域的应用覆盖了从电子元件到散热材料、电磁设备到电池材料的多个方面。其性能优势和多样的应用使得铁合金成为电子行业中不可或缺的材料之一，推动着电子科技的不断发展和创新。

任务二　耐火材料及电极材料

一、耐火材料

（一）耐火温度范围

铁合金耐火材料是一类能够在高温环境下保持稳定性和耐久性的特殊材料。耐火温度范围是衡量这类材料性能的重要指标之一，该范围通常指材料能够在高温环境下保持其结构和性能的最高和最低温度。耐火温度范围是指耐火材料在使用过程中能够承受的最高和最低温度。这个范围直接关系到材料在特定工业应用中的可用性和稳定性。对于铁合金耐火材料，其耐火温度范围往往涉及到高温冶炼、铁合金生产、炉内耐火构件等方面，因此其性能要求在极端高温环境下依然能够保持结构的稳定和耐久性。铁合金耐火材料主要应用于高温环境中，例如炼铁炉、炼钢炉、电弧炉等工业设备，这些设备在生产过程中需要承受极高的温度。一般而言，铁合金耐火材料的耐火温度范围可以覆盖数百摄氏度至数千摄氏度。高温合金通常被设计成能够在这些极端条件下保持其结构强度和耐久性，以确保设备在高温环境中的长时间运行。

常见的铁合金耐火材料及其耐火温度范围：耐火砖和耐火浇注料，这是常见的铁合金耐火材料，其耐火温度范围通常在 1 500 摄氏度以上，能够承受高炉、炼钢炉等设备中的高温环境。耐火陶瓷，耐火陶瓷材料的耐火温度范围可达 2 000 摄氏度以上，常用于高温炉内构件的制造，如电弧炉的内衬。耐火涂料，这类涂料在铁合金生产中常用于炉壁的涂覆，提供额外的耐火保护。耐火涂料的耐火温度范围通常在 1 000 摄氏度以上。

（二）性能特点

1. 热导率和绝缘性能

铁合金耐火材料的性能特点涉及到多个方面，其中热导率和绝缘性能是两个至关重要的因素，直接关系到材料在高温环境中的热传导和绝缘效果。热导率是衡量材料导热性能的关键参数，它表示材料在单位温度梯度下传导热量的能力。对于铁合金耐火材料而言，高热导率通常是其优势之一。在高温环境中，耐火材料需要能够迅速、有效地传导产生的热量，以防止材料本身受到过度加热而失去结构强度。因此，具有较高热导率的耐火材料能够更好地应对高温工业环境，确保设备的稳定运行。

耐火材料的成分直接决定了其热导率。通常来说，金属、合金等具有较高的热导率，而绝缘材料则相对较低。因此，在设计铁合金耐火材料时，需要根据具体应用选择合适的材料成分，以平衡热导率和其他性能要求。耐火材料的微观结构对其热导率也有显著影响。例如，颗粒的大小、晶体结构等因素都会影响热导率。通过优化材料的微观结构，可以调控热导率，提高材料的整体性能。绝缘性能是指材料在高温环境中对热量的阻隔能力，即材料本身能够有效防止热量传导。在某些情况下，尤其是在高温工业设备的特定区域，需要使用具有良好绝缘性能的耐火材料，以防止热量向外传导，保护设备周围环境和人员的安全。

一些常见的绝缘材料，如陶瓷纤维、陶瓷膨胀珠等，具有良好的绝缘性能。在铁合金耐火材料的设计中，选择适当的绝缘材料是确保良好绝缘性能的关键。在一些应用场景中，通过在耐火材料表面涂覆绝缘涂层，可以提高材料的整体绝缘性能。这种方式适用于要求较高绝缘性能的高温区域。在铁合金耐火材料的设计中，需要平衡热导率和绝缘性能，以满足具体应用的需求。有些区域需要更好的散热性能，而另一些区域则需要更强的绝缘性能。通过合理选择材料和优化设计，可以实现在不同条件下的平衡。在实际应用中，设计铁合金耐火材料时需要综合考虑热导率和绝缘性能，并根据具体的工业场景和设备要求进行合理选择。通过精心调配材料成分、优化微观结构和采用适当的表面处理方法，可以实现热导率和绝缘性能的双重优化，确保耐火材料在高温环境中既能够有效传导热量，又能够保持绝缘效果。

2. 耐腐蚀性

铁合金耐火材料的性能特点之一是耐腐蚀性，这指的是材料在复杂腐蚀环境中能够保持结构完整性和性能稳定性的能力。在高温冶炼和铁合金生产等工业应用中，材料常常会面临来自熔体、气体以及化学物质的强烈腐蚀作用，因此对于耐火材料而言，具备出色的耐腐蚀性能至关重要。化学成分：耐火材料的化学成分直接决定了其对不同化学物质的抵抗能力。一些特殊的合金成分或添加特定的耐腐蚀元素，如铬、铝、硅等，能够增强材料的耐腐蚀性。微观结构：材料的微观结构也对其耐腐蚀性能产生影响。通过优化晶体结构、颗粒分布等微观特征，可以减缓腐蚀过程，提高材料的稳定性。在高温冶炼中，铁合金耐火材料常受到金属熔体的侵蚀。这些金属熔体中可能包含有害元素，如硫、磷、铝等，对耐火材料的耐腐蚀性提出了挑战。有效的耐腐蚀耐火材料需要抵御金属腐蚀，确保在高温条件下长时间使用时不受金属熔体的侵蚀而失去性能。耐火材料还需抵御来自气相的腐蚀，特别是在高温炉内的气氛中可能存在有害气体。耐火材料的表面往往受到气相腐蚀，导致表面物质的溶解和损耗。因此，具备良好气相腐蚀抵抗力的耐火材料对于长时间高温操作至关重要。在一些特殊工艺中，耐火材料可能接触到有害化学物质，如酸性溶液、碱性溶液等。耐火材料需要能够抵抗这些化学物质的侵蚀，保持结构的完整性和性能的稳定性。在提高耐腐蚀性能方面，使用表面涂层是一种有效的手段。这些涂层可以形成保护性的氧化层或其他化合物，提供额外的耐腐蚀保护。对于铁合金耐火材料而言，合适的表面涂层选择可以增加材料的使用寿命。在实际应用中，耐火材料的设计需要综合考虑耐腐蚀性和高温稳定性。有时，提高耐腐蚀性能可能会影响高温下的其他性能指标，因此需要在不同的应用场景中进行权衡和选择。

3. 机械强度

铁合金耐火材料的机械强度是其关键性能之一，直接影响到在高温、高压和复杂冶炼环境中的稳定性和可靠性。机械强度主要包括抗拉强度、抗压强度、抗弯强度等指标，这些性能参数对于耐火材料在承受机械应力和变形时的表现至关重要。抗拉强度是材料抵抗拉伸应力的能力，是评估耐火材料在复杂高温工艺中受拉力作用下的性能指标。在高温冶炼过程中，耐火材料可能会受到拉伸应力，因此较高的抗拉强度有助于确保材料不会因拉伸应力而破裂或失去结构稳定性。抗压强度是耐火材料在受到压缩应力时的抵抗能力，直接关系到其在高温环境下的承压性能。耐火材料在冶炼过程中可能会承受来自炉内料柱、液态金属的压力，因此良好的抗压强度对于材料的寿命和性能都至关重要。抗弯强度反映了耐火材料在受到弯曲应力时的稳定性，这在复杂冶炼设备中尤为重要。耐火材料可能会受到机械振动、热膨胀等引起的弯曲应力，因此较高的抗弯强度有助于材料保持结构的完整性。耐火材料在高温下会经历热膨胀，这可能导致材料的机械强度发生变化。合理设计耐火材料的热膨胀系数，以匹配周围环境的热膨胀特性，可以减缓机械强度的降低。材料的微观结构对于其机械强度有着重要的影响。通过精心设计和优化材料的晶体结构、颗粒分布等微观特征，可以改善耐火材料的机械性能，使其更好地适应高温冶炼环境的需求。在耐火材料的设计中，需要平衡材料的成分，以兼顾机械强度和其他性能。一些合金元素、添加剂的选用，以及不同材料的组合，都可能对机械强度产生影响。因此，通过调整材料的成分，可以实现机械强度的优化。在实际应用中，耐火材料可能会受到动态载荷，如振动、冲击等。因此，对于耐火材料的机械强度测试需要考虑动态载荷下的性能，确保材料在实际操作中的稳定性。

二、电极材料

（一）电池类型

1. 锂离子电池

锂离子电池作为一种先进的能源储存技术，在现代社会中扮演着至关重要的角色。其高能量密度、长循环寿命和相对轻质化的特性，使其成为广泛应用于移动设备、电动汽车和可再生能源存储等领域的主流电池技术。锂离子电池的工作原理涉及正负极之间锂离子的嵌入和脱嵌，其中正负极材料的选择至关重要。正极通常采用锂金属氧化物，如 $LiCoO_2$、$LiNiMnCoO_2$ 等，而负极则主要使用碳材料，如石墨。电池中的电解质和隔膜等组成部分也起到关键的作用，它们在充放电过程中维持锂离子的传递和防止正负极的直接接触。锂离子电池的优势在于其高能量密度，能够在相对轻巧的体积和重量下储存大量电能。这使得锂离子电池成为移动设备如手机、平板电脑等的主要电源，并为电动汽车提供了可靠的动力。此外，锂离子电池具有较长的循环寿命，能够经受数千次的充放电循环而保持相对稳定的性能。这对于减少电池更换频率、延长设备寿命和提高电动车辆的可靠性都具有积极的影响。轻质化是锂离子电池的另一大优势，其构成材料中包含的轻量元素如锂、碳等，有助于设备的轻量化设计，提高携带便携性和电动车辆的续航里程。锂离子电池无记忆效应，不需要完全放电后再充电，用户可以随时进行充电，提高了使用的便利性。未来锂离子电池的发展方向包括平衡高能量密度和安全性的问题，通过开发新型正负极材料来提高电池的能量密度，同时保持良好的安全性能。提高充放电速度，研究硅负极和固态电解质，以实现更快的充电和更高功率的输出。此外，开发可持续材料、提高循环利用率，以促进电池的环保性能，也是未来锂离子电池技术的重要方向。锂离子电池的不断创新和发展，将为未来电动化、可再生能源存储等领域提供更为可靠和高效的能源解决方案。

2. 镍氢电池

镍氢电池是一种重要的次级电池技术，其广泛应用于便携式电子设备、电动汽车以及可再生能源系统中。该电池采用镍氢化合物作为正极材料和负极的金属氢化物，通过氢气的吸附和释放来实现充放电反应。其工作原理涉及镍氢化合物在充电时吸收氢气，同时金属氢化物释放氢气，而在放电时则反过来进行。镍氢电池相比于传统镍镉电池具有环保、无汞、无记忆效应等优势。正极材料方面，镍氢电池采用镍氢化合物，如 $LaNi_5$、$LaNi_5Co_3$ 等，这些化合物在充电时能够吸收氢气形成金属氢化物，而在放电时释放氢气。这种正极材料相比于镍镉电池中的氢氧化镍具有更高的能量密度和更低的环境影响。负极材料采用金属氢化物，通常为钛、锰、铁等过渡金属。这些金属能够吸附和释放氢气，起到负极的作用。相比于镉的使用，金属氢化物的应用使得镍氢电池更为环保，不含有对环境有害的重金属成分。电解质通常采用氢氧化钾（KOH）溶液，以促使氢气的吸附和释放过程。隔膜通常采用聚合物材料，用于阻止正负极直接接触，以避免短路和提高电池的安全性能。镍氢电池的优势在于其高比能量、环保性和无记忆效应。相比于镍镉电池，镍氢电池中不含有对环境有害的重金属成分，更加符合现代绿色能源的发展趋势。此外，由于不具备记忆效应，用户可以更加灵活地进行充放电操作，无需等待完全放电后再进行充电。未来镍氢电池技术的发展趋势主要包括提高电池的能量密度和循环寿命，通过改进正负极材料的设计、优化电解质组成等方面来实现。此外，与其他新兴电池技术的结合，如锂离子电池、钠离子电池等，也是提升整体电池性能的一种途径。镍氢电池的不断创新和发展将为可再生能源、电动交通等领域提供更为可靠和高效的电源解决方案。

3. 超级电容器

超级电容器，作为一种高性能储能设备，逐渐在各个领域展现出巨大的应用潜力。与传统电池相比，超级电容器具有快速充放电、长循环寿命、高功率密度和低内阻等显著优势。其工作原理基于电双层电容和赫姆霍兹双电层电容的组合，以实现电能的高效存储和释放。超级电容器的主要电极材料包括活性炭、碳纳米管、氧化物、导电高分子等。这些材料提供了大表面积、高导电性和良好的电化学稳定性，从而增强了电容器的性能。活性炭是最常用的电极材料之一，其多孔结构和丰富的表面积有助于电荷的储存。正负极之间的电解质是超级电容器中的另一个重要组成部分，它允许电荷以离子的形式在电极之间移动。通常采用的电解质包括有机溶剂、离子液体和水性电解液等，这些电解质在保持电容器高性能的同时，也对其温度稳定性和安全性产生影响。超级电容器具有出色的充放电速度，能够在数秒内完成充电和放电过程，这使其在需要快速能量释放的应用中具备独特优势。长循环寿命是超级电容器的又一显著特点，其耐用性使得其在需要频繁充放电的场景中得以广泛应用。高功率密度使超级电容器成为应对瞬态能量需求的理想选择，例如电动汽车的启动、电子设备的高功率操作等。低内阻保证了电能的高效转化，使得超级电容器能够迅速响应能量需求。未来超级电容器的发展趋势包括提高能量密度、拓展应用领域、降低成本和推动可持续发展。通过引入新型电极材料、设计更高效的电解质、改进制备工艺，超级电容器有望实现更大的能量存储密度。其在电动交通、可再生能源存储、电网调度等方面的应用前景广阔，将为社会提供更为灵活和可持续的能源解决方案。

（二）电极材料性能

1. 导电性能

导电性能是电极材料至关重要的性能之一，直接影响到电池、超级电容器、电子器件等能源储存和转换设备的性能表现。导电性能主要体现材料对电流的导电能力，其优异性能能够有效提高能源设备的电导率、降低内阻，从而提高设备的能量传递效率和性能稳定性。在电池和超级电容器等储能设备中，电极材料的导电性能直接决定了能量的传递速率。常用的导电性能指标包括电导率、电子迁移率等。电导率是描述材料导电性的重要参数，它反映了材料中电子在电场作用下运动的能力。电子迁移率则定量描述了电子在材料中传输的速率，是影响电子迁移行为的关键因素之一。对于电池和超级电容器中的电极材料，高导电性能有助于提高电荷传递速率，缩短充放电时间，增加设备的功率密度。典型的导电性能优越的电极材料包括导电聚合物、碳纳米管、导电金属氧化物等。导电聚合物由于其柔性和可调谐性，在柔性电子器件领域具有广泛应用。碳纳米管因其独特的导电性能和结构特点，在储能设备和导电材料中表现出卓越的性能。导电金属氧化物如氧化铁、氧化铝等，在锂离子电池等领域也发挥了良好的导电性能。在电子器件中，导电性能对于保障电子元器件的正常工作至关重要。例如，半导体材料中的导电性能直接影响到电子器件的导电通道，关系到器件的开关速度和响应时间。在半导体器件中，硅、锗等材料因其较好的导电性能和半导体特性，广泛应用于集成电路和光电子器件。为了提高电极材料的导电性能，研究人员通常通过调控材料的晶体结构、材料表面的修饰、引入导电添加剂等手段进行改进。此外，设计合理的导电网络结构和采用导电聚合物等新型材料也是提高导电性能的有效途径。电极材料的导电性能直接关系到能源设备和电子器件的性能表现。通过不断优化导电性能，能够提高设备的能量转换效率，拓宽其应用领域，推动能源存储和转换技术的不断发展。

2. 耐腐蚀性

耐腐蚀性是电极材料至关重要的性能之一，尤其在恶劣环境或特殊工况下，对电极材料的稳定性和长期使用能力提出了更高的要求。腐蚀会导致电极材料的表面失去活性、形成氧化物或其他不良产物，从而降低其导电性能、影响储能设备的循环寿命，甚至可能导致电池、超级电容器等设备的失效。因此，提高电极材料的耐腐蚀性是确保设备长时间、稳定运行的重要因素。在电池领域，电极材料的耐腐蚀性直接影响电池的性能和寿命。例如，锂离子电池中常用的正极材料如氧化钴、氧化镍等在充放电过程中会经历多次膨胀和收缩，这使得电极材料容易受到电解液中的化学物质侵蚀，从而降低其电导率和结构稳定性。在此背景下，研究人员致力于寻找具有良好耐腐蚀性的正极材料，如氧化锰、氧化钒等，以提高电池的循环寿命和安全性。超级电容器作为一种储能设备，其电极材料同样需要具备出色的耐腐蚀性。在超级电容器中，活性炭和碳纳米管等碳基材料是常见的电极材料，其对于电极材料的稳定性和耐化学腐蚀性提出了较高要求。因此，通过对电极材料的表面进行修饰、设计新型的碳基电极材料等方式，提高超级电容器电极材料的耐腐蚀性成为研究的热点。对于电子器件中的电极材料，尤其是在外部环境变化较大、易受腐蚀的场合，耐腐蚀性同样是考量的重要因素。例如，半导体器件中的金属导线、电极等部件，如果受到腐蚀作用，可能导致器件性能下降、电流通路中断等问题。因此，提高这些电极材料的抗腐蚀性能，对于提高电子器件的可靠性和稳定性至关重要。为了提高电极材料的耐腐蚀性，研究人员采用了多种策略。一方面，通过改变电极材料的组成、调整晶体结构，使其在腐蚀环境中更为稳定。另一方面，表面涂覆保护层、引入抗腐蚀添加剂等手段，以提高电极材料的耐腐蚀性。同时，设计和选用更为抗腐蚀的新型电极材料也成为研究的方向之一。电极材料的耐腐蚀性是保障能源设备和电子器件长期可靠运行的重要保障。通过不断改进材料设计和制备工艺，提高电极材料的抗腐蚀性能，有助于推动能源存储与转换技术的可持续发展。

3. 抗氧化性

抗氧化性是电极材料至关重要的性能之一，尤其在能源储存和转换领域中，电极材料在充放电过程中常常会受到氧化还原反应的影响，因此具有优异的抗氧化性能对于确保设备的长期稳定运行至关重要。抗氧化性不仅关系到电极材料的电导率、循环寿命，还直接影响到设备的能量转换效率和安全性。在锂离子电池等储能设备中，电极材料在充放电过程中经历氧化和还原反应，容易受到氧化物的侵蚀，导致电极材料表面形成氧化膜，影响电极材料的电导率和储能性能。因此，电极材料要具备良好的抗氧化性，以抵御氧化物的形成，保持电极材料的活性。常见的抗氧化性优异的电极材料包括氧化锰、氧化钒等，它们在锂离子电池中表现出较好的稳定性和循环寿命。

超级电容器作为一种快速储能和释放设备，其电极材料同样需要具备抗氧化性。活性炭、碳纳米管等碳基材料是超级电容器中常用的电极材料，而这些材料也面临着氧化的挑战。提高电极材料的抗氧化性，有助于维持其电导率和稳定性，确保超级电容器具有长循环寿命和高性能。在电子器件中，电极材料同样需要具备良好的抗氧化性，以应对外部环境中的氧化性物质。例如，在集成电路中，金属导线、电极等部件容易受到氧化的影响，从而影响器件的导电性能和稳定性。提高这些电极材料的抗氧化性能，对于维护器件的长寿命和高可靠性至关重要。为了提高电极材料的抗氧化性，研究人员采用了多种手段。一方面，通过合理设计电极材料的晶体结构、调整其组成，以提高其在氧化环境中的稳定性。另一方面，引入抗氧化添加剂、涂覆保护膜等方式，形成有效的抗氧化保护层，提高电极材料的抗氧化性。此外，设计和选择更为抗氧化的新型电极材料也是提高抗氧化性能的有效途径。电极材料的抗氧化性是确保储能设备和电子器件长期稳定运行的重要性能。通过不断改进材料的抗氧化性能，有助于提高设备的性能稳定性、延长循环寿命，推动能源存储与转换技术的可持续发展。。

4. 热稳定性

热稳定性是电极材料在高温环境下保持其结构和性能稳定的重要性能之一。在许多应用场景中，电极材料可能会面临高温的挑战，例如电池、超级电容器、电子器件等在运行过程中会产生或受到高温。因此，电极材料必须具备良好的热稳定性，以确保设备在高温条件下能够保持正常工作状态、提高性能稳定性以及延长使用寿命。在锂离子电池等储能设备中，电极材料在充放电过程中可能会受到较高温度的影响，导致材料的结构变化、活性物质的流失等问题，进而影响电池的性能和循环寿命。因此，电极材料需要具备较好的热稳定性，以抵抗高温环境对其结构和性能的破坏。例如，锂钴氧化物、锂铁磷酸盐等电池正极材料通常要求在高温下保持结构的稳定性，以确保电池的高温性能和安全性。超级电容器作为一种高功率、快速充放电的储能设备，其电极材料同样需要具备良好的热稳定性。在超级电容器中，碳基材料如活性炭、碳纳米管等是常见的电极材料，而这些材料在高功率充放电过程中可能会受到较高温度的影响。因此，提高电极材料的热稳定性，有助于维持其导电性能和储能性能。在电子器件中，电极材料同样需要具备较好的热稳定性，以应对外部环境中的高温条件。例如，集成电路中的金属导线、电极等部件在高温环境下可能发生结构变化、漂移等问题，影响器件的稳定性和可靠性。因此，提高这些电极材料的热稳定性，对于维护器件的长寿命和高可靠性至关重要。为了提高电极材料的热稳定性，研究人员采用了多种手段。一方面，通过设计合理的材料组成和结构，以抵抗高温环境对材料的影响。另一方面，采用涂覆保护层、引入热稳定添加剂等方式，形成有效的热稳定性保护层，提高电极材料的热稳定性。此外，设计和选择具有较好热稳定性的新型电极材料也是提高热稳定性的有效途径。电极材料的热稳定性是确保储能设备和电子器件在高温环境下稳定运行的关键性能之一。通过不断改进材料设计和制备工艺，提高电极材料的热稳定性，有助于推动能源存储与转换技术的可持续发展。

5. 可再生性

可再生性是电极材料的一项重要性能，它指的是材料在经历多次循环充放电过程后，能够保持其结构、性能和活性物质的不断恢复，以确保储能设备和电子器件具有较长的使用寿命和更好的经济性。可再生性的优越性不仅体现在电池和超级电容器等储能设备中，还直接关系到能源存储与转换技术的可持续发展。在锂离子电池等储能设备中，电极材料在充放电过程中会经历多次膨胀和收缩，这可能导致材料的结构疲劳和活性物质的丢失。因此，具有良好可再生性的电极材料能够在多次循环中保持其结构的稳定性和活性物质的充分利用，从而延长电池的循环寿命。例如，锂铁磷酸盐等材料因其相对稳定的结构和较低的膨胀系数，表现出较好的可再生性，使得电池具备更长的使用寿命。超级电容器作为一种快速储能和释放设备，同样需要电极材料具有良好的可再生性。在超级电容器中，电极材料在高功率充放电过程中会经历大电流的作用，这可能引起电极材料的结构变化和表面活性物质的损失。因此，提高电极材料的可再生性对于确保超级电容器的稳定性和循环寿命至关重要。在电子器件中，电极材料同样需要具备较好的可再生性。例如，在集成电路中，金属导线、电极等部件在经历多次工作循环后可能会发生疲劳和漂移，影响器件的性能和可靠性。提高这些电极材料的可再生性，有助于维持器件的长寿命和高可靠性。为了提高电极材料的可再生性，研究人员采用了多种策略。一方面，通过设计合理的晶体结构、调整组分等方式，使电极材料在循环过程中能够更好地恢复其结构和性能。另一方面，采用表面涂覆保护层、引入添加剂等手段，形成有效的保护层，提高电极材料的可再生性。此外，设计和选择具有较好可再生性的新型电极材料也是提高可再生性的有效途径。电极材料的可再生性是确保储能设备和电子器件长期稳定运行的重要性能之一。通过不断改进材料设计和制备工艺，提高电极材料的可再生性，有助于推动能源存储与转换技术的可持续发展。

6. 低毒性

电极材料的低毒性是一个关键性能，尤其在电子器件、储能设备等应用中，对材料的毒性要求愈发严格。低毒性的电极材料对于人类健康和环境的保护具有重要意义。在选择和设计电极材料时，必须考虑其在制备、使用和废弃阶段对生态环境和人体的影响，以确保电子产品的可持续发展。在锂离子电池等储能设备中，电极材料可能包含一些金属元素，如锂、钴、镍等。这些元素的毒性直接关系到电池在生产和废弃阶段对环境的影响。低毒性的电极材料有助于减少对环境的不良影响，降低电池生产和处理废旧电池的风险。例如，锂铁磷酸盐材料因其低毒性和环境友好性，被广泛应用于绿色能源储存领域。超级电容器作为一种快速储能和释放设备，其电极材料通常以碳为主，如活性炭、碳纳米管等。这些碳基材料相对低毒，具有良好的环境适应性。低毒性的电极材料不仅有助于减轻对生态环境的负担，还提高了设备在各类应用场景下的可接受性。此外，碳基材料的低毒性有助于降低生产和废弃阶段对工作者和居民的健康风险。在电子器件中，电极材料的低毒性同样是至关重要的。例如，半导体器件中的电极材料要求具有良好的电导性和低毒性，以确保设备的性能和安全性。低毒性的电极材料在电子产品的制造和使用过程中能够减少对工作者和用户的潜在健康风险，符合可持续发展的原则。为了确保电极材料的低毒性，研究人员在材料设计和制备过程中采取了一系列措施。选择低毒或无毒的元素和化合物作为电极材料的主要组成部分，如采用锰酸锂、铁磷酸盐等化合物。通过调整材料的晶体结构和化学成分，以提高其环境友好性。此外，采用绿色、可再生的制备工艺，降低对环境的污染。低毒性是电极材料必须具备的重要性能之一。通过不断研究和创新，开发出低毒性的电极材料，将有助于促进电子器件和储能设备的可持续发展，保护生态环境和人类健康。

任务三　锰铁生产

一、锰铁生产原料采购

锰铁是一种重要的合金材料，广泛用于钢铁生产和其他金属加工行业。其生产原料采购是生产过程中至关重要的一环，直接影响到产品质量和生产效益。在锰铁生产原料采购中，主要涉及锰矿和铁矿的采购，这两者的选择和管理对整个生产过程具有重要意义。锰矿的采购是锰铁生产中不可忽视的一环。锰矿的品质直接关系到最终锰铁的合金成分和性能。因此，在锰矿的选择上，需要充分考虑矿石的含锰量、杂质含量、矿石的产地以及开采成本等因素。通过与可靠的供应商建立稳固的合作关系，确保锰矿的质量和稳定供应，有助于提高生产的稳定性和产品的一致性。铁矿的采购同样是锰铁生产中的重要环节。铁矿的质量和成本直接关系到最终锰铁的生产成本和性能。在铁矿的选择上，需要综合考虑矿石的铁含量、杂质含量、矿石的熔点等因素。与锰矿一样，与可靠的铁矿供应商建立紧密的合作关系，确保铁矿的质量和稳定供应，对于降低生产成本、提高生产效益至关重要。在锰铁生产原料采购中，供应链管理也是一个不可忽视的方面。建立健全的供应链体系，包括供应商的认证、交货周期的管理、库存的合理规划等，可以有效地降低采购风险，确保生产的连续性。此外，通过引入信息技术和先进的采购管理系统，可以提高采购的效率和透明度，降低采购成本。在采购过程中，合理控制成本也是至关重要的。通过与供应商谈判、批量采购等方式，降低原材料的采购成本，提高生产的竞争力。同时，建立长期稳定的合作关系，可以获得更有利的价格和供货条件。锰铁生产原料采购是一个复杂而关键的过程，需要综合考虑锰矿和铁矿的选择、供应链管理以及成本控制等多个方面。通过与可靠的供应商建立紧密的合作关系，采用先进的管理技术，可以确保原材料的质量和供应的稳定性，提高锰铁生产的效益和竞争力。

二、锰铁生产炉料配比

锰铁生产炉料配比是决定生产过程和产物质量的关键环节之一。炉料配比的合理与否直接关系到合金合成过程中的化学反应、能量平衡以及最终产品的性能。在锰铁生产中，炉料通常由锰矿、铁矿和燃料组成，因此需要谨慎选择和精确搭配这些原材料，以满足生产的需求。锰矿的选择对于炉料配比至关重要。锰矿中含有的氧化锰和其他有害元素的含量会直接影响到炉内的还原反应和锰铁合金的质量。因此，在锰矿的配比中，需要综合考虑矿石的含锰量、氧化锰含量、杂质含量以及矿石的产地等因素。通过科学分析锰矿的性质，可以确定最佳的锰矿配比，确保在还原过程中得到足够的锰元素，同时控制有害元素的含量。铁矿的选择也是炉料配比中不可忽视的一环。铁矿中的铁含量、熔点以及其他有害元素的含量都直接影响到炉内的冶炼过程和最终产品的性能。在铁矿的配比中，需要综合考虑矿石的性质，确保能够提供足够的还原剂，保证还原反应的进行，同时降低炉料的熔点，有利于锰铁的熔化和合成。除了锰矿和铁矿的选择外，燃料的选择也是影响炉料配比的重要因素。常用的燃料包括焦炭、煤和木炭等，它们的燃烧性能直接关系到冶炼过程中的温度和还原剂的生成。在炉料配比中，需要根据生产过程的需要，选择合适的燃料，并通过控制燃料的供应量和燃烧条件，确保炉内温度适宜，有利于还原反应的进行。在炉料配比的过程中，需要进行详细的化学计算和实验验证，确保各种原材料按照一定比例投入炉内，以实现最佳的还原反应和锰铁合金的生产效果。合理的炉料配比可以提高生产效率，降低生产成本，同时确保最终产品的质量符合要求。在现代科技的支持下，通过引入先进的炉料配比模拟软件和实时监测技术，可以更精准地调整炉料配比，实现生产过程的智能化和精细化管理。这有助于提高锰铁生产的稳定性和可控性，同时为环保和节能提供更多的可能性。因此，在锰铁生产炉料配比的过程中，不仅需要注重传统的经验积累，还需要结合现代科技手段，不断优化配比方案，提高生产效益和产品质量。传统

三、锰铁生产冶炼工艺

锰铁生产的冶炼工艺是一个综合的、复杂的生产过程，其成功实施涉及到多个工艺步骤和关键技术，需要高度的工艺控制和管理。该冶炼过程的主要步骤包括原材料准备、炉料配料、矿石还原、合金熔炼、炉渣处理等环节，每个环节都对最终产品的质量和产量有着直接影响。原材料的准备是锰铁生产冶炼的基础。通常采用的原材料主要包括锰矿、铁矿和燃料。在原材料的准备过程中，需要对锰矿和铁矿进行筛分、破碎和磁选等处理，以保证炉料的合适配比。同时，燃料的选择也需要谨慎，常见的有焦炭、煤等，其选择与燃烧性能密切相关，直接关系到整个冶炼过程的温度和还原条件。炉料的配比是决定冶炼成功与否的重要因素。合理的锰铁炉料配比应考虑锰矿和铁矿的化学成分、含水量、还原性能等因素。通过科学计算和实验验证，确定最佳的炉料配比，以保证炉内的还原反应充分进行，最大限度地提高锰铁的产量和合金质量。在矿石还原的过程中，炉内温度、气氛和还原剂的选择都是关键。高温下，矿石中的氧化物将发生还原反应，释放出锰元素和铁元素。同时，还原反应也会产生一些气体，如一氧化碳等，这些气体对于保持炉内温度和提供还原剂都具有重要作用。合金熔炼是锰铁生产冶炼的关键步骤。在高温下，锰铁合金将熔化，形成液态合金。此时，需要控制炉温、搅拌和炉渣的形成，以确保合金的均匀成分和良好的流动性。合金的成分直接关系到最终产品的性能，因此在熔炼过程中需要进行精确的温度控制和合金成分分析。炉渣处理也是锰铁冶炼工艺中不可忽视的一环。在冶炼过程中，会生成一些炉渣，其中包含一些有害杂质和未被还原的氧化物。通过适当的炉渣处理，可

以将这些杂质分离出去，提高锰铁的纯度和产品的质量。现代科技的应用在锰铁生产冶炼中也发挥着重要作用。先进的监测技术和自动化控制系统可以实现对冶炼过程的实时监测和控制，提高生产效率和产品质量的稳定性。同时，环保技术的应用也成为锰铁生产的发展趋势，减少废气和废水的排放，提高资源利用效率。锰铁生产的冶炼工艺是一个高度复杂的过程，需要多个步骤的协调与配合。通过合理选择原材料、精确控制炉料配比、矿石还原、合金熔炼和炉渣处理等环节，以及借助现代科技手段，可以提高锰铁生产的效率、质量和环保水平，推动整个行业的可持续发展。

四、锰铁生产环保和废弃物处理

锰铁生产的环保和废弃物处理是当前工业生产中不可忽视的重要议题之一。随着全球环境问题的日益突出，企业在锰铁生产过程中的环境责任和废弃物管理变得愈发重要。在保障高效生产的同时，制定合理的环保政策和科学的废弃物处理方案，成为企业可持续发展的关键因素。锰铁生产中的环保措施主要涉及废气处理。在冶炼过程中，炉内还原反应和合金熔炼会产生大量废气，其中可能含有一氧化碳、二氧化硫等有害物质。为了降低对大气环境的影响，企业通常采用先进的烟气净化技术，如电除尘、湿法脱硫等，以净化废气并达到排放标准。此外，推广高效的能源利用方式，如余热回收系统，也是降低废气排放和节约能源的有效途径。废水处理是锰铁生产中另一个重要的环保问题。在冶炼过程中，可能产生含有重金属离子、酸性废水等有害物质的废水。为了防止废水对水环境造成污染，企业应采用先进的废水处理技术，如中和、沉淀、离子交换等方法，确保废水排放达到环保标准。此外，强调水资源的循环利用，通过循环水系统减少用水量，也是提高环保效益的手段之一。在废弃物处理方面，锰铁生产中产生的主要废弃物包括炉渣和废渣。炉渣是炼铁过程中产生的含有铁和锰的残渣，其处理方式通常包括磁选、浸出等方法，以回收其中的有价金属。同时，为了减少对土地环境的影响，采用炉渣综合利用技术，如用于道路建设、水泥生产等，是实现资源化和无害化处理的有效途径。废渣主要来自于原材料的筛分、破碎过程，通过科学的废弃物分类和处理，可以最大程度地减少对环境的负面影响。值得注意的是，为了推动绿色生产，企业在锰铁生产中还应积极引入清洁能源，如风能、太阳能等，减少对传统化石能源的依赖，降低碳排放。同时，通过技术创新，研发更加环保的冶炼工艺，减少废弃物的生成，也是实现绿色锰铁生产的重要路径。在实施环保措施和废弃物处理方案时，企业需要密切关注国家和地区的法规标准，确保符合相关环保法规要求。建立健全的环境管理体系，进行定期的环境监测和评估，不断提高企业的环保意识和水平。锰铁生产的环保和废弃物处理是一个复杂而综合的问题，需要企业在生产中充分考虑环境影响，制定科学的环保政策和废弃物管理方案。通过技术创新、清洁能源的引入以及合规的废气、废水处理，企业可以实现锰铁生产的可持续发展，为推动绿色、低碳、环保的工业进程贡献积极力量。

五、锰铁生产市场需求和质量控制

锰铁作为重要的合金原材料，在现代工业中扮演着关键的角色，主要用于钢铁制造和其他金属合金生产。因此，了解市场需求并实施有效的质量控制对于锰铁生产企业至关重要。市场需求对锰铁生产的影响至关重要。随着全球经济的发展和工业结构的变化，对钢铁和合金产品的需求不断增长。特别是在建筑、汽车、航空航天等行业中，对高强度、耐磨、抗腐蚀等性能优越的金属材料的需求迅猛增加，从而推动了锰铁市场的发展。锰铁生产企业需要密切关注市场趋势，灵活调整产能和生产计划，以满足市场需求的变化。质量控制是确保锰铁生产满足市场需求的关键因素之一。锰铁合金的质量直接影响到最终产品的性能，因此质量控制需要贯穿整个生产过程。在原材料采购阶段，通过与可靠的供应商合作，并进行严格的原材料检测，确保锰矿和铁矿的质量符合要求。在炉料配比过程中，精确控制各种原材料的比例，确保炉料的合理配比，有助于提高生产的稳定性和产品的一致性。在冶炼过程中，通过先进的生产设备和监控系统，实现对温度、压力、流量等参数的实时监测和控制，确保炉内反应充分进行，有利于提高锰铁的产量和合金质量。合金熔炼阶段，需要严格控制熔炼温度和炉内气氛，以确保合金成分的准确性和均匀性。同时，进行合金成分的在线分析，及时调整生产参数，以应对原材料的变化和确保产品符合市场要求。对于废渣和废水的处理，企业也需要制定科学合理的废弃物管理方案，确保环保法规的遵守。通过废渣的综合利用，不仅可以降低废弃物的排放，还有助于提高资源的利用效率，符合可持续发展的原则。锰铁生产企业还需建立完善的质量管理体系，包括 ISO9001 等国际标准的认证，以确保整个生产过程的质量可控和持续改进。通过对每个生产环节进行质量管理和检测，建立合格产品的档案，不断提升企业的质量管理水平，确保产品达到或超越市场标准，赢得客户的信任。在面对市场需求和质量控制的挑战时，锰铁生产企业还可以通过研发创新、技术升级等手段提高产品附加值，满足市场的个性化需求。同时，通过加强与客户的合作，深入了解其需求，并提供定制化的解决方案，建立长期稳定的合作关系，提高企业的市场竞争力。锰铁生产市场需求和质量控制密不可分。通过灵活的市场响应、严格的质量控制体系以及持续的技术创新，企业能够在激烈的市场竞争中立于不败之地，实现可持续发展。

任务四　硅铁生产

一、硅铁生产原料选择

硅铁作为一种重要的合金原材料，广泛应用于钢铁、铸铁等金属冶炼和合金制备过程中，其生产原料选择对产品质量和生产成本有着重要的影响。在硅铁生产中，主要的原料包括硅石、电石、废铁、石灰石等。合理选择这些原料，确保其质量和稳定供应，对于保障硅铁生产的正常进行具有关键性意义。硅石是硅铁生产中的主要原料之一。硅石的主要成分是二氧化硅（SiO_2），其含有的硅元素是硅铁合金的主要来源。在硅石的选择上，需要考虑硅石的硅含量、杂质含量、粒度等因素。高含硅量的硅石有利于提高硅铁的产量和硅含量，但同时也需要注意其他杂质的含量，以防止对合金质量产生不良影响。建立稳定的硅石供应链，与可靠的硅石供应商建立合作关系，对于硅铁生产的连续性和产品一致性至关重要。电石是硅铁生产中常用的还原剂。电石主要由焦炭和石灰石制成，其主要成分是氢氧化钙（$Ca(OH)_2$）和氯化钠（NaCl）。在电石中，焦炭是主要的还原剂，通过高温还原过程中产生的一氧化碳起到还原硅石的作用。选择高质量的电石，保证其含碳量、灰分等指标符合要求，是确保硅铁生产高效进行的关键之一。废铁是硅铁生产中常用的铁源，通常是废钢材或其他废铁合金。废铁的选择应考虑其化学成分、形状、尺寸等因素，以满足硅铁生产过程中的熔融和反应需求。通过废铁的回收利用，既能减少对原生铁矿的依赖，降低生产成本，又有助于环境保护和资源循环利用。石灰石也是硅铁生产中常用的原料之一。石灰石主要包含氧化钙（CaO）和氧化镁（MgO），在硅铁冶炼过程中，石灰石的主要作用是引入氧化钙，调整炉温、改善炉渣性质。选择适量的石灰石，控制其含镁量，有助于优化硅铁冶炼过程，提高生产效率。硅铁生产原料的选择需要综合考虑硅石、电石、废铁、石灰石等多个因素。在实际生产中，企业需要建立完善的原料采购和管理体系，与可靠的供应商建立紧密的合作关系，确保原料的质量和供应的稳定性。通过科学合理的原料选择，可以提高硅铁合金的产量和质量，降低生产成本，提高企业的竞争力。此外，在原料选择的同时，也需要关注环保问题，选择符合环保标准的原材料，以推动硅铁生产的可持续发展。传统档

二、硅铁生产冶炼反应机理

硅铁生产是一种重要的冶金工艺，其核心是通过还原硅石（SiO_2）产生硅铁合金。冶炼过程涉及复杂的化学反应和物理变化，需要深入了解反应机理以优化生产工艺、提高产量和改善合金质量。硅铁生产的主要反应之一是硅石还原反应。硅石的化学式为 SiO_2，其在高温条件下与还原剂发生反应，生成硅铁合金。通常采用的还原剂为焦炭，反应可表达为：$SiO_2+2C \longrightarrow Si+2CO$，$SiO_2+2C \longrightarrow Si+2CO$ 这个反应过程中，硅石被还原为硅，并生成一氧化碳。硅铁合金的产率和合金中硅的含量直接受到这一反应的影响，因此需要确保反应充分进行。为了提高硅的回收率，控制合适的温度、压力和气氛，以促使反应朝向产生硅的方向进行。硅铁生产过程中还伴随着铁的还原反应。铁在硅铁合金中起着重要作用，因此需要确保铁的还原得以有效进行。铁的还原反应主要表现为：

$$Fe_2O_3 + 3C \longrightarrow 2Fe + 3CO$$

$$Fe_2O_3 + 3C \longrightarrow 2Fe + 3CO$$

这个反应是氧化铁被还原为金属铁，生成一氧化碳。通过调控反应条件，如温度、反应时间和还原剂的用量，可以实现对铁还原过程的有效控制，从而确保硅铁合金中铁的含量和性质符合要求。氧化物的还原反应也可能伴随着一些副产物的生成，如氧化锰、氧化镁等。这些副产物的生成会影响炉内气氛和炉渣性质，因此需要通过适当的工艺调控和炉内管理，减少对合金质量的负面影响。在硅铁合金的熔化阶段，还伴随着多种金属元素的混合溶解反应。这包括硅的溶解、铁的熔化以及合金中其他元素（如锰、铬等）的溶解反应。这一阶段需要确保熔体的均匀性，通过控制熔化温度、搅拌和炉内气氛，以保证硅铁合金的成分和性能符合要求。整个硅铁生产过程

中，还涉及到炉渣的生成和处理。炉渣的主要成分包括硅酸盐、氧化铁等，其性质直接影响到炉内反应的进行和硅铁合金的质量。通过适当的炉渣配方和处理方法，可以有效调控炉渣的流动性、还原性和吸附性，确保硅铁生产的顺利进行。硅铁生产涉及多个复杂的冶炼反应和物理变化过程。为了优化生产工艺、提高产量和改善合金质量，企业需要深入了解硅铁冶炼的反应机理，通过科学的控制手段和合理的工艺参数，使每个反应过程充分发挥作用，确保硅铁合金的质量和性能达到市场需求。在此基础上，持续的技术创新和工艺改进将推动硅铁生产朝着更高效、环保和可持续的方向发展。

三、硅铁生产冶炼设备

硅铁生产的冶炼设备在整个生产过程中扮演着关键的角色，其性能和效率直接影响到硅铁合金的产量和质量。为了保障高效、稳定的生产，企业需要选择合适的设备，并进行科学的管理和维护。冶炼设备主要包括电炉、炉缸、废气处理设备、炉渣处理设备等，下面将对这些设备进行详细论述。电炉是硅铁生产中常用的冶炼设备之一。电炉通常采用交流电弧炉或直流电弧炉，通过高温电弧将原材料进行还原反应，产生硅铁合金。在电炉的选择和设计中，需要考虑到生产规模、炉内温度控制、电极材料等多个因素。先进的电炉技术能够提高冶炼效率，减少能源消耗，提高硅铁的产量和质量。炉缸是电炉的重要组成部分，直接影响到冶炼过程的进行。炉缸的设计和材料选择需要考虑到高温、高压和腐蚀的环境，以确保其耐用性和安全性。合理的炉缸结构可以促使炉内气氛的均匀分布，有利于还原反应的进行和硅铁合金的熔化。先进的炉缸技术还能提高电炉的热效率，减少能源浪费。废气处理设备在硅铁生产中是环保的重要组成部分。冶炼过程中产生的废气中可能含有一氧化碳、氧化硫等有害物质，需要通过废气处理设备进行净化。采用先进的烟气净化技术，如电除尘、湿法脱硫等，可以将废气中的有害物质去除，确保排放符合环保标准。废气处理设备的效率和稳定性直接关系到企业的环保形象和合规性。炉渣处理设备也是硅铁生产中不可忽视的部分。在冶炼过程中，产生的炉渣中可能含有一些有害元素和未被还原的氧化物，需要通过炉渣处理设备进行分离和处理。科学的炉渣处理可以减少对环境的负面影响，同时可以实现对一些有价值金属的回收利用。在硅铁生产设备的管理方面，企业需要建立完善的维护和检修体系，定期对设备进行检查、清理和维修，以确保设备的正常运行和寿命的延长。在使用过程中，实施精细化的生产管理，通过监测和调整各项工艺参数，提高设备的稳定性和生产效率。随着科技的不断进步，硅铁生产设备也在不断升级和创新。引入先进的自动化控制系统、在线监测技术等，可以提高生产过程的智能化程度，降低人工操作的风险，提高设备的利用率和生产效益。在设备更新换代的同时，企业还需要关注新技术的应用和适用性，以不断提高硅铁生产的技术水平和经济效益。硅铁生产冶炼设备是确保生产正常进行、产品质量达标的基础。企业需要在设备选择、设计、维护和更新等方面进行全面的考虑和管理，以不断提升硅铁生产的技术水平、降低生产成本，实现高效、环保、可持续的硅铁生产。

四、硅铁生产工艺优化

硅铁生产工艺的优化是提高生产效率、降低能耗、改善产品质量的关键措施。通过深入研究和分析硅铁生产的每个工艺环节，结合先进的技术手段和管理理念，企业能够实现工艺的持续改进，推动硅铁生产朝着更加高效、环保、经济可行的方向发展。优化硅铁生产的原料选择和炉料配比是提高生产效率的重要方面。合理选择硅石、电石、废铁等原材料，并通过科学的炉料配比，确保炉内的还原反应充分进行，是提高硅铁产量和合金质量的关键。通过实施智能化的原料管理系统，实时监测原料成分、湿度等参数，实现精准的炉料配比控制，最大程度地提高生产效率。优化电炉冶炼工艺是改善硅铁生产效能的核心。通过采用先进的电炉技术，如直流电弧炉、交流电弧炉等，提高冶炼温度和反应速率，实现更高的硅铁合金产量。优化电炉操作参数，如电流密度、电极间距等，确保电炉的稳定运行和高效能耗，同时引入先进的自动控制系统，实现对冶炼过程的智能化管理。废气处理是硅铁生产中的重要环节，其优化对于减少环境污染、提高能源利用效率至关重要。通过引入高效的废气处理设备，如电除尘、湿法脱硫等，对冶炼过程中产生的废气进行有效净化，降低对环境的不良影响。与此同时，推动余热回收技术的应用，充分利用废气中的热能，提高能源利用效率，降低生产成本。炉渣处理也是硅铁生产工艺优化的重要方向。通过炉渣成分的调整和优化，实现对炉渣的高效利用，包括用于建筑材料、水泥生产等方面。减少对炉渣的堆放，推动炉渣综合利用，有助于减轻环境负担，提升企业的环保形象。硅铁生产中合金熔炼过程的优化也是关键环节。通过对熔炼温度、保温时间、搅拌速度等工艺参数的调控，确保硅铁合金的成分均匀，减少夹杂物的生成，提高产品的纯度和质量。同时，引入在线分析技术，实时监测合金成分，及时调整生产参数，保持产品的稳定性和一致性。在整个硅铁生产工艺中，借助信息化技术的应用是实现优化的关键。建设智能化的生产管理系统，通过数据采集和分析，对生产过程进行实时监测，及时发现和解决问题。同时，推动工厂数字化转型，实施云计算、大数据等技术，优化生产计划、提高资源利用效率，全面提升硅铁生产的智能水平。企业还应注重人才培养和技术创新。建立专业团队，加强员工培训，提高生产操作技能和管理水平。鼓励技术人员参与创新项目，推动新材料、新工艺的研发应用，不断提升企业的技术实力和竞争力。在硅铁生产工艺优化的过程中，企业需要充分考虑成本效益、环保指标和产品质量等方面的平衡。通过不断完善和创新，硅铁生产工艺将更好地适应市场需求和环境要求，实现经济效益和社会效益的双赢。

五、硅铁生产产品后处理

硅铁生产产品的后处理阶段是确保最终合金质量和满足市场需求的关键步骤。后处理过程主要包括合金凝固、成品分选、质量检测和包装等环节，通过科学合理的后处理流程，企业能够提高产品的一致性、符合性，确保交付给客户的硅铁合金具有高质量和市场竞争力。在硅铁生产的后处理阶段，合金凝固是至关重要的环节。合金凝固过程直接影响到最终产品的晶体结构和力学性能。通过合适的冷却速度和凝固控制，企业能够实现硅铁合金中硅晶体的均匀分布，减小晶格缺陷，提高合金的强度和韧性。此外，通过定制合金成分和采用先进的凝固设备，如水冷壁电炉等，有助于优化硅铁合金的凝固结构，提高产品的性能。成品分选是硅铁生产后处理中的关键环节。硅铁合金通常以块状或颗粒状形式存在，通过成品分选，可以将产品分为不同规格和粒度，以满足不同行业和应用的需求。采用高效的振动筛、气流分选机等设备，可以实现硅铁合金的精准分选，提高产品的利用率和市场适应性。质量检测是硅铁生产后处理中的关键一环，对产品的成分、化学性质和物理性能进行全面检测。通过采用先进的分析仪器和检测技术，如光谱仪、化学分析仪等，企业可以快速准确地获取硅铁合金的成分信息，确保产品符合国际和国内相关标准。质量检测还包括对产品的外观、尺寸、表面质量等多个方面的评估，以保障硅铁合金的整体质量和可追溯性。在质量检测的基础上，对不合格产品需要进行及时的处理和淘汰，以避免不良产品流入市场，保障企业的声誉和用户利益。建立严格的质量管理体系，包括 ISO9001 等认证，有助于确保每一批硅铁合金都能够满足质量标准，提高产品的市场竞争力。硅铁生产产品的包装环节也是后处理过程中的关键一环。通过合适的包装，能够有效防止产品在运输过程中的损坏、氧化等情况发生。采用符合环保标准的包装材料，符合国际贸易要求，既能确保产品的质量和完整性，又有助于提高企业形象和可持续发展。在整个硅铁生产产品后处理过程中，企业还应注重环保和可持续发展。采用清洁生产技术，减少生产过程中的废弃物和污染物排放，实现资源的循环利用。与此同时，倡导绿色包装理念，推动包装材料的可降解和回收利用，以降低对环境的不良影响。硅铁生产产品的后处理是确保产品质量、提高市场竞争力的关键环节。通过合理设计和优化后处理流程，企业能够实现硅铁合金的高效生产、高质量产品的生产，满足不同客户的需求，确保企业在市场中稳健发展。同时，注重环保、可持续发展和社会责任，有助于树立企业良好形象，提升整体竞争力。

任务五　铬 铁 生 产

一、铬铁生产原料选择

铬铁是一种重要的合金原料，广泛应用于不锈钢、合金钢等领域，具有提高耐腐蚀性、机械性能等优异特性。铬铁的生产原料选择对产品质量和生产成本具有重要的影响。在铬铁生产中，主要的原料包括铬矿、铁矿、焦炭等。合理选择这些原料，确保其质量和供应的稳定性，对于保障铬铁生产的正常进行具有关键性意义。铬矿是铬铁生产中的主要原料之一。铬矿主要包括含铬矿highlighted、铬铁矿等，其铬含量是合金中铬元素的主要来源。在铬矿的选择上，需要考虑铬矿的矿石品位、矿石结构、矿石硬度等因素。高品位的含铬矿石有利于提高铬铁的产量和铬含量，但同时也需要注意其他有害元素的含量，以防止对合金质量产生不良影响。建立稳定的铬矿供应链，与可靠的矿山合作伙伴建立紧密的合作关系，对于铬铁生产的连续性和产品一致性至关重要。铁矿是铬铁生产中的另一重要原料。铁矿的主要成分是氧化铁，作为还原剂参与反应。选择高品位、低杂质的铁矿，有利于提高还原反应的效率，减少不必要的杂质引入。同时，铁矿的形状、粒度等特性也会影响冶炼过程中的熔融和反应需求。确保稳定的铁矿供应，对于维持铬铁生产的正常运行至关重要。焦炭作为还原剂和燃料，也是铬铁生产中不可或缺的原料。焦炭的选择需要考虑其含碳量、灰分、硫含量等指标。高品质的焦炭有助于提高还原反应的温度和速率，确保冶炼过程的顺利进行。同时，焦炭的燃烧性能也直接影响到冶炼炉的热效率，因此需要选择具有较高热值和较低灰分的焦炭。建立可靠的焦炭供应链，确保其质量和供应的稳定性，是保障铬铁生产高效进行的关键一环。除了以上主要原料外，一些辅助原料如石灰石、硅灰等也可能用于调整炉渣的性质，优化冶炼过程。这些原料的选择需要综合考虑其成分、反应性以及对铬铁合金的影响。在实际生产中，企业需要建立完善的原料采购和管理体系，与可靠的供应商建立紧密的合作关系，确保原料的质量和供应的稳定性。通过科学合理的原料选择，可以提高铬铁合金的产量和质量，降低生产成本，提高企业的竞争力。此外，在原料选择的同时，也需要关注环保问题，选择符合环保标准的原材料，以推动铬铁生产的可持续发展。

二、铬铁生产冶炼反应机理

铬铁生产的冶炼反应机理涉及复杂的高温还原过程，主要包括铬的还原、铁的还原以及炉渣的生成等多个反应步骤。深入了解这些反应机理对于优化生产工艺、提高产量和改善合金质量至关重要。铬的还原是铬铁冶炼中的核心反应之一。铬矿石中的氧化铬在高温下与还原剂（通常是焦炭）发生反应，生成铬铁合金。这个反应可以用化学方程式表示为：

$$Cr_2O_3 + 3C \longrightarrow 2Cr + 3CO$$

$$Cr_2O_3 + 3C \longrightarrow 2Cr + 3CO$$

在这个反应中，氧化铬（Cr_2O_3）被还原为金属铬（Cr），伴随着一氧化碳（CO）的生成。为了促使这一反应进行，需要提供足够的还原剂和确保足够的反应温度。铁的还原反应同样是冶炼过程中的关键步骤。铁矿石中的氧化铁在高温条件下与还原剂（焦炭）发生反应，生成金属铁。该反应可表示为：

$$Fe_2O_3 + 3C \longrightarrow 2Fe + 3CO$$

$$Fe_2O_3 + 3C \longrightarrow 2Fe + 3CO$$

这个反应使氧化铁（Fe_2O_3）被还原为金属铁（Fe），同时伴随着一氧化碳的生成。合理控制反应条件，如温度、还原剂的用量等，有助于提高铁的还原率和硅铁合金的产量。除了铬和铁的还原反应外，冶炼过程中还伴随着一系列与炉渣有关的反应。在高温下，炉内的矿石中的杂质和一些辅助原料可能与炉渣形成不同的化合物，影响炉渣的性质和流动性。这些反应的控制直接关系到炉渣的质量和对合金的影响。在硅铁冶炼过程中，还涉及到硅的还原反应。硅是硅铁合金的重要组成元素，其还原反应可以用以下方程式表示：

$$SiO_2 + 2C \longrightarrow Si + 2CO$$

$$SiO_2 + 2C \longrightarrow Si + 2CO$$

这个反应使氧化硅（SiO_2）被还原为金属硅（Si），伴随着一氧化碳的生成。硅的还原反应同样需要合理的温度和还原剂供应，以确保反应的进行和硅的有效回收。在整个铬铁冶炼的过程中，炉内气氛和温度的控制至关重要。合理的气氛和温度有助于提高还原反应的速率和效率，确保合金成分的稳定性和一致性。此外，对于一些可能的副产物和有害元素的生成，需要通过科学的工艺调控和炉内管理手段，最小化其对合金质量的不良影响。铬铁冶炼反应机理是一系列复杂而相互关联的化学和物理过程。深入了解这些反应机理，通过优化工艺参数和控制条件，可以最大程度地发挥每个反应步骤的作用，提高硅铁合金的产量和质量。在此基础上，持续的技术创新和工艺改进将推动铬铁冶炼朝着更高效、环保和可持续的方向发展。

三、铬铁生产设备

铬铁生产设备在整个生产过程中发挥着至关重要的作用，其性能和效率直接关系到合金的产量、质量以及生产成本。为了确保高效、稳定的铬铁生产，企业需要选择合适的设备，并通过科学的管理和维护来保障设备的正常运行。电炉是铬铁生产中常用的冶炼设备之一。电炉通常采用交流电弧炉或直流电弧炉，通过高温电弧将原材料进行还原反应，产生铬铁合金。在电炉的选择和设计中，需要考虑到生产规模、炉内温度控制、电极材料等多个因素。先进的电炉技术能够提高冶炼效率，减少能源消耗，提高铬铁的产量和质量。同时，电炉的运行稳定性和自动化水平对于生产连续性和智能化管理也具有重要意义。炉缸是电炉的重要组成部分，直接影响到冶炼过程的进行。炉缸的设计和材料选择需要考虑到高温、高压和腐蚀的环境，以确保其耐用性和安全性。合理的炉缸结构可以促使炉内气氛的均匀分布，有利于还原反应的进行和铬铁合金的熔化。先进的炉缸技术还能提高电炉的热效率，减少能源浪费。废气处理设备在铬铁生产中是环保的重要组成部分。冶炼过程中产生的废气中可能含有一氧化碳、氧化硫等有害物质，需要通过废气处理设备进行净化。采用先进的烟气净化技术，如电除尘、湿法脱硫等，可以将废气中的有害物质去除，确保排放符合环保标准。废气处理设备的效率和稳定性直接关系到企业的环保形象和合规性。炉渣处理设备也是铬铁生产中不可忽视的部分。在冶炼过程中，产生的炉渣中可能含有一些有害元素和未被还原的氧化物，需要通过炉渣处理设备进行分离和处理。科学的炉渣处理可以减少对环境的负面影响，同时可以实现对一些有价值金属的回收利用。在铬铁生产设备的管理方面，企业需要建立完善的维护和检修体系，定期对设备进行检查、清理和维修，以确保设备的正常运行和寿命的延长。在使用过程中，实施精细化的生产管理，通过监测和调整各项工艺参数，提高设备的稳定性和生产效率。随着科技的不断进步，铬铁生产设备也在不断升级和创新。引入先进的自动化控制系统、在线监测技术等，可以提高生产过程的智能化程度，降低人工操作的风险，提高设备的利用率和生产效益。在设备更新换代的同时，企业还需要关注新技术的应用和适用性，以不断提高铬铁生产的技术水平和经济效益。

四、铬铁生产工艺优化

铬铁是一种重要的合金，通常用于不锈钢和其他特殊合金的生产。铬铁生产工艺的优化对于提高产品质量、降低生产成本以及减少对环境的影响具有重要意义。为了实现这一目标，需要对铬铁生产的各个方面进行细致的研究和调整，以确保最佳的生产效率和经济效益。矿石选矿是铬铁生产的关键步骤之一。通过采用先进的选矿技术，可以有效提高矿石的品位，减少杂质含量，从而提高铬铁的产出率。此外，对于不同类型的矿石，需要采用合适的选矿工艺，以确保最佳的提取效果。在冶炼过程中，炉料的配比和炉温的控制是至关重要的。通过精确的配比和温度控制，可以确保在炉内形成合适的冶炼反应，从而提高产量并减少能耗。同时，采用先进的炉衬材料和炉内冷却技术，可以延长炉的使用寿命，减少维护成本。废气处理也是铬铁生产过程中需要重点考虑的环保问题。通过引入高效的废气处理设备，可以有效减少有害气体的排放，降低对周围环境的污染。同时，对废渣的处理和利用也是一个重要方向，可以实现资源的循环利用，减少对自然资源的依赖。对于原材料的选择和利用，铬铁生产企业应该注重可持续发展的理念。通过研发和采用新型的原料替代技术，可以降低对有限资源的压力，实现生产的可持续性。此外，采用循环经济模式，将废弃物转化为资源，也是一种重要的策略。在生产过程中，自动化技术的应用可以提高生产线的稳定性和效率。通过引入先进的控制系统和传感器，可以实现对生产过程的实时监控和调整，及时发现和解决问题，提高生产的稳定性和可靠性。同时，自动化技术还可以减少人工操作，降低劳动强度，提高生产效率。员工培训和管理是铬铁生产中不可忽视的一环。通过为员工提供专业的培训，使其掌握先进的生产技术和管理知识，可以提高整个生产团队的素质和协同效率。有效的管理和沟通机制也是确保生产顺利进行的关键，通过建立科学的生产计划和管理体系，可以更好地协调各个环节，提高整体生产效益。在铬铁生产工艺的优化过程中，需要综合考虑原材料、生产工艺、环保和人员管理等多个方面的因素。通过不断地引入先进技术、改进管理体系，铬铁生产企业可以实现更高水平的生产效率、质量和环保标准，为可持续发展打下坚实基础。

五、铬铁生产产品后处理

铬铁生产产品的后处理是确保最终产品达到预期质量标准的关键环节。在这个阶段，需要细致入微地处理合金，进行精密的加工和表面处理，以提高其机械性能、耐腐蚀性能和外观质量。后处理工艺的优化可以直接影响到产品的市场竞争力和客户满意度。铬铁合金的机械性能对于许多应用至关重要。通过采用先进的热处理工艺，如淬火、回火等，可以调控铬铁合金的硬度、强度和韧性，使其达到设计要求。此外，通过对合金的细化晶粒和提高晶格稳定性的措施，可以进一步提升其机械性能，确保产品在使用过程中具有更好的耐久性和可靠性。表面处理是铬铁产品后处理中的另一个关键环节。通过采用不同的表面处理工艺，如抛光、镀层、喷涂等，可以改善合金的外观质量，增强其抗氧化、耐腐蚀和耐磨损能力。特别是在生产不锈钢等高端产品时，表面处理更是至关重要，它直接影响到产品的市场形象和用户体验。在表面处理的同时，需要注意环保和资源的可持续利用。采用水性涂料、环保型化学处理剂等替代传统的有机溶剂和酸洗液，可以降低对环境的影响，符合可持续发展的理念。此外，对于废水和废气的处理也是一个重要的考虑因素，通过引入高效的处理设备，可以减少对环境的污染，提高企业的社会责任感。在产品的包装和运输环节，合理的包装设计可以有效保护产品，防止在运输过程中受到损坏。采用轻量化、可循环利用的包装材料，不仅可以减轻运输成本，还有助于降低环境负担。同时，建立高效的物流体系，确保产品能够按时、按量、按质地送达客户手中，提高供应链的整体效益。除了产品的物理性能和外观质量，质量管理体系的建立也是铬铁产品后处理中不可忽视的一环。通过建立符 ISO9001 等国际质量管理标准的质量管理体系，可以确保生产过程的可控性和稳定性。引入先进的质量检测设备和技术，进行全程的质量监控，及时发现并纠正潜在的质量问题，提高产品的合格率和一致性。在整个后处理过程中，科技创新和数字化技术的应用也是提高生产效率和产品质量的重要手段。通过建立智能制造系统，实现生产数据的实时监测和分析，可以更好地掌握生产过程的变化和趋势，及时调整生产参数，优化生产工艺。此外，采用人工智能技术进行产品质量预测和缺陷识别，可以提前发现潜在问题，降低质量风险。员工的培训和技能提升也是铬铁产品后处理中的一项重要工作。通过为员工提供专业的培训，使其熟练掌握新型设备和工艺，提高工作效率和产品质量。同时，建立激励机制，激发员工的工作积极性和创造性，形成更加和谐的工作团队。在铬铁产品后处理的优化中，需要综合考虑机械性能、表面处理、环保、质量管理、数字化技术和人才培养等多个方面的因素。通过不断引入先进技术、改进工艺和管理手段，铬铁生产企业可以实现产品质量的不断提升，为满足市场需求和客户期望提供有力支持。

知识小结

铁合金概述：铁合金是一类重要的金属合金，其生产与应用在现代工业中占有重要地位。了解铁合金的基本概念、分类以及其在钢铁冶炼和合金制备中的作用，为深入研究铁合金生产提供了基础。

耐火材料及电极材料：耐火材料和电极材料在铁合金生产中扮演着关键角色。耐火材料用于高温炉内，电极材料则用于电弧炉中，对炉内环境和炉操作至关重要。学习这两类材料的特性、选择标准以及在生产中的应用，为提高生产效率和品质提供了关键支持。

锰铁生产：锰铁是一种重要的铁合金，广泛用于不锈钢、特种钢的制备。深入了解锰铁的生产工艺，包括原料选择、炉型应用、冶炼控制等，为优化生产流程和产品质量提供了基础。

硅铁生产：硅铁是一种常用的铁合金，用于改善钢的质量和性能。学习硅铁的制备方法，包括原料准备、冶炼工艺等，使我们更好地理解硅铁在钢铁冶炼中的应用和作用。

铬铁生产：铬铁是一种重要的合金，广泛应用于不锈钢等领域。研究铬铁的生产技术，包括炉型选择、原料准备等方面，为提高铬铁产量和质量提供了关键信息。通过对铁合金生产的不同方面进行深入学习，不仅拓宽了对于铁合金产业的整体认知，还为在实际生产中解决问题、提高效率提供了具体的技术支持。这些知识将有助于工程师和研究人员更好地理解铁合金生产过程，推动相关产业的可持续发展。

思考练习

1. 在电弧炉中，电极材料的选择对炉内操作和产品质量有何关键影响？选择合适的电极材料的考虑因素是什么？

2. 耐火材料在铁合金生产中用于抵御极高温度，你认为耐火材料的选择和性能如何影响炉内环境和生产效率？在材料设计中应该考虑哪些关键因素？

3. 铁合金在钢铁冶炼和合金制备中扮演着关键角色，你认为铁合金在现代工业中的应用有哪些关键方面？它们对工业领域有何重要贡献？

项目六 激光焊接

项目导读

激光焊接技术作为现代焊接领域的一项重要技术，具有高精度、小热影响区、无接触等优势，被广泛应用于各个工业领域。本项目将深入研究激光焊接的原理、设备、工艺以及应用示例，涵盖了多个方面的知识。任务一将详细介绍激光焊接的原理，点出其在焊接过程中的关键要素，并深入探讨其在不同行业的应用。任务二将聚焦于激光焊设备及工艺，介绍各类设备的结构、工作原理，以及在实际应用中的操作技巧。在任务三中，我们将研究不同材料的激光焊接，探讨激光焊在金属、塑料等材料上的适用性和特点。任务四则将介绍激光-电弧复合焊这一复合技术，分析其在提高焊接质量和效率方面的优势。在任务五中，我们将呈现激光焊的应用示例，从汽车制造、航空航天到电子工业等多个领域，展示激光焊接技术在解决实际问题中的成功案例。通过深入研究这些案例，读者将更好地理解激光焊接技术在不同领域的广泛应用及其对工业生产的推动作用。通过本项目的全面介绍，读者将能够深入了解激光焊接技术的核心原理、具体设备、不同材料上的应用特点，以及其在实际工程中的成功案例。这将为读者提供一份系统而全面的激光焊接知识，为相关领域的研究和应用提供有力的参考。

学习目标

了解激光焊的基本原理，包括激光的生成、聚焦、熔化材料的过程、激光焊在工业领域中的应用，涉及到哪些行业以及其在这些行业中的具体应用案例。理解不同类型激光焊设备的结构和原理，包括激光源、光学系统、焊接头等组成部分。激光焊的工艺流程，包括焊前准备、设备调试、焊接过程中的关键参数控制等。掌握激光焊在金属材料上的适用性和特点，包括不同金属的焊接性能、激光焊在非金属材料（如塑料）上的适用性和特点，了解激光与不同材料的相互作用机理。通过以上学习目标的层层递进，学员将在项目六中实现从简单的了解到深度的掌握的过程，形成对激光焊接技术全面而深刻的理解，为将来的实践和深入研究提供坚实的基础。

思政之窗

“激光焊接”通过深入研究激光焊接技术的原理、设备、工艺以及应用示例，不仅在技术领域提供了广泛的知识，同时也为思政教育提供了宝贵的机会。通过这个专业性强的项目，学生在学习的过程中将接触到一系列与社会产业密切相关的前沿科技，从而引导他们更好地理解和思考科技与社会、科技与人类生活之间的关系。学生可以通过学习激光焊接技术的发展历程，深刻认识到科技的不断进步对社会产业的推动作用。同时，也要思考在追求技术发展的同时，工程技术人才应当怎样履行社会责任，保障科技的合理应用。在学习激光焊接设备及工艺的过程中，学生可以思考激光焊接技术在生产中对环境的影响。如何在技术创新中注重环保，实现可持续发展，将是一个需要思考的重要议题。探讨不同材料的激光焊，学生将了解到不同材料在全球范围内的应用和发展情况。通过这一任务，引导学生思考国际合作与交流在科技领域的重要性，培养跨文化意识。学生在了解激光-电弧复合焊技术时，有机会思考技术创新带来的伦理和道德挑战。如何在推动技术发展的同时，保持对伦理原则的敏感性，是一个需要在思政教育中深入讨论的话题。通过学习激光焊的应用示例，学生将深刻认识到激光焊接技术在推动人类文明进步中的不可替代的作用。这将引导他们思考科技如何影响人类的生活、工作和社会结构。通过思政之窗的设置，使得学生在学习激光焊接技术的过程中，既能够掌握专业知识，又能够形成对科技与社会关系的深刻思考，培养工程技术人才更全面的素养。

任务一　激光焊接的原理、点及应用

一、激光焊接的原理

（一）激光束的生成

激光焊接的原理涉及激光束的生成，这一过程是整个激光焊接技术的基础。激光（光的放大与激发辐射）的产生通过激发活性介质，使其原子或分子跃迁到激发态，然后通过受激辐射的方式放出一束高能光子，形成激光束。以下是关于激光焊接原理中激光束生成的详细描述。激光焊接的起点是激光束的生成。通过激活激光器内的活性介质，将其激发至激发态。这通常通过输入外部能量（如电能、光能或化学能）实现。激活后的活性介质处于一个高能态，其中的原子或分子具有较高的能量水平。在这个高能态下，活性介质中的原子或分子会发生跃迁，从激发态返回到基态。在这个过程中，光子会被释放出来。这些释放的光子具有特定的能量和频率，形成了激光束。这里的关键是受激辐射的过程，其中一个光子的能量刺激了另一个原子或分子的跃迁，导致光的放大。激光器内通常包含一个光学谐振腔，其中包含用于放大光束的激光介质。这个腔内还包括反射镜和透射镜。光学谐振腔的设计有助于在激发态和基态之间形成光的来回反射，增强激光的放大效应。激光介质可以是气体、固体或液体，不同类型的激光器采用不同的激光介质。例如，气体激光器使用气体，固体激光器使用固体晶体，而半导体激光器则使用半导体材料。激光束的生成是激光技术的核心，而激光器的设计和激发方式的选择直接影响了激光束的特性。高质量的激光束对于激光焊接的质量和效率至关重要。激光束的能量密度和焦散度，以及激光束的稳定性和一致性，都是影响激光焊接性能的重要因素。激光焊接的原理始于激活活性介质，通过受激辐射的方式释放出光子，形成一束高能量的激光束。这个激光束经过精心设计的激光器内的光学谐振腔，最终成为进行激光焊接所需的高质量、高能量、高聚焦的激光光束。

（二）激光束的聚焦

激光焊接的原理中，激光束的聚焦是关键的一步，直接影响焊接质量和效率。激光束的聚焦是通过透镜或反射镜等光学元件实现的，目的是将激光束的能量集中到焊接点，提高焊接区域的能量密度，从而实现高温熔化和连接工件的目的。激光束生成后，通过激光器内的光学系统，例如透镜或反射镜，对激光束进行调制和整形。这些光学元件的选择和排列对激光束的聚焦有着至关重要的影响。在激光焊接中，最常见的聚焦方式是通过透镜。透镜的选择取决于焊接任务的要求，包括焊接深度、焊缝宽度和焊缝形状等因素。典型的透镜有凸透镜和凹透镜，其形状和曲率决定了激光束经透镜后的焦距和焦点直径。对于凸透镜，它能够将激光束聚焦到焦点处，形成一个小而集中的光斑。这种方式适用于需要高能量密度和精细焊接的任务。而凹透镜则具有反聚焦的效果，用于扩散激光束，适用于一些需要较大焊接区域的应用。除了透镜，反射镜也常用于激光束的聚焦。通过多个反射镜的合理排列，可以使激光束沿着设定的路径反射，并最终聚焦到焊接点。这种方式通常用于需要在较长距离内进行焊接的情况，以维持激光束的稳定性和焦距。在焊接头聚焦的过程中，还需要考虑焦点的位置和尺寸。焦点位置的调整涉及焦点相对于工件表面的深度，而焦点尺寸则影响焊接点的直径。合理的焦点位置和尺寸选择是保证激光焊接质量和效率的关键。激光焊接的激光束聚焦是通过光学元件，如透镜或反射镜，对激光束进行调制和整形，将其能量集中到焊接点的过程。透镜的选择和排列方式直接影响焦点的位置和尺寸，而这些参数的合理调整是实现高质量激光焊接的重要步骤。焊接头的精准聚焦有助于提高焊接效率，确保焊接质量，同时也为实现复杂焊接任务提供了可靠的技术手段。

二、激光焊接的点

（一）激光功率和焦距

激光焊接的点是关键参数，主要涉及激光功率和焦距两个方面。这两个参数的选择直接影响焊接过程中激光能量的分布和传递，从而影响焊接点的温度、熔深、焊缝形状等关键因素。激光功率是激光焊接中至关重要的参数之一。激光功率决定了焊接点的能量密度，即单位面积上激光能量的传递。过高或过低的激光功率都会影响焊接效果。合适的激光功率能够实现焊接点的迅速加热，使工件材料达到熔点，并形成稳定的焊缝。过高的激光功率可能导致过度热量积累，产生熔花飞溅和过度熔深的问题，同时还可能引起热影响区扩大。相反，过低的激光功率可能导致焊接点无法充分熔化，形成不完整的焊缝，影响焊接强度和质量。焦距是另一个关键参数，指的是激光焦点到工件表面的距离。焦距的选择直接影响了激光束在焊接点的聚焦效果。合适的焦距能够确保激光束充分聚焦在焊接点，实现高能量密度，从而提高焊接效率。过大或过小的焦距都可能导致焦点位置不准确，影响焊接点的稳定性和一致性。在选择焦距时，还需要考虑焦点直径，即激光束在焦点处的横向尺寸。适当的焦点直径能够使焊接点的能量分布更均匀，有利于形成稳定的焊缝。激光功率和焦距之间存在相互关系，需要综合考虑以获得最佳的焊接效果。通常情况下，随着激光功率的增加，焦距需要相应调整，以保持适当的能量密度和焦点直径。这种平衡的选择有助于实现焊接点的精准控制，确保焊接质量和效率。在激光焊接中，精确调控激光功率和焦距是关键的工艺参数之一，能够影响焊接点的熔化、熔深、焊缝形状等多个方面。通过合理选择这两个参数，可以实现高质量、高效率的激光焊接，满足不同工件和应用场景的需求。这也体现了激光焊接技术在现代制造领域的重要性，为实现精密焊接提供了可靠的技术手段。

（二）焊缝形状和结构

激光焊接的点涉及焊缝形状和结构，这两个方面直接关系到焊接质量、强度和工件的性能。焊缝形状主要包括焊缝的几何形状和外观，而焊缝结构则涉及焊缝内部的组织和晶粒结构。焊缝形状是激光焊接过程中关注的重要方面之一。通过调节激光功率、焦距和焊接速度等参数，可以控制焊缝的形状，包括焊缝的宽度、深度和几何轮廓。对于不同的应用需求，可以实现窄而深的焊缝，或是宽而浅的焊缝。精确控制焊缝形状有助于满足工程要求，保证焊接点的强度和稳定性。焊缝结构是影响焊接质量和性能的关键因素。在激光焊接过程中，高能量的激光束使焊接点迅速升温并冷却，形成了特定的组织结构。焊缝结构的研究主要包括晶粒尺寸、固溶度和晶粒排列等方面。良好的焊缝结构能够保证焊接点的力学性能、疲劳寿命和耐腐蚀性，是实现高强度焊接的关键。在激光焊接中，焊缝的形状和结构受到多种因素的共同影响。激光功率的调整直接影响焊缝的宽度和深度，激光束的聚焦方式和焦距选择影响焊缝的形状轮廓，而焊接速度则影响焊缝的长度。这些参数的合理组合可以实现不同形状的焊缝，适应不同工件和焊接要求。对于焊缝结构的控制，激光焊接的高温冷却速度和热输入对晶粒尺寸和固溶度的影响至关重要。较快的冷却速度通常会导致较小的晶粒尺寸和高固溶度，形成细密的晶粒结构。这种细小的晶粒结构有助于提高焊接点的硬度和强度，同时也减小了热影响区的尺寸，有利于减少焊接引起的变形。在实际应用中，激光焊接可以通过调整焊接参数实现对焊缝形状和结构的精准控制。这为满足不同工业领域对焊接性能的要求提供了灵活而高效的解决方案。激光焊接技术因其优越的焊接精度和可控性，逐渐成为现代制造业中焊接工艺的首选，为生产高质量、高强度的焊接点提供了有力支持。

（三）焊接点要求

激光焊接的焊接点要求涉及多个方面，包括焊缝质量、机械性能、外观和应用环境等。为确保焊接点满足工程和应用的要求，以下是对激光焊接焊接点要求的综合论述。焊缝质量是焊接点的首要考虑因素。激光焊接要求焊缝具有良好的密实性和完整性，避免焊接缺陷，如裂纹、气孔和夹杂等。焊缝的几何形状应符合设计要求，且焊缝的宽度、深度等参数需要在合理范围内，以保证焊缝的稳定性和连接强度。焊接点的机械性能是焊接质量的重要指标。激光焊接要求焊接点具有良好的强度、硬度和韧性，以满足工件在使用中对强度和耐久性的要求。通过调整激光焊接参数，如激光功率、焦距和焊接速度等，可以实现对焊接点机械性能的精准控制。焊接点的外观也是一个重要考虑因素。激光焊接要求焊接点外观光滑、无明显的焊接痕迹和变形，以满足外观要求和提高工件的整体美观性。通过调整焦距、激光功率等参数，可以有效控制焊接点的外观，减小热影响区，降低变形风险。应用环境对焊接点的要求也需要考虑。例如，在一些特殊环境下，焊接点可能需要具有较高的耐腐蚀性或抗疲劳性。激光焊接可以通过调整焊接参数，优化焊接点的组织结构，以提高焊接点的耐腐蚀性和抗疲劳性，满足不同应用场景的需求。激光焊接要求焊接点在焊缝质量、机械性能、外观和应用环境等方面达到一系列要求。通过合理选择和调控激光焊接参数，可以实现对焊接点性能的全面优化，为制造业提供了一种高效、精密且可控的焊接技术。激光焊接作为现代制造业中的重要工艺，为生产高质量、高性能的焊接点提供了可靠的解决方案。

三、激光焊接的应用

激光焊接技术作为一项高度精密和高效率的焊接方法，在各个工业领域得到了广泛应用。其独特的特点和优势使其成为现代制造业中不可或缺的关键技术之一。激光焊接的应用领域涵盖了汽车制造、电子器件制造、航空航天工业、医疗器械制造、电子通信行业、能源领域、机械制造业、船舶制造等多个领域。在汽车制造业中，激光焊接被广泛用于车身和底盘的组装。其高精度和高效率使得焊接过程更加精细和快速，有助于提高汽车的整体质量和性能。尤其对于高强度、轻量化材料的应用，激光焊接能够更好地满足复杂结构的要求，为汽车制造业的发展提供了强大支持。在电子器件制造领域，激光焊接在连接微小零部件和精密器件方面表现出色。其非接触性的优势使得激光焊接成为微电子器件制造中的理想选择，确保了电子元器件的连接精度和稳定性，有助于提高设备的可靠性和性能。在航空航天工业中，激光焊接被广泛应用于制造航空器的结构零部件。对于航空零部件而言，焊接质量和轻量化设计是至关重要的。激光焊接通过精确的焊接控制和小热影响区，能够提供高质量、高强度的焊接接头，同时减小了对材料的热影响，有助于提高零部件的抗疲劳性能和整体强度。在医疗器械制造领域，激光焊接被用于组装生物医学器械，如手术仪器、植入式医疗器械等。由于激光焊接具有非常高的定位精度和焊接质量，因此在制造微型医疗器械时，能够实现对微小零部件的精确连接，保证了医疗器械的高度可靠性和安全性。在电子通信行业，激光焊接被广泛应用于电子元器件的制造，如半导体器件、电子芯片等。激光焊接技术能够实现微小尺寸零部件的高精度连接，保证了电子设备的可靠性和性能，同时有助于提高生产效率。在能源领域，激光焊接被用于制造太阳能光伏电池组件。通过激光焊接，能够实现对光伏电池的高效连接，提高电池的转换效率，促进了太阳能领域的可再生能源应用。在机械制造业中，激光焊接广泛应用于焊接精密零部件，如轴承、齿轮等。其高度精密的焊接控制和非接触性的特点，为机械零部件的制造提供了更为灵活和高效的解决方案。在船舶制造领域，激光焊接被用于焊接船体结构。激光焊接通过高度控制焊接过程，提高了焊接质量和连接强度，有助于提高船体的整体性能和耐久性。激光焊接技术以其高效、高精度、高质量的特点，为各个行业提供了一种先进的焊接解决方案，推动了制造业的技术升级和发展。其在不同领域的广泛应用，为现代工业的高度自动化、数字化和智能化发展奠定了坚实的基础。

任务二　激光焊接设备及工艺

一、激光焊接设备

（一）激光源

激光源是激光焊接设备的核心组件，决定了激光束的特性和性能。激光源的选择对于激光焊接过程的效率、精度和稳定性具有至关重要的影响。常见的激光源包括二氧化碳激光器（CO_2 激光器）、固体激光器和半导体激光器。二氧化碳激光器是一种常见的激光源，广泛应用于激光焊接领域。这类激光器利用 CO_2 分子的能级跃迁来产生激光束，通常在 10.6 微米的红外光波段。CO_2 激光器具有较高的功率和较长的波长，适用于深部焊接和大面积覆盖。然而，它们的输出波长对某些材料的吸收不如其他激光器，因此在某些应用中可能受到限制。固体激光器是另一种常见的激光源，使用固体激发材料如 Nd：YAG（氧化钕钇铝石榴石）来产生激光束。这类激光器通常在 1 微米附近的红外光波段工作，其较短的波长对于某些材料的吸收更为有效，因此在与金属材料的交互中表现出色。固体激光器具有较高的功率密度和较小的光斑，适用于细小焊接和精细切割。此外，它们还具有较短的脉冲宽度，使其在对热输入敏感的应用中更为适用。半导体激光器是一类基于半导体材料的激光源，常见的有半导体二极管激光器。这类激光器具有小体积、低功耗和易于集成的优势。半导体激光器通常在可见光或近红外光波段工作，适用于一些对光学辐射波长敏感的应用，如光电子学和医学。然而，它们的功率密度相对较低，适用于一些对功率要求较为宽松的应用。激光源的选择取决于具体的焊接需求和工件特性。不同的激光源具有各自的优势和局限性，制造商通常会根据具体应用的要求选择最适合的激光源，以实现高效、精密和可控的激光焊接过程。激光源技术的不断发展和创新为激光焊接设备提供了更广阔的应用前景。

（二）光学系统

光学系统是激光焊接设备中至关重要的组成部分，起着调整和控制激光束的关键作用。光学系统包括透镜、反射镜和其他光学元件，通过精确的光学设计和排列，实现对激光束的聚焦、整形和导引，为激光焊接提供了必要的精确性和可控性。透镜是光学系统中的核心元件之一，其主要作用是对激光束进行聚焦。透镜的选择和排列方式直接影响焊接点的焦距、焦点直径和光斑质量。凸透镜能够将激光束聚焦到一个小而集中的光斑，适用于需要高能量密度和精细焊接的任务。而凹透镜则具有反聚焦的效果，适用于一些需要较大焊接区域的应用。通过调整透镜的焦距和类型，可以实现焊接点的精准聚焦，满足不同工件和应用场景的需求。反射镜也是光学系统中的关键组件，用于反射和导引激光束。反射镜的选择和排列方式对激光束的路径和稳定性有重要影响。通过多个反射镜的合理排列，可以使激光束沿着设定的路径反射，并最终聚焦到焊接点。这种方式通常用于需要在较长距离内进行焊接的情况，以维持激光束的稳定性和焦距。反射镜的高反射率和耐高功率激光束的特性使其在激光焊接系统中扮演着重要的角色。光学系统的设计和调整需要充分考虑激光束的特性以及焊接点的要求。合理的光学系统能够实现焊接点的精准控制，确保焊接质量和效率。在激光焊接中，光学系统还常常涉及到自动化控制和实时监测，以适应不同焊接任务的需求。这包括激光焊接过程中的焦点位置调整、光斑质量监测等功能，使得光学系统能够在复杂工况下实现高效、稳定和可靠的激光焊接。光学系统是激光焊接设备中的关键技术，通过透镜和反射镜等光学元件的设计和调整，实现对激光束的精确操控，为激光焊接提供了高精度和高可控性的技术基础。在现代制造业中，激光焊接技术的应用愈加广泛，光学系统的不断创新和提升将为实现更高质量、更高效率的激光焊接提供强有力的支持。

（三）焊接头

激光焊接设备中的焊接头是连接激光源和工件的关键组件，对焊接过程的控制和焊接效果具有重要的影响。焊接头的设计和性能直接关系到焊接点的质量、稳定性和生产效率。焊接头通常包括激光头和焊接辅助系统。激光头负责将激光束引导到焊接点，并在焊接区域内实现焦点的调整和控制。激光头的设计需要考虑到对不同焊接任务的适应性，包括焊接点的位置、形状和尺寸。一些高级激光头还配备了自动调焦和自动跟踪功能，以适应焊接过程中工件位置的变化，提高焊接的稳定性和一致性。焊接头的辅助系统包括气体保护系统和冷却系统。气体保护系统通过向焊接区域供应惰性气体，如氩气或氮气，防止外部空气对焊缝的污染。这有助于减小氧含量，防止氧化并提高焊接点的质量。冷却系统用于保持激光头和焊接头内部光学元件的适宜温度，防止过度加热损坏设备，确保设备的长时间稳定运行。焊接头的设计还需考虑到适应不同材料和工件的要求。不同材料对激光束的吸收特性不同，因此焊接头需要根据具体的材料选择合适的激光源和参数。此外，焊接头的设计还需考虑到焊接点的要求，如焊缝形状、深度和宽度，以及焊接速度的调整。在激光焊接设备中，焊接头的性能和稳定性对于焊接过程的效果至关重要。良好设计的焊接头能够实现激光束的精确聚焦，保持焊接点的准确定位，并通过气体保护和冷却系统确保焊接过程的稳定性和一致性。焊接头的先进功能和智能化设计使得激光焊接技术能够更好地适应多样化的焊接需求，提高焊接效率、质量和可控性。焊接头作为激光焊接设备中的核心组件，通过对激光束的引导、调焦和控制，以及对焊接环境的保护和维护，对激光焊接的整体性能产生着深远的影响。随着激光焊接技术的不断发展和创新，焊接头的设计和功能也将不断优化，为实现更高效、更精密的激光焊接提供更为可靠的技术支持。

（四）辅助装置

激光焊接设备中的辅助装置在焊接过程中扮演着关键的角色，它们包括气体保护系统、冷却系统、运动控制系统和焊接监测系统等多个组成部分。这些辅助装置的设计和性能直接影响到激光焊接的效率、质量和稳定性。气体保护系统是激光焊接中至关重要的一环。通过向焊接区域提供惰性气体，如氩气或氮气，气体保护系统能够有效阻止外部空气对焊缝的氧化影响。这有助于提高焊接点的质量，减少气孔和氧化物的产生。气体保护系统的稳定性和准确性对焊接结果具有直接的影响，同时适用于各种焊接材料和工件。冷却系统是确保激光焊接设备长时间稳定运行的关键。激光头和光学系统中的高功率激光束产生的热量需要得到有效的散热，以防止设备过热而影响性能。冷却系统通常采用水冷却方式，通过循环水来吸收和带走热量。这种方式不仅能够维持设备的适宜温度，还能保护光学元件不受过度加热而损坏，确保焊接设备的稳定性和寿命。运动控制系统是实现焊接点精准控制的重要组成部分。激光焊接通常需要在三维空间内对焊接头和工件进行运动控制，以实现不同焊接路径和焊接模式。数控系统通过对焊接头和工件的运动进行高精度控制，使激光焊接能够适应不同形状和尺寸的工件，同时实现焊接点的精准定位和焊接路径的精确控制。另外，焊接监测系统在激光焊接中也发挥着重要的作用。通过实时监测焊接过程中的参数，如焊接功率、焊接速度和焊缝形状等，焊接监测系统能够及时发现潜在问题，实现对焊接过程的实时控制和调整。这有助于提高焊接点的一致性和质量，减少焊接缺陷的产生，提高生产效率。激光焊接设备中的辅助装置是保障焊接过程顺利进行的关键。气体保护系统和冷却系统保障了焊接环境的纯净和设备的稳定性，运动控制系统实现了对焊接点的精准控制，而焊接监测系统则确保了焊接过程的实时监控和调整。这些辅助装置的协同作用，使激光焊接设备能够适应不同材料、不同形状的工件，并在生产过程中保持高效、稳定和可控的焊接性能。随着激光焊接技术的不断发展，辅助装置的创新和提升将为激光焊接设备的应用领域提供更为广泛的可能性。

二、激光焊接工艺

（一）连续波激光焊接

连续波激光焊接是一种重要的激光焊接工艺，其核心特点在于使用连续波激光束进行焊接。这种焊接方式与脉冲激光焊接相比，在焊接过程中能够提供持续且平稳的激光能量，从而实现更高的焊接速度和更广泛的应用范围。连续波激光焊接的基本原理是通过激光器产生的激光束，将能量集中到焊缝区域，使工件表面迅速加热至熔点，形成熔融池，最终实现焊接。相比脉冲激光焊接，连续波激光焊接的激光束能够在焊接区域持续作用，从而更好地控制焊接过程，提高焊接速度，减少热输入，降低变形风险。连续波激光焊接适用于多种材料，包括金属、塑料和陶瓷等。由于能量的持续供应，连续波激光焊接可以更好地适应不同材料的熔点和传热特性，因此在处理多种材料的焊接任务中具有显著的优势。这使得它在航空航天、汽车制造、电子设备等多个领域得到广泛应用。连续波激光焊接具有较高的焊接速度，这意味着它能够在短时间内完成大面积的焊接任务。这对于工业生产线上的高效生产和大批量制造至关重要。焊接速度的提高也有助于降低焊接过程中对工件的热影响，减少变形和热应力，有利于提高焊接点的质量和稳定性。连续波激光焊接的焊接深度较大，能够实现更深厚的焊缝，使其在某些对焊接强度和深度要求较高的应用中得以应用。这在一些工业领域，如航空制造和核工业等，具有独特的优势。值得注意的是，连续波激光焊接也面临着一些挑战，比如在高能量密度作用下易产生气孔、飞溅等缺陷，因此在焊接过程中需要精心控制焊接参数和工艺条件，以确保焊接质量。连续波激光焊接作为一种先进的激光焊接工艺，以其高效、高速、适用于多种材料的特点，广泛应用于现代制造业。随着激光技术和工艺的不断进步，连续波激光焊接将继续发挥重要作用，为各个领域提供更为高效和可靠的焊接解决方案。

（二）脉冲激光焊接

脉冲激光焊接是一种先进而高效的激光焊接工艺，它利用脉冲激光束的瞬时高能量，精确控制焊接点的热输入和时间，从而实现对焊接过程的更细致和可控的操控。脉冲激光焊接的基本原理在于激光器产生的脉冲激光束能够在极短的时间内提供高能量密度，将焊接区域迅速加热至熔点并形成瞬时的熔融池。这种瞬时的高能输入使得脉冲激光焊接能够实现对焊接点的高速、高精度加热，从而控制焊缝形状、深度和宽度，适用于对焊接质量和精度要求较高的应用领域。脉冲激光焊接适用于多种材料，包括金属、塑料和陶瓷等。由于脉冲激光焊接的瞬时性和可调节性，它能够适应不同材料的熔点和传热特性，具有广泛的应用范围。这使得脉冲激光焊接在航空航天、汽车制造、电子设备等多个领域中都能够发挥其独特的优势。脉冲激光焊接具有较小的热影响区域，相对于连续波激光焊接，能够更好地控制焊接过程中的热输入，减小对工件的热影响，从而降低变形风险。这对于一些对焊接点精度和外观要求极高的应用，如微焊接和精细组件制造，具有显著的优势。脉冲激光焊接还适用于一些特殊的应用场景，如对材料的低熔点性能敏感的情况。由于其能够在瞬时间隔内提供高峰值功率，可以使低熔点材料在较短的时间内完成焊接，减少热输入，更好地保护敏感材料。冲激光焊接以其高效、精确的特点，在现代制造领域中扮演着不可替代的角色。通过对激光参数、脉冲频率和脉宽等关键因素的精确控制，脉冲激光焊接技术将继续为提高焊接质量、精度和效率提供有力支持，推动着制造业的不断创新和发展。

（三）激光深熔焊接

激光深熔焊接是一种高级的激光焊接工艺，其主要特点在于通过调控激光功率和焦距等参数，使焊接区域达到极高温度，实现较大深度的熔融，适用于对焊接深度和质量要求极高的应用场景。激光深熔焊接的基本原理是通过激光器产生的高功率激光束，使焊接区域的温度迅速升高至临界熔点以上，形成深度的熔融池。这种高温状态使得焊接点能够实现较大深度的熔融，适用于较厚工件的焊接任务。通过调整激光功率、焦距和扫描速度等参数，可以精确控制焊接深度和焊缝的形状。激光深熔焊接广泛应用于不同种类的材料，包括金属、合金和非金属材料等。由于激光深熔焊接的高能量密度和可调节性，它能够适应不同材料的熔点和传热特性，具有较高的通用性。这使得激光深熔焊接在航空航天、汽车制造、电子设备等领域中都有广泛的应用。激光深熔焊接具有较大的焊接深度和较小的热影响区域，这有助于降低焊接过程中对工件的热输入，减小变形风险。这对一些对焊接深度和外观要求极高的应用领域，如航空发动机零部件制造和精密仪器制造等，具有显著的优势。激光深熔焊接还能够实现对焊缝形状的良好控制，包括焊缝的宽度和深度比例的调整。这对于一些对焊接点形状和质量要求较高的应用，如微细焊接和高精度焊接，具有重要意义。激光深熔焊接也存在一些挑战，如焊接过程中可能产生的气孔、焊缝不稳定等缺陷，需要通过合理的焊接参数和工艺优化来解决。此外，激光深熔焊接对设备的精密度和稳定性要求较高，需要高级的激光焊接系统来支持。激光深熔焊接作为高级的激光焊接工艺，以其能够实现较大深度焊接和对焊缝形状的高度可控性，为一些对焊接质量和精度要求极高的领域提供了有效的解决方案。随着激光技术和焊接工艺的不断创新，激光深熔焊接将进一步拓展其应用领域，为现代制造业的高效、精密焊接提供更多可能性。

（四）激光对接焊接

激光对接焊接是一种高效、高精度的激光焊接工艺，广泛应用于制造业，特别是对焊接质量和焊接点形状要求极高的领域。其核心特点是通过激光束对焊接件的接触面进行定位，实现对工件的精准对接焊接。激光对接焊接的基本原理在于通过激光束实现对焊接件的接触面的瞬时加热，使其迅速达到熔点，形成熔融池，最终实现工件的对接焊接。相比传统的对接焊接方法，激光对接焊接具有更小的热影响区域，更快的焊接速度，更高的焊接精度和稳定性。激光对接焊接适用于多种材料，包括金属、塑料和复合材料等。由于激光焊接的高能量密度和可调节性，它能够适应不同材料的熔点和传热特性，因此在处理多种材料的对接焊接任务中表现出色。这使得激光对接焊接广泛应用于汽车制造、电子设备生产等多个领域。激光对接焊接具有独特的焊接深度和焊缝形状控制优势。激光束的高能量密度使得焊接深度可调，能够实现较大深度的熔融，从而适用于对焊接深度要求较高的应用场景。同时，激光束的精确对焦和聚焦能力使得焊缝宽度和形状得以良好控制，为精密焊接提供了有力支持。激光对接焊接的焊接速度较快，适用于高效生产和大批量制造的需求。其高速焊接特性降低了生产周期，提高了生产效率，为现代工业制造注入了更多的活力。这对于一些需要迅速完成对接焊接任务的行业，如汽车制造和电子设备生产，具有明显的优势。激光对接焊接也需要面对一些挑战，如对工件表面质量和形状的要求较高，需要较为精密的工件配合和对焊接设备的高精度控制。此外，激光对接焊接对激光焊接设备的稳定性和精密度有一定要求，需要高质量的激光源和焊接头来保障焊接的质量和效率。激光对接焊接作为一种先进的焊接工艺，以其高效、高精度、适用于多种材料的特点，不仅提高了焊接的生产效率和质量，也推动着现代制造业的不断创新和发展。随着激光技术的不断进步和创新，激光对接焊接将在更广泛的领域中发挥其独特优势，为制造业带来更多可能性。

任务三　不同材料的激光焊接

一、金属材料激光焊接

金属材料激光焊接作为现代制造业中的一项关键技术，广泛应用于航空航天、汽车制造、电子设备等领域。这种焊接方式以激光为能源，通过高能量密度的光束在焊接区域产生瞬时加热，使金属材料迅速熔化并连接在一起。下面将从金属材料激光焊接的原理、设备与材料、工艺和应用等方面进行详细阐述。金属材料激光焊接的原理基于激光产生的高能光束对焊接区域进行高度定向的能量聚焦。激光束瞄准焊接区域后，能量被吸收并转化为热能，使金属材料迅速升温，最终达到熔点形成液态池。通过控制激光的功率、聚焦方式和焊接速度等参数，可以实现对焊接深度、焊缝宽度和焊接速度的高度可控。这种高度定向的能量传递方式使得金属材料激光焊接能够实现精细的焊接过程，适用于对焊接质量和精度有较高要求的领域。金属材料激光焊接所需的设备主要包括激光器、光学系统、运动控制系统和辅助设备。激光器是金属材料激光焊接的能源提供者，常见的有固体激光器、气体激光器和半导体激光器等。光学系统用于聚焦和引导激光束，保证能量准确传递到焊接区域。运动控制系统负责控制焊接头和工件的移动，实现焊接路径和焊接点的精准控制。辅助设备包括气体保护系统、冷却系统和焊接监测系统等，它们协同作用确保焊接环境的纯净、设备的稳定性和焊接过程的可控性。在激光焊接材料方面，金属材料激光焊接主要适用于铝合金、不锈钢、钛合金、镍基合金等多种金属材料。这些金属材料因其导热性、导电性和机械性能等特点，使其在航空、汽车、电子等领域得到广泛应用。然而，由于金属材料之间存在差异，激光焊接参数和工艺需要进行相应的调整和优化，以确保焊接质量和效率。金属材料激光焊接的工艺过程涉及多个关键参数的调整。激光功率、聚焦方式、焊接速度和焊接头形状等参数的选择直接影响到焊接过程的稳定性和焊接点的质量。在金属材料激光焊接中，特别需要关注的是激光功率的选择，它直接决定了焊接区域的温度和熔化情况。合理的激光功率可以使焊接区域达到理想的熔化状态，保证焊接点的牢固性和质量。金属材料激光焊接在实际应用中有着广泛的应用。在航空航天领域，金属材料激光焊接被用于制造飞机零部件，如机翼和发动机部件，以提高结构强度和降低重量。在汽车制造中，激光焊接被广泛应用于汽车车身的生产，以实现高强度、高精度的焊接，提高汽车的安全性和耐久性。在电子设备制造中，金属材料激光焊接被用于焊接微小的电子元件，如电池连接片和芯片，以提高焊接精度和可靠性。金属材料激光焊接作为一种高效、高精度的焊接工艺，为现代制造业提供了重要的技术支持。随着激光技术的不断创新和发展，金属材料激光焊接将进一步推动制造业向着更高效、更精密的方向发展。

二、塑料材料激光焊接

塑料材料激光焊接是一种广泛应用于塑料制品生产领域的高效、精密的焊接技术。与传统的热熔焊接方法相比，激光焊接以激光为能源，通过高能量密度的光束在焊接区域产生瞬时加热，使塑料材料迅速熔化并连接在一起。下面将从激光焊接的原理、设备与材料、工艺以及应用等方面详细阐述塑料材料激光焊接的特点和应用。塑料材料激光焊接的原理基于激光光束能量的高度聚焦和定向传递。激光束瞄准焊接区域后，能量被吸收并转化为热能，使塑料材料迅速升温至熔点，形成熔融池。通过激光束的高度可控性，可以实现对焊接区域的精细控制，包括焊接深度、焊缝宽度和焊接速度等参数。这种焊接方式能够实现塑料材料的高质量焊接，适用于对焊接精度和外观有高要求的应用领域。塑料材料激光焊接的设备主要包括激光器、光学系统、运动控制系统和辅助设备。激光器是塑料材料激光焊接的核心，常见的激光器类型有二氧化碳激光器、二极管激光器等。光学系统用于将激光束聚焦到焊接区域，确保能量的准确传递。运动控制系统负责控制焊接头和工件的移动，实现焊接路径和焊接点的准确定位。辅助设备包括气体保护系统、冷却系统和焊接监测系统等，协同作用以保证焊接环境的纯净、设备的稳定性和焊接过程的可控性。在塑料材料激光焊接的应用方面，该技术广泛应用于汽车制造、电子产品生产、医疗器械制造、包装行业等领域。在汽车制造中，激光焊接被用于制造汽车灯具、仪表盘、内饰等零部件，以提高产品的精密度和可靠性。在电子产品制造中，激光焊接被应用于焊接微小的电子元器件，如电池连接片、芯片等，以确保焊接的高精度和稳定性。在医疗器械制造中，激光焊接被用于制造微型医疗器械，如导管和内窥镜，以提高产品的生物相容性和精密度。在包装行业中，激光焊接可以用于制造食品包装、药品包装等塑料制品，以确保焊接点的密封性和卫生性。在塑料材料激光焊接的工艺过程中，需要注意调整激光功率、焦距、焊接速度等参数，以适应不同塑料材料的特性。不同种类的塑料，如聚乙烯、聚丙烯、聚苯乙烯等，其熔点、导热性和吸收激光的特性都不同，因此需要根据具体要求进行工艺的优化。此外，焊接区域的气氛控制也是重要的因素，通常采用惰性气体进行保护，以防止氧化和提高焊接质量。塑料材料激光焊接作为一种高效、高精度的焊接技术，为现代工业的高质量、高要求的制造提供了强有力的支持。随着激光技术和材料科学的不断发展，塑料材料激光焊接将在更广泛的领域中发挥其独特优势，为塑料制品的创新和高端应用提供更多可能性。

三、陶瓷材料激光焊接

陶瓷材料激光焊接是一项先进而复杂的焊接技术，主要应用于陶瓷制品的生产与加工领域。相较于传统的焊接方法，激光焊接以激光为能源，通过高能量密度的光束在焊接区域产生瞬时加热，实现陶瓷材料的高温熔融和连接。在陶瓷材料激光焊接的独特特性和广泛应用方面，我们将从焊接原理、设备与材料、工艺要点和应用领域等多个角度进行深入论述。陶瓷材料激光焊接的原理基于激光产生的高能量光束对焊接区域进行高度聚焦和定向传递。激光束瞄准焊接区域后，能量被吸收并转化为热能，使陶瓷材料在极短时间内迅速升温至熔点，形成熔融池。由于陶瓷材料的高熔点和脆性，激光焊接需要经过精密控制，以避免引起裂纹和损坏。通过调节激光功率、焦距、焊接速度等参数，可以实现对焊接深度和焊缝宽度的精细控制。陶瓷材料激光焊接所需的设备主要包括激光器、光学系统、运动控制系统和辅助设备。激光器是陶瓷材料激光焊接的核心，常用的有气体激光器、固体激光器等。光学系统用于将激光束聚焦到焊接区域，确保能量的精确传递。运动控制系统负责控制焊接头和工件的移动，实现焊接路径和焊接点的准确定位。辅助设备包括气体保护系统、冷却系统和焊接监测系统等，协同作用以保证焊接环境的稳定性和焊接过程的可控性。在陶瓷材料激光焊接的材料方面，陶瓷材料的种类繁多，包括氧化铝、氮化硅、碳化硅等。由于陶瓷材料通常具有高硬度、高熔点和脆性等特点，激光焊接在其应用中具有独特优势。例如，氧化铝陶瓷常用于高温环境下的零部件制造，激光焊接可以精细控制焊缝，避免过热造成材料破裂。而氮化硅陶瓷常用于电子元器件和机械零件，激光焊接能够实现高精度的连接，提高产品的可靠性和性能。陶瓷材料激光焊接的工艺要点主要包括焊接参数的选择、焊接区域的保护、焊接速度的控制等。在选择焊接参数时，需要根据陶瓷材料的种类和要求，调整激光功率、焦距和焊接速度等参数，以实现最佳的焊接效果。为了防止氧化和脱氧，焊接区域通常需要采用保护性气氛，如惰性气体氮气或氩气。此外，由于陶瓷材料容易受热影响，焊接速度的控制也是关键，需要在迅速完成焊接的同时确保焊缝质量。在陶瓷材料激光焊接的应用领域中，主要涵盖了电子元器件制造、医疗器械制造、航空航天领域等。在电子元器件制造中，陶瓷基板、电容器和电感器等元器件常采用激光焊接，以实现高精度、高可靠性的连接，满足微型化和轻量化的需求。在医疗器械制造中，激光焊接被广泛应用于制造人工关节、牙科器械等高精密度陶瓷制品，以确保其生物相容性和可靠性。在航空航天领域，陶瓷材料激光焊接用于制造高温环境下的零部件，如涡轮叶片和导向器件，以提高产品的性能和耐受性。陶瓷材料激光焊接作为一种高度精密、高要求的焊接技术，为陶瓷制品的制造与加工提供了重要的技术手段。尽管该技术仍面临着一些挑战，如对焊接区域的高精度要求和材料脆性的局限性，但随着激光技术和焊接工艺的不断创新，陶瓷材料激光焊接将在更广泛的领域中展现其巨大潜力，推动着制造业向着更高水平的发展。

四、复合材料激光焊接

复合材料激光焊接是一项在现代制造业中具有重要意义的高级焊接技术。复合材料通常由两种或两种以上的不同材料组成，如纤维增强复合材料、金属-陶瓷复合材料等。这些材料的复合往往能够发挥出各自的优点，形成协同效应，使得复合材料在航空航天、汽车制造、能源领域等方面得到广泛应用。而复合材料激光焊接，作为一种高效、高精度的焊接工艺，为复合材料的制造和应用提供了强大的支持。复合材料激光焊接的原理基于激光产生的高能光束对焊接区域进行高度定向的能量传递。激光束能够在极短的时间内将焊接区域加热至熔点，实现复合材料的熔融和连接。复合材料的特殊结构和成分需要在激光焊接中考虑到不同材料的熔点、热导率以及激光的吸收特性等因素，以确保焊接质量和效率。通过调整激光功率、聚焦方式和焊接速度等参数，可以实现对焊接深度、焊缝宽度和焊接速度的高度可控，以满足复合材料的不同要求。复合材料激光焊接的设备主要包括激光器、光学系统、运动控制系统和辅助设备。激光器作为激光焊接的能源提供者，可以采用不同类型的激光器，如纤维激光器、二氧化碳激光器等。光学系统用于聚焦和引导激光束，确保能量准确传递到焊接区域。运动控制系统负责控制焊接头和工件的移动，实现焊接路径和焊接点的精准控制。辅助设备包括气体保护系统、冷却系统和焊接监测系统等，协同作用以保障焊接环境的纯净、设备的稳定性和焊接过程的可控性。在复合材料激光焊接的材料方面，复合材料的组成复杂，常见的有纤维增强复合材料（如碳纤维增强塑料）、金属-陶瓷复合材料等。纤维增强复合材料以其高比强度和轻质化特性在航空航天、汽车制造等领域应用广泛。金属-陶瓷复合材料则结合了金属和陶瓷的优点，常用于高温、高强度等苛刻环境下的应用。复合材料的选择需要考虑到其成分、结构和应用环境等因素，以确定适用于激光焊接的具体工艺。复合材料激光焊接的工艺要点包括焊接参数的优化、焊接区域的防护、焊接速度的控制等。在确定焊接参数时，需要综合考虑复合材料的特性和要求，通过实验和仿真分析等手段，优化激光功率、焦距、聚焦方式等参数，以获得最佳的焊接效果。为了防止氧化、脱氢等影响焊接质量的因素，通常需要在焊接区域采用适当的气体保护措施。同时，由于复合材料通常具有异质性和多层次结构，焊接速度的控制需要在迅速完成焊接的同时确保焊缝的质量。在应用领域上，复合材料激光焊接广泛用于航空航天、汽车制造、能源领域等高端制造领域。在航空航天领域，复合材料被广泛应用于飞机结构、发动机零部件等，而激光焊接则能够提供高精度、高强度的连接，满足对飞行器轻量化和性能提升的要求。在汽车制造中，复合材料激光焊接被用于制造车身结构、底盘部件等，以降低汽车的自重、提高燃油效率。在能源领域，复合材料激光焊接可以用于制造高温、高压的管道和容器等，以适应复杂的工作环境和极端条件。复合材料激光焊接作为一项高级、高效的焊接技术，为复合材料的制造和应用提供了重要的支持。随着科技的不断进步，复合材料激光焊接将在更多领域中展现其独特优势，推动着现代制造业向着更高水平的发展。

任务四　激光-电弧复合焊接

一、激光-电弧复合焊接的特点

（一）高能量密度

激光-电弧复合焊接是一种先进的焊接技术，结合了激光和电弧两种能源，通过高能量密度的激光光束和电弧热源在焊接区域产生协同作用，实现对工件的高效加热和熔化。这种复合焊接技术具有独特的特点，主要体现在高能量密度、深熔焊接、狭窄焊缝和适用于多种材料等方面。激光-电弧复合焊接的显著特点之一是其高能量密度。激光光束和电弧热源分别具有高能量密度的特性，通过二者的叠加，形成更强大的热源。激光光束的高能量密度可以实现局部高温，电弧热源则能够提供大量热量。两者协同作用，使焊接区域在极短时间内达到极高的温度，从而实现快速熔化和深熔焊接。这种高能量密度的特点使得复合焊接技术在处理高熔点材料或实现深熔焊接时表现出色。激光-电弧复合焊接在焊接深度上具有显著优势。由于激光和电弧能量密度的协同作用，焊接过程中产生的热源更为集中，使得焊接区域的熔化更为深入。相较于传统的焊接方法，激光-电弧复合焊接能够实现更大的焊接深度，适用于对焊接强度和质量有高要求的应用场景，如航空航天、汽车制造等领域。激光-电弧复合焊接的另一个特点是形成的焊缝狭窄而深入。由于激光光束具有极高的方向性和聚焦性，焊接时能够实现非常细致的焊缝。而电弧热源的加入则可以增加焊接的宽度，形成既深入又宽广的焊缝。这种狭窄而深入的焊缝特点，使得激光-电弧复合焊接非常适用于对焊缝质量和外观有高要求的领域，如精密仪器、电子元器件制造等。激光-电弧复合焊接还具有对多种材料适用的特点。由于激光和电弧热源具有较强的穿透能力，能够穿透一些传统焊接难以处理的材料，如高反射率的金属、透明材料等。这使得激光-电弧复合焊接在多材料组合焊接中表现出色，可以处理各种复合材料、异种材料的连接，拓展了其在实际生产中的应用范围。激光-电弧复合焊接的特点主要体现在高能量密度、深熔焊接、狭窄焊缝和对多种材料的适用性等方面。这些特点使得激光-电弧复合焊接成为一种高效、高质量的焊接技术，广泛应用于需要高度精密焊接的领域，为现代制造业的进步和创新提供了强大的支持。

（二）精密焊接

激光-电弧复合焊接技术以其独特的特点在焊接领域引起广泛关注，其中之一便是其出色的精密焊接能力。该技术结合了激光和电弧两种高能量密度的热源，使得焊接过程具有高度的可控性和精密度。其精密焊接的特点主要体现在以下几个方面。激光-电弧复合焊接的高能量密度为精密焊接提供了坚实基础。激光光束和电弧热源分别具有高能量密度的特性，二者的协同作用形成了更为强大的热源。这使得焊接区域能够在短时间内迅速达到高温，实现材料的瞬时熔化和凝固。高能量密度的焊接过程有助于减少热影响区域，提高焊接的精密性，尤其适用于对材料要求精细的领域，如微电子器件、光学元件等。激光-电弧复合焊接在焊接深度和焊缝宽度的控制上表现出色，进一步增强了焊接的精密度。由于激光和电弧的高能量密度，焊接过程中产生的热源更为集中，使得焊接深度可以被准确控制。同时，激光光束的聚焦性和电弧的热传导性质相结合，形成狭窄而深入的焊缝，使得焊接的宽度得以极致精细。这种特点使得激光-电弧复合焊接技术成为制造微细结构、需要高精度焊接的产品的理想选择。激光-电弧复合焊接还表现出对多种材料的精密适用性。激光光束和电弧热源能够穿透和处理一些传统焊接方法难以应对的材料，包括高反射率金属、透明材料等。这使得激光-电弧复合焊接在不同材料的焊接接合中都能够实现高度精密的效果，不受材料的限制，推动了多材料、异种材料的精密焊接领域的发展。激光-电弧复合焊接的实时监测与反馈系统也是其实现精密焊接的重要手段之一。通过在焊接过程中实时监测焊接质量、检测焊缝的形态和缺陷，系统可以及时对焊接参数进行调整，保障焊接的稳定性和一致性。这种实时监测与反馈系统的运用进一步提高了激光-电弧复合焊接技术的精密焊接水平。激光-电弧复合焊接技术以其高能量密度、深熔焊接、狭窄焊缝和对多种材料的适用性等特点，为精密焊接领域注入了新的活力。它在微细结构、高精度要求的产品制造中展现出巨大的优势，为现代制造业的发展提供了一种更为精密、高效的焊接解决方案。随着科技不断进步，激光-电弧复合焊接技术有望在更多领域中得到广泛应用，推动着焊接技术的不断创新和提升。

（三）高效率

激光-电弧复合焊接以其高效率的特点成为现代焊接技术中备受关注的创新之一。这种复合焊接技术将激光和电弧两种高能量密度的热源有机结合，发挥了二者的协同效应，表现出卓越的高效率特点。激光-电弧复合焊接的高能量密度为其高效率奠定了基础。激光光束和电弧热源分别具有高能量密度的特性，二者的相互叠加形成了更为强大的热源。这使得焊接过程中焊接区域能够在极短时间内快速达到高温，实现材料的瞬时熔化和凝固。高能量密度的特点保证了焊接速度的提高，从而实现了高效率的焊接。激光-电弧复合焊接的高效率还体现在其焊接深度和焊接速度的优越控制上。由于激光和电弧的高能量密度，焊接过程中产生的热源更为集中，使得焊接深度可以被准确控制。与传统焊接方法相比，激光-电弧复合焊接能够实现更大的焊接深度，且焊接速度更为迅猛，显著提高了焊接的效率，特别适用于高产、大批量生产的工业环境。激光-电弧复合焊接的高效率还体现在其对多种材料的适用性上。激光光束和电弧热源能够穿透和处理一些传统焊接方法难以应对的材料，包括高反射率金属、透明材料等。这意味着在不同材料的焊接接合中，激光-电弧复合焊接都能够实现高效率的焊接，不受材料的限制，为多材料组合焊接提供了便利。激光-电弧复合焊接的高效率还得益于其实时监测与反馈系统。通过在焊接过程中实时监测焊接质量、检测焊缝的形态和缺陷，系统可以及时对焊接参数进行调整，保障焊接的稳定性和一致性。这种实时监测与反馈系统的运用进一步提高了激光-电弧复合焊接技术的工业生产效率。激光-电弧复合焊接技术以其高能量密度、深熔焊接、狭窄焊缝和对多种材料的适用性等特点，为现代焊接技术注入了高效率的活力。它在高产、大批量生产环境中表现出色，成为提高工业制造效率、降低生产成本的重要手段。随着科技的不断进步，激光-电弧复合焊接技术有望在更多领域中得到广泛应用，推动着焊接技术的不断创新和提升。

（四）适应性强

激光-电弧复合焊接技术以其出色的适应性强特点在现代焊接领域脱颖而出。这种先进的焊接技术将激光和电弧两种高能量密度的热源相互融合，形成了一个协同作用的系统，展现了对各种焊接场景和材料的强大适应性。激光-电弧复合焊接技术在处理多种材料上表现出卓越的适应性。激光光束和电弧热源的结合使得该技术能够穿透和处理传统焊接方法难以应对的材料，如高反射率金属、透明材料等。这种广泛适用于不同材料的焊接特性，使激光-电弧复合焊接技术成为实现多材料组合焊接的理想选择，为复杂工业制造提供了更大的灵活性和可行性。激光-电弧复合焊接技术在不同焊接环境下都能够展现出强大的适应性。无论是在高产、大批量生产的工业环境，还是在需要高精密度的微细结构焊接场景，该技术都能够胜任。其高能量密度和深熔焊接的特点使其在高效率要求的工业生产中表现卓越，同时，其狭窄焊缝和高度可控的焊接深度也使其适用于对焊接质量和精度要求极高的领域，如电子器件、医疗设备等。激光-电弧复合焊接技术还在处理不同结构的焊接任务时展现了出色的适应性。由于其具备激光光束的聚焦性和电弧的热传导性，它既能够实现微细结构的高精度焊接，又能够胜任大规模结构的快速高效焊接。这使得该技术适用于各类焊接任务，从微观到宏观尺度都能够保持稳定高效的焊接质量。激光-电弧复合焊接技术的适应性还得益于其实时监测与反馈系统。通过实时监测焊接质量、检测焊缝的形态和缺陷，系统可以及时对焊接参数进行调整，保障焊接的稳定性和一致性。这种智能监测系统的引入为激光-电弧复合焊接技术在不同工况下的适应性提供了重要支持。激光-电弧复合焊接技术凭借其适应性强的特点，成为现代焊接领域的领先技术之一。其对多种材料、不同环境和不同结构的广泛适应性，为制造业提供了更大的灵活性和选择余地。这种技术在推动焊接工艺的创新和发展中发挥着关键作用，为实现更高效、更精密的焊接目标打开了全新的可能性。

二、激光-电弧复合焊接工艺步骤

（一）激光预热

激光-电弧复合焊接工艺是一种高度复杂而精密的焊接技术，其中的激光预热步骤是确保焊接过程顺利进行的关键环节。这一步骤在整个焊接过程中发挥着至关重要的作用，旨在通过激光光束的预热作用，为后续电弧焊接提供理想的条件。激光预热的目的之一是实现焊接区域的均匀加热。通过激光光束对焊接区域进行预热，可以使材料表面温度逐渐升高，实现整个焊接区域的均匀加热。这有助于消除材料表面的水汽、氧化物等杂质，提高焊接区域的纯净度，为后续电弧焊接提供良好的焊接环境。同时，均匀加热还能够减缓热冲击，减小热应力，有助于避免因温度梯度引起的材料变形和裂纹。激光预热通过局部加热的方式，提高了焊接区域的温度到接近熔点的水平，为后续电弧焊接提供了更佳的条件。在焊接区域达到足够高的温度后，电弧焊接时需要的电流能够更容易地使材料熔化，形成均匀且牢固的焊接接头。这种温度的提高有助于减小电弧对材料的热影响区域，提高焊接的精度和质量。激光预热还可以促使激光与电弧两种能源的有效协同作用。激光预热使焊接区域的材料表面形成熔融池，与后续电弧焊接时形成的熔融池相互交融，形成一个更为稳定且可控的焊接过程。这有助于提高焊接速度和效率，同时确保焊接的牢固性和一致性。激光预热的优点还在于其可调节的特性。通过调整激光的功率、焦距等参数，可以灵活控制激光预热的强度和范围，以适应不同材料和焊接要求。这种可调节性使得激光预热工艺更具适应性，能够满足复杂多变的焊接需求。激光预热是激光-电弧复合焊接工艺中的关键步骤，其通过均匀加热、提高温度、促进激光与电弧的协同作用等方式，为后续的电弧焊接提供了理想的条件，从而保障了焊接的质量、效率和适应性。这一工艺步骤的巧妙设计和科学实施是确保整个激光-电弧复合焊接过程成功进行的重要保障。

（二）电弧点火

激光-电弧复合焊接工艺的下一个关键步骤是电弧点火，这一阶段标志着焊接过程的正式启动。电弧点火是在激光预热的基础上，通过电弧产生高温、高能量的热源，使焊接区域达到熔化状态，为焊接提供必要的能量。这一步骤的设计和执行对于确保焊接质量和效率至关重要。电弧点火通过电流传导产生高温电弧，使焊接区域迅速升温至熔点以上。这个过程中，电流经过两焊接件之间的空气间隙时，会产生弧光和弧声，形成明亮的电弧，即所谓的“电弧点火”。这一高能量的电弧瞬间提供了足够的热量，使焊接区域的材料开始熔化，形成熔融池，为焊接的下一步打下基础。电弧点火是焊接过程中的一个关键节点，其成功与否直接关系到整个焊接的质量。在这一阶段，操作人员需要精确控制电弧的形成和维持，确保它在焊接区域均匀分布且稳定。过强或过弱的电弧都可能导致焊接区域温度不均匀、熔融池形成不理想，进而影响焊接的牢固性和均匀性。因此，电弧点火阶段需要经验丰富的操作技术和精准的焊接参数控制，以保证焊接的稳定启动。电弧点火阶段也是焊接参数的调整和优化的关键时刻。在电弧点火过程中，通过实时监测焊接区域的状态和温度，可以及时调整激光功率、电弧电流、焦距等参数，以保持焊接的稳定性。这种实时调整和优化的手段有助于提高焊接的一致性和可控性，确保焊接过程的顺利进行。电弧点火阶段的成功实施是激光-电弧复合焊接工艺中能源协同作用的起点。电弧提供了高温高能量的热源，与之前激光预热阶段形成的熔融池相结合，实现了激光与电弧的有效协同作用。这种协同作用不仅提高了焊接效率，还确保了焊接的质量和一致性。电弧点火是激光-电弧复合焊接工艺中的关键步骤，其成功实施直接关系到整个焊接过程的效果。通过在电弧点火阶段准确控制电弧形成和参数调整，操作人员能够确保焊接的启动顺利，为后续的焊接过程打下良好的基础。

（三）激光焊接

激光-电弧复合焊接工艺中的激光焊接阶段是焊接过程的核心步骤之一，它借助激光高能量密度和聚焦性的特点，进一步提高焊接区域的温度，促使焊接材料充分熔化，形成均匀牢固的焊缝。这一阶段的合理设计和操作对于焊接的成果至关重要。激光焊接通过激光光束的高能量密度，将焊接区域的温度迅速升至熔点以上，实现材料的瞬时熔化。激光的聚焦性质使得能量集中在极小的区域内，形成高温熔融池，从而实现了焊接区域的高效加热。这不仅有助于焊接过程的加速，而且可减小热影响区域，降低对周边材料的热损伤，保证焊接的高质量和高效率。激光焊接在焊接深度和焊缝形状的控制上具有优越性。激光的高聚焦性使得焊接深度能够更为精准地控制，可实现对焊接深度的精细调整，从而适应不同厚度和形状的工件。同时，激光焊接产生的狭窄而深入的焊缝，有助于实现焊接接头的细腻和均匀，提高了焊接的外观质量。激光焊接还表现出色的适应性，对多种材料具有较强的适用性。激光能够穿透和处理一些传统焊接方法难以应对的材料，如高反射率金属、透明材料等。这为激光-电弧复合焊接工艺提供了更广泛的应用领域，使其能够胜任更为复杂多变的焊接任务。激光焊接还具备高速焊接的优势。由于激光光束的高能量密度和局部加热的特性，焊接过程中熔融池形成快速，焊接速度得以提高。这对于高产量、大规模工业生产中的焊接任务具有明显的优势，缩短了生产周期，提高了生产效率。激光焊接过程中的实时监测与反馈系统起到至关重要的作用。通过对焊接过程进行实时监测，可以调整激光功率、焦距等参数，保障焊接过程的稳定性和一致性。这种自动化的监测与反馈机制有助于优化焊接参数，提高焊接的质量和可控性。激光焊接是激光-电弧复合焊接工艺中的关键步骤之一，其高能量密度、聚焦性和适应性等特点使其成为现代焊接领域的先进技术。通过激光焊接，复合焊接工艺能够充分发挥激光与电弧的协同效应，实现高效、高质的焊接过程，推动着焊接技术的不断创新和发展。

（四）冷却和固化

冷却和固化是激光-电弧复合焊接工艺中的关键步骤，它紧随激光焊接阶段，标志着焊接区域从高温状态逐渐降温、凝固，形成牢固可靠的焊接接头。这一阶段的设计和执行直接影响着焊接质量和接头性能，因此具有重要的工艺意义。冷却和固化阶段的主要目的是降低焊接区域的温度，实现焊接接头的凝固。在激光焊接过程中，高温熔融池在形成理想焊缝后需要迅速冷却，使熔融池凝固为牢固的焊接接头。通过控制冷却速度和方式，可以调整焊接接头的晶体结构，影响焊缝的组织和性能，从而满足不同应用领域对焊接接头性能的要求。冷却和固化阶段需要平衡快速冷却和充分固化之间的关系。过快的冷却可能导致焊接区域的残余应力增大，引起裂纹的产生，降低焊接接头的强度和韧性。因此，在冷却过程中，需要合理控制冷却速度，避免过快或过慢，以确保焊接接头能够在适当的温度范围内进行均匀凝固，实现焊缝的优质形成。冷却和固化阶段还需要充分考虑热影响区的处理。在激光焊接过程中，焊接区域周围的热影响区也经历了高温状态，其温度逐渐降低的过程同样需要得到控制。通过合理的冷却和固化设计，可以减小热影响区的尺寸，降低对周边材料的影响，减缓残余应力的产生，从而提高焊接接头的整体性能。冷却和固化阶段还对焊接速度和生产效率提出了一定的要求。在工业生产中，为了满足大批量生产的需求，需要设计合理的冷却和固化方案，以保证焊接接头的高质量同时尽可能缩短生产周期。因此，冷却和固化的工艺设计不仅需要考虑焊接接头的质量，还需要在高效率的前提下实现工业化生产的需求。冷却和固化阶段是焊接接头后续处理的重要环节。在激光-电弧复合焊接工艺中，由于激光焊接的高温影响，焊接区域的温度升高较快，因此需要特别注意冷却和固化的工艺设计。通过合理的冷却和固化措施，可以避免焊接接头出现裂纹、变形等质量问题，提高焊接接头的稳定性和可靠性。冷却和固化是激光-电弧复合焊接工艺中不可或缺的重要步骤。通过对焊接区域的冷却速度、固化时间和热影响区的处理等方面的精心设计和控制，可以确保焊接接头在高温状态下迅速冷却并稳定固化，形成高质量、高性能的焊缝，满足各类工程和工业应用的需求。

任务五 激光焊接的应用示例

一、激光焊接在汽车制造领域的应用示例

激光焊接技术在汽车制造领域的广泛应用已成为现代汽车生产中的重要工艺之一。其高能量密度、精密焊接和高效率等特点使其在提升汽车制造质量、降低生产成本以及实现轻量化设计方面发挥了重要作用。激光焊接在汽车制造中被广泛应用于焊接汽车车身及底盘结构。通过激光焊接技术，汽车生产线可以实现更加精细化和高效率的焊接过程，确保焊接接头的高质量和一致性。对于汽车车身的焊接，激光焊接能够实现薄板材料的高速焊接，形成细小而均匀的焊缝，提高车身的结构刚性和强度。此外，激光焊接还能够完成车身结构中复杂形状的连接，满足汽车设计上更为丰富多样的要求。激光焊接技术在汽车底盘的生产中也发挥了关键作用。底盘结构往往涉及到对厚板材料的焊接，而激光焊接通过其高能量密度和局部加热的特点，能够实现对厚板的有效焊接，避免了传统焊接方法中可能出现的变形和残余应力问题。这对于提高汽车底盘的整体刚性和稳定性至关重要，有助于提升车辆操控性能和行驶平稳性。激光焊接还在汽车电池制造领域展现了独特的优势。随着电动汽车的崛起，汽车电池的生产成为汽车制造的一个重要组成部分。激光焊接技术在电池模组的生产中被广泛应用，通过高精度的激光焊接，实现对电池单体之间连接的精细焊接，提高了电池组件的安全性和稳定性。激光焊接还能够实现对电池连接器的高效焊接，确保电池系统的可靠性和高性能，推动了电动汽车技术的发展。激光焊接技术还在汽车零部件制造中发挥了重要作用。例如，发动机零部件、排气系统、车门、车窗等各种汽车零部件的生产中都可以看到激光焊接的身影。激光焊接能够实现对不同材料、不同形状的零部件进行高效、精密的连接，确保零部件的质量和稳定性。这不仅有助于提高汽车的整体性能，还促进了零部件制造工艺的先进化和优化。激光焊接技术在汽车制造领域的应用为汽车产业的发展带来了诸多优势。通过提高焊接质量、降低生产成本、推动汽车轻量化设计和促进电动汽车技术发展等方面的贡献，激光焊接已成为现代汽车生产中不可或缺的关键技术之一，为汽车行业的可持续发展注入了新的动力。

二、激光焊接在电子行业的应用示例

激光焊接技术在电子行业的广泛应用为电子产品制造提供了高效、精密、可靠的解决方案。其高能量密度和局部加热的特点使得激光焊接成为电子行业中连接微小零部件、实现高密度集成、提高生产效率的理想选择。激光焊接在电子器件的制造中发挥了关键作用。微电子器件通常包含着极其微小而精密的零部件，如芯片、电子元件等。激光焊接通过其高度聚焦的特性，能够实现对微小尺寸的零部件进行高精度焊接，确保连接的牢固性和精密度。在芯片制造过程中，激光焊接技术能够实现对芯片引脚的高密度连接，提高了电子器件的集成度和性能。激光焊接在电子电路板的生产中发挥了重要作用。电子电路板上的焊接连接对于整个电子产品的性能和可靠性至关

重要。激光焊接技术能够实现对电路板上微小焊点的高速、高精度焊接，形成细小而均匀的焊缝。相比传统的电阻焊接或波峰焊接方法，激光焊接不仅提高了焊接的精度和一致性，还减少了对电子元件的热影响，确保了电子产品的稳定性和可靠性。激光焊接技术在电子封装领域也有着显著的应用。电子元件往往需要通过封装来保护其内部结构，确保正常工作和延长使用寿命。激光焊接能够实现对微小尺寸、精密结构的封装材料进行高效、精准的焊接，确保封装的密封性和可靠性。这对于生产微型电子器件和传感器等高精密度产品至关重要，有助于提高电子产品的性能和稳定性。激光焊接在电池制造中也发挥了重要作用。随着移动设备和电动汽车的普及，高能量密度的电池成为电子行业的热点。激光焊接技术能够实现对电池内部组件的高效连接，确保电池的高性能和稳定性。在电池连接器的制造中，激光焊接能够实现对导电材料的高速、高精度焊接，确保连接的稳定和电池的高效运行。激光焊接技术在电子行业的应用涉及到电子器件制造、电路板生产、电子封装和电池制造等多个领域。其高精度、高效率、可靠性等优势使其成为电子制造中不可或缺的先进技术，推动了电子产品的不断创新和发展。激光焊接的广泛应用为电子行业提供了先进的生产工艺，助力了电子技术的不断进步。

三、激光焊接在航空航天领域的应用示例

激光焊接技术在航空航天领域的应用，为制造高性能、轻量化、高精密度的航空航天器件提供了先进的焊接解决方案，推动了航空航天技术的不断创新和发展。激光焊接在航空航天结构件的生产中发挥了关键作用。航空航天器件要求具备轻量、高强度、高刚性等特点，而传统的焊接方法难以满足这些复杂要求。激光焊接技术通过其高能量密度和局部加热的特性，能够实现对航空航天结构件的高速、高精度焊接，形成均匀、细小的焊缝。这不仅提高了结构件的整体性能，还降低了结构件的质量，有助于提高航空航天器件的运载能力和飞行性能。激光焊接在航空航天引擎制造中也发挥了关键作用。航空航天引擎的工作环境极其恶劣，要求引擎组件具备高温、高压、高速等特殊性能。激光焊接技术通过其高度聚焦和高能量密度的特点，能够实现对引擎组件的高效焊接，形成坚固、耐高温的连接。在制造高温合金零部件时，激光焊接能够有效地避免传统方法中可能引起的材料损伤和热影响区问题，确保了引擎组件的高性能和长寿命。激光焊接技术在航空航天航空器材的制造中也表现出色。例如，航天器的舱壁、导弹的机身结构等部件的制造中，激光焊接技术能够实现对复杂形状、大尺寸部件的高效、高精度连接，确保器材的高可靠性和安全性。同时，激光焊接还能够实现对不同材料之间的焊接，如金属和复合材料的连接，提高了材料的综合性能。激光焊接在航空航天电子组件的制造中也发挥了独特优势。电子组件要求高密度、高精度的连接，激光焊接通过其高聚焦性质和高能量密度，能够实现对微小尺寸、高密度连接的高效焊接，确保电子组件的可靠性和稳定性。在卫星制造中，激光焊接技术能够实现对微小器件和千层板的高精度连接，提高了卫星的整体性能。激光焊接技术在航空航天领域的广泛应用为航空航天器件的制造提供了先进的焊接解决方案，促进了航空航天技术的不断发展。其高精度、高效率、可靠性等特点使其成为制

造复杂、高性能器件的理想选择，为航空航天工业的创新与进步注入了新的动力。

四、激光焊接在船舶制造领域的应用示例

激光焊接技术在船舶制造领域的广泛应用为船舶结构的生产提供了先进、高效的解决方案，推动了船舶制造工艺的不断升级和优化。其高能量密度、精密焊接和高效率的特点使其成为制造轻量化、高性能船体的理想选择。激光焊接在船体结构的制造中发挥了关键作用。船舶要求船体结构轻量化、高强度，以提高船舶的载重能力和运输效率。激光焊接技术通过其高能量密度和局部加热的特点，能够实现对船体结构的高速、高精度焊接，形成均匀、细小的焊缝。相比传统的焊接方法，激光焊接能够有效减少热输入，降低结构件的变形和残余应力，提高船体的整体性能。激光焊接在船舶引擎和动力系统的制造中也得到了广泛应用。船用引擎要求具备高效、稳定、节能的特性，而激光焊接技术通过其高度聚焦和高能量密度的特点，能够实现对引擎组件的高效焊接，形成坚固、耐高温的连接。在制造高温合金零部件时，激光焊接能够有效地避免传统方法中可能引起的材料损伤和热影响区问题，确保了引擎组件的高性能和长寿命。激光焊接在船舶管道系统的制造中也表现出色。船舶管道系统对焊接工艺要求高，需要保证连接的牢固性和密封性。激光焊接技术能够实现对船舶管道的高速、高精度焊接，形成细小而均匀的焊缝，确保管道连接的稳定和耐腐蚀性。在海水环境中，这对于提高管道系统的可靠性和耐用性至关重要。激光焊接在船舶舱壁、甲板等结构件的制造中也发挥了独特的优势。这些结构件通常要求具备高强度、高耐久性和抗风险能力。激光焊接技术通过其高度聚焦和高能量密度，能够实现对复杂形状、大尺寸结构件的高效、高精度连接，确保船舶结构的完整性和安全性。这有助于提高船舶的整体性能，满足不同船型和用途的需求。激光焊接技术在船舶制造领域的应用为船舶工业注入了先进的焊接工艺，推动了船舶制造工艺的不断创新和发展。其高精度、高效率、可靠性等优势使其成为制造复杂、高性能船体的理想选择，为船舶行业提供了先进的制造技术，助力了船舶工业的可持续发展。

知识小结

“激光焊接”通过深入研究激光焊接技术的不同方面，为学员提供了全面的专业知识。激光焊的原理、点及应用：激光焊的原理包括激光的生成、聚焦和熔化材料的过程。关键点涵盖激光功率、焦距、扫描速度等参数的控制。应用广泛，涵盖汽车制造、电子工业、航空航天等多个行业，具有高精度和小热影响区的特点。激光焊设备及工艺：激光焊设备包括激光源、光学系统、焊接头等组成。工艺流程包括焊前准备、设备调试、焊接过程中的参数控制等。不同类型的设备和工艺适用于不同的焊接需求，需要根据具体情况选择。不同材料的激光焊：在金属材料上，激光焊的适用性与特点取决于不同金属的熔点和导热性。在非金属材料上，激光焊可以应用于塑料等，与材料的吸收和散热特性有关。激光-电弧复合焊：激光-电弧复合焊的原理是将激光与电弧相结合，充分发挥两者的优势。适用于提高焊接速度、降低焊缝缺陷的情

况，特别在高要求的焊接环境中表现出色。通过这些任务，掌握激光焊接技术的理论知识，深入了解了其在不同领域中的实际应用，为将来的工程实践和深入研究提供了坚实的基础。这些知识将使学员成为具备激光焊接专业技能和应用视野的工程技术人才。

思考练习

1. 激光焊在电子工业中的应用与传统焊接方法相比有何不同？它是如何满足电子元器件对精度和可靠性的要求的？

2. 在选择激光焊设备时，应根据什么因素进行权衡考虑？

3. 金属材料在激光焊接中的适用性受到哪些因素的影响？

项目七　激光切割

项目导读

激光切割作为一项先进的材料加工技术，具有高精度、高效率、无接触等优势，广泛应用于工业制造、医疗器械、电子设备等领域。本项目旨在深入探讨激光切割的原理、设备、工艺以及应用领域。任务一，我们将介绍激光切割的基本原理，包括激光的生成、聚焦和反射等关键步骤。随后，探讨激光切割在不同材料上的应用点，从金属到非金属，展示激光切割的多样性和灵活性。此任务将为读者提供深入了解激光切割技术的基础知识。任务二将聚焦于激光切割设备的种类和特性。我们将介绍常见的激光切割机型，包括二氧化碳激光切割机、光纤激光切割机等。读者将了解不同设备的适用范围以及其在工业生产中的实际运用。任务三，我们将深入探讨激光切割的工艺流程，包括预处理、设备设置、切割参数调整等环节。读者将获得制定高效激光切割工艺的关键知识，以确保生产过程的精准和可控性。任务四我们将详细介绍激光切割技术在各个行业的应用。从汽车零部件的制造到精密仪器的加工，激光切割在提高生产效率和产品质量方面发挥着关键作用。通过此部分，读者将全面了解激光切割技术在不同领域的实际应用价值。通过这四个任务，我们希望读者能够全面了解激光切割技术，从基础原理到实际应用，深入探索这一先进的材料加工手段。无论是对激光切割新手还是经验丰富者，本项目都将为您提供有益的信息和实用的技术知识。

学习目标

了解激光切割设备的种类和特性，研究不同类型的激光切割设备，例如二氧化碳激光切割机、光纤激光切割机等，以便在实践中选择最适合特定任务的设备。深入理解激光切割的原理，学习激光切割的基本原理，包括激光的生成、聚焦和反射等关键环节，以建立对该技术核心概念的清晰理解。熟悉激光切割的工艺流程，学习激光切割的工艺流程，包括预处理、设备设置、切割参数调整等环节，以实现高效、精准的切割过程。掌握激光切割的应用领域和关键点，激光切割在不同材料上的应用点，包括金属和非金属，以及对材料特性的适应性，为将来的实际应用提供指导。通过实现这些学习目标，你将在激光切割领域建立坚实的基础，掌握相关技能和知识，为将来在工业制造、材料加工等领域取得成功奠定基础。

思政之窗

激光切割项目不仅是一次技术深造，更是一扇通往思想和价值观领域的窗口。通过深入学习激光切割的原理、设备、工艺和应用，我们不仅仅在技术层面上获得了新的知识，更在思政方面拓展了自己的认知和观念。在学习激光切割的过程中，我们应当思考这一技术背后的伦理问题和社会责任。如何确保激光切割技术的发展符合人类的整体利益？我们的技术应当如何服务社会，并在利用中充分考虑环境、人权和公平等因素。通过了解激光切割在不同行业的应用，我们能够思考科技对可持续发展的贡献。激光切割是否能够成为制造业转型升级的重要工具？如何在科技发展中更好地平衡经济增长与资源利用的可持续性？掌握激光切割技术的学习不仅仅是为了技术本身，更是为了培养创新思维。我们可以通过这个项目窗口思考技术创新如何推动人类文明的发展，以及每个人在这个进程中扮演的角色。在项目中，我们将学到如何协同工作、分享信息、解决问题。这也提醒我们在社会中如何构建团队协作、推动社会发展，以及如何在个体行为中体现社会价值观。激光切割项目为我们打开了一扇思政之窗，通过技术的学习和实践，我们能够更深刻地认识自己的社会责任、伦理底线，进一步培养创新精神和团队协作的意识，为未来的发展奠定更为坚实的思想基础。

任务一　激光切割的原理、点及应用

一、激光切割的原理

（一）激光生成原理

激光切割是一种高度精密、高效率的切割工艺，其原理基于激光光束的高能量密度和局部加热效应。激光的生成源于激光器。激光器内部通常包含激发源，如气体、固体或半导体材料。通过给予这些材料能量，例如电子激发、光子激发或电流通电，使其处于激发态，进而产生光子的受激辐射，形成一束相干的激光光束。在气体激光器中，常见的激光源包括二氧化碳（CO_2）气体激光器和氮气（N_2）激光器。对于固体激光器，通常采用的是具有激光增益特性的晶体或玻璃材料，如 Nd：YAG（氮化钕：钇铝石榴石）激光器。此外，半导体激光器利用半导体材料的光电性质，通过电流激发产生激光。生成激光后，光束经过增益、整形和调谐等处理，成为高度聚焦的激光光束。在激光切割中，常用的激光类型包括 CO2 激光、光纤激光和固体激光，各自具有不同的波长和能量密度。激光切割的关键在于激光光束的高能量密度。当激光光束照射到工件表面时，光束的能量被局部吸收，导致工件表面温度升高。如果工件是金属材料，激光能够激发电子，形成等离子体。这些等离子体在激光作用下会快速蒸发，形成蒸汽。同时，激光束的高能量密度也会导致非常高的热流密度，使工件局部区域迅速加热至融化或气化点，形成熔融池。激光切割可以采用连续波激光或脉冲激光，具体选择取决于切割材料和所需切割效果。连续波激光常用于切割厚材料，而脉冲激光通常用于切割薄材料。激光切割的原理基于激光光束的生成和高能量密度的局部加热效应。这一原理使激光切割成为一种高效、精密、适用于多种材料的先进切割工艺，广泛应用于制造业、金属加工、电子行业等领域。

（二）激光聚焦原理

激光切割的激光聚焦原理是该高精密加工技术的核心，其基本原理涉及激光光束的生成、整形和聚焦。激光切割的光源通常来自于激光器，这可以是 CO_2 激光器、光纤激光器或其他类型的激光器。这些激光器产生的激光光束在一个共振腔内反射多次，增强光的能量和相干性，形成高强度的激光光束。激光光束通过一系列的光学元件进行整形和调谐，以确保激光的质量和方向。这包括使用透镜、反射镜、光栅等来调整激光光束的直径、形状和能量密度。通过这些光学元件的精确设计和调整，激光能够在后续工序中实现高度聚焦，从而提高切割的精度和效率。激光聚焦的关键在于透镜的应用。透镜通过其曲率半径和折射率的特性，将激光光束聚焦到一个极小的焦点，使其能量密度集中在极小的区域内。这个焦点通常位于工件表面附近，使得激光能够高效地与材料相互作用。在激光聚焦的过程中，焦点附近的光斑直径决定了激光束的聚焦度，而焦点到工件表面的距离则影响了激光的焦深。通过合理设计透镜的参数，可以实现不同直径和焦深的激光光斑，以适应不同的切割需求。同时，采用光纤激光器的系统能够更灵活地调整激光光斑的位置和形状，提高切割的自动化和适应性。激光聚焦的实质是将激光光束的能量集中到一个小区域内，使其达到足够高的能量密度，从而引发材料的熔化、气化或机械破坏。激光光束在聚焦后，能够在极短的时间内产生高温、高能量的效应，实现对材料的高速、高精度切割。这种高度聚焦的原理使激光切割成为一种极为精密、灵活且高效的加工工艺，被广泛应用于金属、塑料、木材等各种材料的切割与雕刻。

二、激光切割的点

（一）切割点的选择

激光切割技术是一种高精度、高效率的材料加工方法，广泛应用于金属、塑料、玻璃等材料的切割和雕刻。在激光切割过程中，切割点的选择对于加工效果和产品质量至关重要。切割点的合理选取直接影响着切割速度、切缝质量以及设备的稳定性。因此，在进行激光切割时，需要仔细考虑切割点的位置、数量和顺序，以最大程度地优化切割过程。切割点的选择需要考虑材料的特性。不同材料具有不同的导热性、光吸收性和反射性，这些特性直接影响激光切割的效果。对于导热性较好的材料，应选择较小的切割点间距，以确保激光能够迅速将热量传递到材料内部，提高切割效率。而对于光吸收性较差的材料，可以适当增大切割点间距，以减小热影响区域，防止材料过热而产生不良效果。切割点的位置选择需要考虑产品的几何形状和尺寸。在切割过程中，切割点的布局直接影响切割轨迹和切割路径。对于复杂形状的产品，应合理设置切割点，避免出现过多的拐点和不必要的停顿，从而提高切割速度和加工效率。同时，对于大尺寸的工件，可以适当增加切割点的密度，以确保整个切割过程的稳定性和一致性。切割点的选择还需要考虑激光切割设备的性能和参数。不同型号的激光切割机具有不同的最大切割速度、功率范围和精度要求。在确定切割点时，需要充分考虑设备的工作能力，避免超出其最大承载范围，导致切割质量下降或设备损坏。同时，合理调整激光功率和焦距等参数，以适应不同材料和厚度的切割需求。切割点的选择还与加工效果和成本密切相关。合理设置切割点可以降低切割过程中的能耗，提高能源利用率，从而降低生产成本。同时，通过优化切割点的布局，可以减小切缝宽度，提高切割精度，使最终产品达到更高的质量标准。激光切割的点的选择是一个复杂而关键的问题，需要综合考虑材料特性、产品几何形状、设备性能和加工效果等多个因素。通过科学合理地选择切割点，可以实现激光切割过程的优化，提高生产效率，降低成本，从而更好地满足不同行业的加工需求。

（二）影响切割点选择的因素

激光切割点的选择是激光切割过程中至关重要的一环，它直接关系到切割效果、加工质量以及生产效率。在进行激光切割时，影响切割点选择的因素是多方面的，需要综合考虑材料特性、产品几何形状、设备性能和加工效果等多个方面的因素。材料的导热性和光学特性是影响切割点选择的关键因素之一。不同材料具有不同的导热性和吸收激光能量的能力，因此在选择切割点时需要根据材料的特性调整切割点的位置和密度。对于导热性较好的材料，切割点间距可以适当增加，以提高切割速度，而对于光吸收性较差的材料，则需要增加切割点密度，以确保充分利用激光能量进行切割。产品的几何形状和尺寸也是影响切割点选择的重要因素之一。不同的产品形状和尺寸需要不同的切割点布局，以确保切割路径的流畅性和加工效率。在处理复杂形状的产品时，需要合理设置切割点，避免出现过多的拐点和不必要的停顿，从而提高切割速度和加工效率。同时，对于大尺寸的工件，可以适当增加切割点的密度，以保证整个切割过程的稳定性和一致性。设备性能和参数也是影响切割点选择的关键因素。不同型号的激光切割机具有不同的最大切割速度、功率范围和精度要求。在选择切割点时，需要考虑激光切割机的性能和工作能力，避免超出其最大承载范围，导致切割质量下降或设备损坏。合理调整激光功率和焦距等参数，以适应不同材料和厚度的切割需求。通过充分了解和掌握激光切割机的技术特性，可以更准确地选择切割点，实现最佳的切割效果。加工效果和成本也是影响切割点选择的重要考虑因素。通过科学合理地选择切割点，可以降低切割过程中的能耗，提高能源利用率，从而降低生产成本。通过优化切割点的布局，可以减小切缝宽度，提高切割精度，使最终产品达到更高的质量标准。因此，在进行切割点选择时，需要在保证切割质量的前提下，充分考虑生产效率和成本因素，以达到经济、高效的生产目标。激光切割点的选择是一个复杂而综合的过程。需要根据具体的材料和产品要求，结合激光切割机的性能参数，科学合理地确定切割点的位置、数量和顺序。通过精心的切割点选择，可以最大程度地优化激光切割过程，提高加工效率，降低生产成本，从而更好地满足不同行业的加工需求。

（三）切割点的调整

激光切割的点的调整是激光切割过程中的关键环节，它直接关系到切割效果、加工精度以及生产效率。在实际应用中，根据材料的性质、产品的几何形状和激光切割机的性能等因素，可能需要对切割点进行灵活的调整，以优化切割过程，实现更高质量的加工。切割点的位置调整是影响激光切割效果的重要因素之一。通过合理调整切割点的位置，可以避免过多的拐点和不必要的停顿，提高切割路径的流畅性，从而加快切割速度。对于复杂形状的产品，需要在保证切割质量的前提下，通过科学的切割点布局，实现更加高效的加工。切割点的密度调整也是影响激光切割效果的关键因素。对于不同的材料和厚度，需要灵活调整切割点的密度，以适应不同的加工需求。对于大尺寸的工件，可以适当增加切割点的密度，保证整个切割过程的稳定性和一致性。而对于小尺寸的工件，可以适度减小切割点的密度，以提高切割效率。切割点的调整还需要考虑激光切割机的性能和参数。不同型号的激光切割机具有不同的最大切割速度、功率范围和精度要求。在进行切割点调整时，需要充分考虑激光切割机的性能和工作能力，避免超出其最大承载范围，导致切割质量下降或设备损坏。合理调整激光功率和焦距等参数，以适应不同材料和厚度的切割需求。通过对设备参数的精准调整，可以更好地掌握切割过程中的各项指标，实现切割点的精确控制。此外，切割点的调整还与加工效果和成本密切相关。通过科学合理地调整切割点，可以降低切割过程中的能耗，提高能源利用率，从而降低生产成本。通过精心的切割点调整，可以减小切缝宽度，提高切割精度，使最终产品达到更高的质量标准。因此，在进行切割点的调整时，需要全面考虑生产效率和成本因素，实现最佳的加工效果。综合来看，激光切割点的调整是激光切割过程中的一项细致工作，需要根据具体的生产需求、材料特性和设备性能等方面进行合理的调整。通过科学的切割点布局和参数调整，可以最大程度地优化激光切割过程，提高加工效率，降低生产成本，从而更好地满足不同行业的加工需求。

三、激光切割的应用

激光切割技术作为一种高精度、高效率的切割手段，广泛应用于各个制造行业，为生产加工提供了卓越的解决方案。其应用领域包括但不限于金属材料、非金属材料、电子元器件、汽车制造、医疗器械等多个领域。在金属材料方面，激光切割被广泛用于不同类型的金属板材加工，包括不锈钢、铝合金、碳钢等。其高能量密度和精密焦点使其能够实现对薄板材的精细切割，而且能够处理较厚的金属材料。这使得激光切割在制造业中的应用变得更为灵活，不仅可应对大批量生产，同时也适用于个性化定制需求，比如汽车零部件、航空航天结构、建筑金属构件等的精确切割。在非金属材料领域，激光切割同样表现出色。例如，激光对于塑料、橡胶、布料等非金属材料的切割能够实现高精度的轮廓，广泛应用于纺织品、服装、包装等行业。激光切割还在制造电子元器件时发挥着关键作用，可以高效地切割绝缘材料、印刷电路板

(PCB) 等，确保电子器件的精密组装。在电子行业，激光切割被广泛用于生产微细元件，例如在智能手机、平板电脑等电子设备中的微型零部件的切割和加工。激光切割的高精度和微小的热影响区域使其成为微电子制造中不可或缺的工艺之一。激光切割在汽车制造领域有着广泛的应用，涉及到车身结构、发动机零部件、座椅配件等多个方面。激光切割技术的高速度和高精度为汽车工业提供了快速、精密的生产工艺，同时可适应不同形状和厚度的金属材料。在医疗器械制造中，激光切割的应用也愈发重要。激光可以精准地切割生物兼容性的金属和塑料，用于制造各种医疗设备，例如植入式医疗器械、手术工具等。其高精度的切割特性使得医疗器械能够更好地适应人体结构，提高治疗效果。激光切割技术的广泛应用极大地推动了制造业的发展。其高效、精密的切割能力不仅提高了生产效率，同时也满足了对产品精度和质量的不断提升的需求。随着激光技术的不断创新和发展，激光切割在更多领域的应用前景将继续拓展，为各个行业带来更多创新的解决方案。

任务二 激光切割设备

一、CO_2 激光切割机

CO_2 激光切割机是一种常见而高效的激光切割设备，以其在各种材料上的广泛应用和优越的切割性能而受到广泛关注。CO_2 激光切割机采用 CO_2 气体激光源，其工作波长为 10.6 微米，适用于对非金属材料和某些金属材料的高质量切割。这种激光切割机以其对于材料的高吸收率而著称，特别是在有机材料、塑料、纸张、木材等非金属材料的切割领域表现得尤为出色。CO_2 激光切割机的切割速度快、精度高，可以满足对于复杂几何形状的需求，且切割表面光滑，几乎无需二次加工。这一特点使得 CO_2 激光切割机在广告、工艺品、电子器件等行业得到广泛应用。对于一些需要高精度切割的应用，CO_2 激光切割机能够轻松应对，实现微小孔洞和细微线条的精准切割，为用户提供了更灵活的生产选择。CO_2 激光切割机适用性广泛，可以切割的材料包括但不限于金属和非金属。对于金属材料，尤其是碳钢、不锈钢、铝等，CO_2 激光切割机同样表现出色。其能量高效集中，可以迅速将材料加热至汽化温度，实现高速、高效的金属切割，而且在切割过程中产生的热影响区域相对较小，有助于减小切缝宽度，提高切割质量。CO_2 激光切割机具备良好的切割深度和切割宽度控制能力，用户可以根据不同的需求进行调整。这使得 CO_2 激光切割机不仅适用于精细切割，还能够满足一些对于深度切割的特殊需求，如金属零部件的孔加工、槽口切割等。CO_2 激光切割机的维护成本相对较低，光路简单，激光器寿命长，且使用过程中无需刀具更换，减少了额外的材料和劳动成本。这使得 CO_2 激光切割机成为许多企业的首选设备之一，特别是对于大批量生产和对切割质量要求较高的领域。CO_2 激光切割机以其广泛的适用性、高效的切割速度和精度、低维护成本等优点，成为现代制造业中一种不可或缺的先进加工设备。其在金属和非金属材料切割领域的应用范围广泛，为生产制造提供了更为灵活、高效和精准的加工手段。在未来，随着激光技术的不断发展和创新，CO_2 激光切割机有望进一步提升其切割效果和适用范围，更好地满足不同行业对于高质量加工的需求。

图20　CO_2 激光切割机

二、纤维激光切割机

纤维激光切割机是近年来在激光加工领域崭露头角的一种先进切割设备，以其在金属材料切割领域的卓越性能和广泛应用而备受关注。纤维激光切割机采用纤维激光器作为激光源，其波长约为1微米，对金属材料具有极高的吸收率，因此在切割过程中能够高效转化激光能量，实现快速、精确的切割。这一特性使得纤维激光切割机在钢铁、不锈钢、铝等金属材料的切割中表现卓越，成为现代制造业中的重要切割工具。纤维激光切割机以其卓越的切割速度和精度而脱颖而出。激光束经过纤维光导传输，能够更精准地聚焦在工件表面，使切割过程更为稳定、高效。高能密度的激光束能够快速将金属材料加热至汽化温度，实现快速切割，而且在切割过程中产生的热影响区域相对较小，有助于减小切缝宽度，提高切割质量。这种高效的切割性能使得纤维激光切割机广泛应用于汽车制造、航空航天、电子器件等领域，为生产制造提供了高效、精准的加工手段。纤维激光切割机还具有很好的切割深度和控制能力，适用于对深度切割和精细切割有特殊要求的应用。它能够轻松实现对金属材料的孔洞加工、槽口切割等复杂加工，为制造业提供了更大的设计自由度。同时，纤维激光切割机能够灵活调整切割宽度，满足不同加工需求，使其在定制化生产中更加得心应手。纤维激光切割机还具有很好的光电转换效率和光路稳定性，激光器寿命长，且免维护性高，大大降低了设备的运营成本。纤维激光切割机的光学元件采用光纤传输，减少了光路中的损耗，使其在长时间工作中保持较高的稳定性，同时降低了设备的维护成本。这使得纤维激光切割机成为许多企业首选的切割设备之一，特别是对于大批量生产和对切割质量要求高的领域。随着纤维激光技术的不断发展，纤维激光切割机在未来有望进一步提升其性能和适用范围。通过不断改进激光器技术、优化光学系统和提高设备智能化水平，纤维激光切割机将更好地满足制造业对高效、高质量加工的需求。在制造业智能化和数字化的趋势下，纤维激光切割机将继续发挥其重要作用，为各行各业提供先进、高效的切割解决方案。

图 21　纤维激光切割机

三、半导体激光切割机

半导体激光切割机是近年来备受瞩目的激光切割设备，以其在高精度、高效率的切割过程中表现出的卓越性能而在制造业中大放异彩。半导体激光切割机采用半导体激光器作为激光源，这种激光器工作波长通常在 1 微米附近，适用于金属、非金属等各种材料的切割加工。其独特的激光产生机制和高度集成的特点，使其在体积小巧、散热效果良好、能耗低的同时，拥有出色的激光品质，适用于多种切割需求。半导体激光切割机以其卓越的切割速度和高精度而脱颖而出。半导体激光器具备瞬时启动和停止的能力，使得切割机可以在非常短的时间内完成切割，提高了生产效率。半导体激光切割机的激光束能够更准确地聚焦在工件表面，实现精细化的切割，适用于对切割质量要求较高的行业，例如电子器件制造、精密机械零部件等。半导体激光切割机在能量转换方面具有显著的优势。由于半导体激光器工作时的电-光转换效率高，相对于传统的气体激光器，半导体激光切割机更为节能，降低了运营成本。其稳定的激光输出和较低的光学杂散，有助于提高切割的一致性和稳定性，减少了对切割参数的频繁调整，提升了设备的智能化水平。半导体激光切割机在切割薄板材料时表现尤为突出。由于半导体激光器对于薄材料的吸收率较高，能够实现更加精细和迅速的切割。这一特性使得半导体激光切割机在电子行业、光电子行业等对于薄板材料切割要求高的领域中得到广泛应用，为这些行业提供了一种高效、精准的加工手段。半导体激光切割机具有较小的光斑尺寸和较高的单脉冲能量，可实现微细切割和对特殊形状的复杂图案切割，具备更强的加工能力。这一优势使得半导体激光切割机在一些需要高度定制化和复杂切割形状的领域中得以广泛应用，为生产制造提供了更大的设计灵活性。半导体激光切割机以其高效、高精度、节能的优势，成为当今制造业中备受追捧的先进切割设备之一。随着激光技术的不断进步和半导体激光器的不断改进，半导体激光切割机有望进一步提升其性能，扩大其应用领域。在未来，半导体激光切割机有望更好地满足不同行业对于高质量、高效率切割的需求，助力制造业的数字化、智能化升级。

图 22 半导体激光切割机

四、气体激光切割机

气体激光切割机作为激光加工领域的重要成员，以其在金属材料切割领域的广泛应用和高效性能而备受瞩目。气体激光切割机采用气体激光器作为激光源，其波长通常在 10.6 微米，适用于对金属材料的高能量吸收，因此在切割过程中能够迅速将金属材料加热至汽化温度，实现高速而精确的切割。这使得气体激光切割机在钢铁、不锈钢、铝等金属材料的切割中表现卓越，广泛应用于制造业的金属加工领域。气体激光切割机以其切割速度快、切缝窄、切割质量高的特点而受到青睐。气体激光器产生的激光束能量密度高，激光束能够迅速集中在工件表面，使得切割过程更为稳定。高能量密度的激光束能够迅速将金属材料加热至汽化温度，实现高速切割，而且在切割过程中产生的热影响区域相对较小，有助于减小切缝宽度，提高切割质量。这种高效的切割性能使得气体激光切割机成为大规模金属加工领域的首选工具，特别是在汽车制造、航空航天、重工业等领域。气体激光切割机在对材料的适应性上表现优越。它不仅可以切割金属材料，还适用于一些非金属材料，如塑料、木材、橡胶等。这使得气体激光切割机在广告制作、工艺品制作、建筑装饰等领域也得到了广泛应用，为这些行业提供了一种高效且多材料适用的加工手段。气体激光切割机在切割过程中无需刀具接触工件表面，减少了磨损，降低了维护成本。这种非接触式的切割方式不仅能够保持工件表面的光洁度，还有助于提高切割精度。此外，气体激光切割机能够适应各种形状的工件，实现对复杂几何形状的切割，为用户提供更大的灵活性。随着激光技术的不断发展，气体激光切割机的性能和应用领域也在不断拓展。通过不断优化激光器技术、光学系统和智能控制系统，气体激光切割机有望进一步提升其切割质量和效率，满足不同行业对高质量切割的需求。在制造业不断推动数字化和智能化的趋势下，气体激光切割机将继续发挥其在材料加工中的重要作用，为各行各业提供高效、精准的激光切割解决方案。

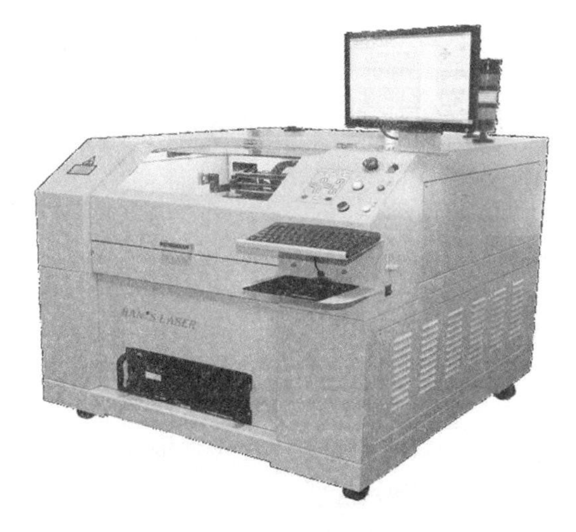

图 23　气体激光切割机

五、二氧化碳激光切割系统

二氧化碳（CO_2）激光切割系统作为激光切割领域的主流设备之一，以其在广泛的材料适应性、高效的切割速度以及优越的切割质量而备受关注。CO_2 激光切割系统采用 CO_2 激光器作为激光源，其波长通常在 10.6 微米，适用于对于绝大多数非金属和一些金属材料的高效切割。这使得 CO_2 激光切割系统在广告制作、纺织业、汽车制造等领域都得到广泛应用。CO_2 激光切割系统以其出色的切割速度和精度而受到青睐。CO_2 激光器的高能量密度能够迅速将材料表面加热至汽化温度，实现快速切割，尤其在对于中厚板材料的切割上表现出色。同时，CO_2 激光切割系统在切割过程中产生的热影响区域相对较小，有助于减小切缝宽度，提高切割质量。这使得 CO_2 激光切割系统在工业制造中能够满足高效、高精度的切割需求，为生产制造提供了可靠的加工手段。CO_2 激光切割系统在多种材料上表现出色。除了对非金属材料的优异切割性能外，CO_2 激光切割系统也在一些金属材料，如碳钢、不锈钢、铝等方面表现优越。其广泛的材料适应性使得 CO_2 激光切割系统成为处理各类复杂工件和多种用途的理想选择，为制造业提供了更大的灵活性。CO_2 激光切割系统还具备较大的切割范围和灵活的切割能力。能够切割各种形状的工件，实现对复杂几何形状的高效切割。其切割深度和切割速度可以根据不同的需求进行调整，使得 CO_2 激光切割系统适用于多种应用场景，从而更好地满足用户的个性化需求。CO_2 激光切割系统操作简单，维护成本相对较低。CO_2 激光器寿命相对较长，光学元件的维护相对简单，大大减少了设备的停机时间和维护成本。这使得 CO_2 激光切割系统成为许多企业的首选设备之一，特别是对于大批量生产和对切割质量要求高的领域。CO_2 激光切割系统以其广泛的材料适应性、高效的切割速度、出色的切割质量和相对低的维护成本，成为激光切割领域的中流砥柱。在未来，随着激光技术的不断发展和创新，CO_2 激光切割系统有望进一步提升其性能，拓展应用领域，为制造业带来更为先进、高效、灵活的激光切割解决方案。

图24　二氧化碳激光切割机

六、光纤激光切割系统

光纤激光切割系统作为激光切割领域的领先技术，以其高度集成、高效能、灵活性和出色的切割质量在制造业中广泛应用。光纤激光切割系统采用光纤激光器作为激光源，其光学纤维作为激光传输的媒介，具有灵活性高、光路稳定等特点。光纤激光器的波长通常在1微米附近，对金属和非金属材料的吸收性能出色，使得光纤激光切割系统在切割范围广泛，对不同材料有着卓越的适应性。光纤激光切割系统以其高效的切割速度和精准的切割质量而著称。光纤激光器具有高能量密度、高光电转换效率等特点，能够在极短的时间内将材料表面加热至汽化温度，实现高速切割。其小尺寸的光斑和狭窄的切缝宽度使得切割质量更为出色，特别适用于对切割质量有严格要求的应用领域，如航空航天、汽车制造等。光纤激光切割系统的光学纤维传输特性使其能够远距离传输激光束而几乎不损失能量，从而使得设备的布局更为灵活，适应性更强。光纤激光切割系统的激光头可以相对灵活地移动，实现对工件的多方向切割，提高了切割的灵活性。这一特性使得光纤激光切割系统在处理大尺寸工件时尤为优越，为制造业的大规模生产提供了高效的解决方案。光纤激光切割系统还具有较低的维护成本。光纤激光器寿命相对较长，且无需光学镜片对准，减少了设备的维护频率和维护成本。这一特性对于企业来说既降低了生产成本，也提高了设备的稳定性和可靠性。光纤激光切割系统在切割过程中几乎无需机械接触，避免了对工件的表面损伤，同时减小了刀具磨损的问题，有助于保持切割表面的光洁度。这使得光纤激光切割系统尤其适用于对切割质量和工件表面要求较高的应用场景，如电子器件制造、医疗器械生产等领域。光纤激光切割系统以其高效、精准、灵活、低维护的特点，成为当今制造业中最受欢迎的激光切割技术之一。在未来，随着激光技术的不断发展和创新，光纤激光切割系统有望在性能、适应性和智能化方面进一步提升，助力制造业实现更为高效和精密的生产加工。

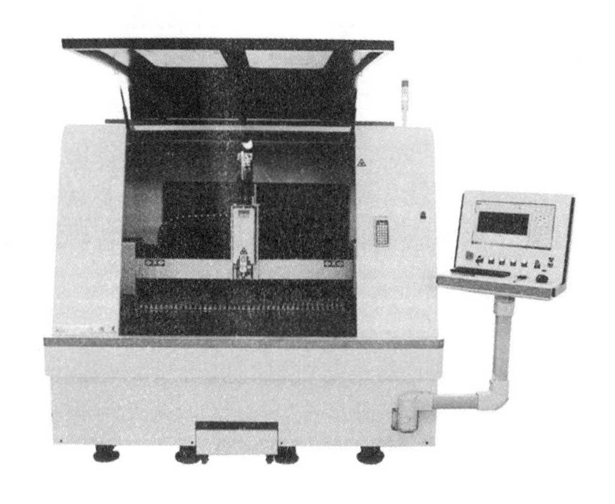

图 25 光纤激光切割机

任务三 激光切割工艺

一、激光切割工艺

（一）气体辅助激光切割

气体辅助激光切割工艺是一种在激光切割过程中采用气体辅助的先进工艺，通过在激光切割区域引入惰性气体或氧气，以优化切割效果。气体辅助激光切割工艺通过气体的引入，能够有效冷却切割区域，降低材料的温度，减小热影响区域，从而提高切割的精度和质量。对于一些对切割质量要求极高的应用领域，如精密零部件制造和电子器件生产，气体辅助激光切割工艺能够确保切割表面的光滑度和几何形状的精确性。气体辅助激光切割工艺的一个重要应用是在切割金属材料时采用氧气辅助。在这种情况下，氧气作为切割区域的辅助气体，与激光束一起与材料反应，形成氧化反应，提高切割效率。这种气体辅助工艺特别适用于对切割速度和效率有严格要求的金属切割应用，如金属制造业和汽车制造业。氧气辅助不仅能够加速金属材料的氧化燃烧，提高切割速度，还能够实现对厚度较大的金属板材的快速而高质量的切割。气体辅助激光切割工艺在切割非金属材料时也表现出色，尤其是在有机材料、塑料和复合材料的切割领域。通过使用惰性气体，如氮气，可以减小对材料的热影响，避免引入氧气导致的氧化反应，从而保持材料的化学稳定性和表面光洁度。这对于一些对切割表面质量要求极高的行业，如医疗器械制造和光电子器件生产，具有重要的意义。气体辅助激光切割工艺还在一些特殊材料的切割中发挥着独特的作用。例如，在硬质合金切割过程中，通过引入氮气作为辅助气体，可以提高激光束对硬质合金的吸收率，从而实现对硬质合金的高效切割。这为硬质合金工件的精密加工提供了更为可行的解决方案。气体辅助激光切割工艺的优点还包括对切割速度和材料适应性的提升。通过合理选择和控制辅助气体的种类和流量，可以实现对不同材料、不同厚度的精准切割，使得气体辅助激光切割工艺更为灵活，适应性更强。气体辅助激光切割工艺通过引入不同气体实现对切割过程的精密控制，为激光切割技术的进一步发展和应用提供了有力支持。在未来，随着材料科学和激光技术的不断进步，气体辅助激光切割工艺有望进一步拓展应用领域，为制造业带来更为先进、高效的切割解决方案。

（二）激光切割雕刻

激光切割雕刻工艺是一种利用激光束对材料进行精细切割和表面雕刻的先进制造技术。激光切割雕刻工艺通过高能密度的激光束，能够在极短的时间内将材料局部加热至汽化温度，实现精准而高效的切割。这种高能激光束可以根据预设的路径，对金属、非金属、有机材料等进行精细切割，呈现出极高的切割精度，适用于对切割质量要求较高的行业，如电子、医疗器械等。激光切割雕刻工艺在材料表面进行雕刻时表现出色。通过调整激光功率和工作速度，可以实现对材料表面的精细加工，呈现出各种图案、文字和复杂的图形。这为创意设计和个性化定制提供了广阔的空间，广泛应用于工艺品、广告标识、装饰材料等领域，为产品赋予独特的艺术性和美感。激光切割雕刻工艺的适应性强，可以对不同硬度、厚度和形状的材料进行雕刻。无论是薄而柔软的纸张、皮革，还是厚重的金属板、塑料材料，激光切割雕刻工艺都能够实现精细而高效的加工。这一特性使其在工业制造、个性化定制等领域都得到广泛应用，为用户提供了更灵活的加工选择。激光切割雕刻工艺还具有非接触式加工的优势。激光束在切割或雕刻过程中不直接接触材料表面，避免了传统机械切割过程中可能产生的振动和磨损，从而保持了工件表面的光洁度和精度。这对于一些对表面要求极高的行业，如光电子器件制造和医疗器械生产，具有重要的应用价值。激光切割雕刻工艺在材料处理过程中产生的热影响区域相对较小，减少了热变形和材料损伤的可能性。这使得激光切割雕刻工艺在对材料要求精细度和形状保持的场景中更为出色，为高精度雕刻和微细切割提供了理想的解决方案。激光切割雕刻工艺以其高精度、高效率、灵活性和广泛适应性，成为当今制造业中不可或缺的重要技术。随着激光技术的不断进步和创新，激光切割雕刻工艺有望进一步提升其性能，拓展应用领域，为各行各业提供更为先进、高效、精密的制造和加工解决方案。

（三）多轴激光切割

多轴激光切割工艺是一种先进的激光加工技术，通过引入多轴运动系统，实现对工件的多方向、多角度的激光切割，具有更高的灵活性和加工效率。多轴激光切割工艺通过在激光切割系统中引入多个轴的运动控制，实现了对工件的多维度加工。这种多轴运动的自由度使得切割头能够在水平、垂直和轴向方向上灵活移动，实现更为复杂的切割轨迹，适用于各种复杂形状和曲面的工件加工，为定制化生产提供了更大的空间。多轴激光切割工艺在切割过程中能够实现更加复杂的几何形状和轮廓。通过控制多个轴的运动，切割头可以沿着多个方向同时移动，从而实现对工件进行多角度的切割。这对于一些需要精细和复杂几何形状的工件加工非常重要，如汽车零部件、航空航天零部件等领域。多轴激光切割工艺在切割各种材料时表现出色。不仅适用于金属材料，还能够对非金属材料如塑料、橡胶、木材等进行高效切割。这种多材料适应性使得多轴激光切割工艺在广告制作、工艺品制造等领域有广泛的应用，为各类材料的创意加工提供了便捷的工具。多轴激光切割工艺在高精度加工方面表现出众。通过灵活控制多个轴的协同运动，可以实现对工件的高精度切割，减小切割误差，提高加工精度。这对于一些对尺寸要求严格的行业，如精密仪器制造、电子器件制造等，具有重要的应用价值。多轴激光切割工艺在处理大型工件时表现突出。由于多轴系统的引入，可以实现对大型工件的分段切割，提高了切割的灵活性和适应性。这对于船舶制造、建筑结构等大型工业领域的生产具有显著的优势。多轴激光切割工艺的智能化程度不断提升。通过激光切割系统与先进的数控系统的结合，可以实现对切割过程的智能化控制和优化。这不仅提高了生产效率，还降低了人为操作的复杂性，为制造业的数字化、智能化转型提供了有力支持。

二、激光切割工艺步骤

（一）参数设定

激光切割工艺的成功应用离不开合理的参数设定，这一过程是确保激光切割系统高效、精准操作的关键。参数设定包括激光功率、切割速度、焦距、气体流量等多个方面，这些参数的选择直接影响到切割过程中材料的熔化、汽化和气化情况。激光功率是其中一个至关重要的参数，过高或过低的功率都会影响切割效果。合理的功率设定能够确保激光束能够迅速将材料表面加热至汽化温度，实现高效切割。切割速度是影响切割质量的另一重要参数。过快的切割速度可能导致切割质量下降，而过慢则可能引起材料熔化较深、热影响区域增大，影响切割精度。通过精确设定切割速度，可以在保持高效切割的同时，确保切缝质量和精度。焦距的选择对激光切割的焦点位置起着决定性作用。合适的焦距能够确保激光束在焦点处具有足够的能量密度，从而保证切割过程的顺利进行。焦距的设定需要综合考虑激光源的参数和工件的特性，以达到最佳的切割效果。气体流量是激光切割中的重要参数之一，尤其是在气体辅助激光切割中。气体流量的设定直接关系到切割区域的冷却、气化和清除熔融物的效果。通过适当设定气体流量，可以调控切割区域的温度，防止材料过度加热，同时也有助于保持切割头的清洁，确保切割质量。材料的种类和厚度也是影响参数设定的关键因素。不同材料对激光的吸收特性不同，需要根据材料的热导率、熔点等特性调整激光功率和切割速度。对于不同厚度的材料，需要调整焦距和切割速度，以适应不同的切割需求。在进行参数设定时，通常需要进行一系列试验和调整，以找到最佳的参数组合。先进的激光切割系统通常配备有自动调整和优化功能，能够根据不同的材料和切割要求自动调整参数，提高生产效率并确保切割质量。合理的激光切割工艺参数设定是确保激光切割系统高效、稳定运行的关键。通过科学准确地调整激光功率、切割速度、焦距和气体流量等参数，可以实现对不同材料和工件的精准切割，满足制造业对高质量、高效率生产的需求。

（二）夹持材料

激光切割工艺中夹持材料是一个至关重要的步骤，直接关系到切割过程的稳定性、精度和安全性。夹持材料的主要目的是确保工件在激光切割过程中能够保持稳定的位置，防止材料因振动或移动而导致切割误差。对于不同形状和大小的工件，选择合适的夹持方式至关重要，可以采用机械夹持、真空吸附等多种夹持方式，以确保工件受到良好的约束。夹持材料需要考虑材料的性质和切割要求。对于柔软或薄弱的材料，如薄板金属、塑料等，需要采用适度的夹持力，避免因夹持过紧而导致变形或损伤。对于硬度较高的材料，夹持力需要足够大，以确保在激光切割过程中不发生移动，保证切割的精度和质量。夹持材料的设计也要考虑到切割后工件的使用需求。夹持系统应该尽可能减小对工件表面的接触，避免留下不良的印记或痕迹。对于一些对表面要求较高的应用领域，如电子器件制造和医疗器械生产，通常采用无损夹持方式，以确保工件表面的完整性。夹持材料的安全性也是一个需要关注的方面。在激光切割的高能激光束下，确保夹持系统的稳定性和耐热性是至关重要的。选用具有良好导热性和抗高温性能的夹持材料，以防止因高温导致夹持系统失效，确保操作人员和设备的安全。夹持材料的设计还需考虑到切割过程中产生的废料和热效应。一些高效的夹持系统设计可以同时清除废料，防止其影响切割质量，并减小切割过程中的热影响区域，有助于提高切割精度。在夹持材料的选择和设计中，还需要考虑批量生产的要求。一些自动化激光切割系统配备有自动夹持装置，能够根据不同工件的尺寸和形状自动进行夹持，提高生产效率，降低人工干预的需求。夹持材料是激光切割工艺中的关键步骤之一，对于保障切割过程的稳定性、精度和安全性至关重要。通过合理选择夹持方式、夹持力度、材料和设计，可以确保工件在切割过程中受到适度的约束，最终实现高质量、高效率的激光切割加工。

（三）对焦调试

在激光切割工艺中，夹持材料是确保切割过程精确、稳定和安全的至关重要的步骤。夹持材料的选择应考虑工件的形状、尺寸和材料特性。不同的工件可能需要不同的夹持方式，包括机械夹持、真空吸附、磁性夹持等。机械夹持适用于各类坚固工件，而真空吸附则适用于较薄、柔软或复杂形状的工件。正确选择夹持方式能够有效避免在切割过程中工件的振动、移动，从而保障切割的准确性和稳定性。夹持材料的夹持力度是确保工件不移动的关键因素。适当的夹持力度既能保持工件的稳定性，又能避免因夹持力过大而引起变形或损伤。对于薄板金属等柔软材料，需适度降低夹持力度，而对于坚硬材料则需要更大的夹持力度。通过合理的夹持力度调整，能够有效保障激光切割过程中的切割质量和工件的完整性。夹持材料的设计需考虑工件切割后的用途和要求。为防止夹持方式留下痕迹或损伤工件表面，一些高精度要求的行业，如电子器件和光学元件制造，通常采用非接触式夹持方式，如真空吸附，以确保工件表面的完好性。这在保障切割质量的同时，也提高了工件的整体外观和质感。夹持材料的耐高温性和导热性能也是需要考虑的因素。在激光切割的高能激光束下，夹持系统可能受到较高的温度影响。因此，选择具有良好导热性能和耐高温性的夹持材料，能够有效减缓温度升高，确保夹持系统的稳定性和耐用性。夹持材料的选择还需结合批量生产的要求。自动化激光切割系统通常配备有自动夹持装置，能够根据不同工件的尺寸和形状自动进行夹持，从而提高生产效率，降低人工操作的需求，特别是在大规模生产场景下，能够显著提升生产效率。夹持材料是激光切割工艺中至关重要的步骤，对于确保切割过程的稳定性、精度和安全性具有重要的作用。通过科学合理地选择夹持方式、夹持力度和夹持材料，能够确保工件在激光切割过程中保持稳定，最终实现高质量、高效率的激光切割加工。

（四）启动激光

对焦调试是激光切割工艺中至关重要的一步，直接影响到切割效果的质量和精度。对焦调试是通过调整激光切割系统中的焦距，使得激光束在切割区域内能够达到最小的焦点直径，从而确保激光的能量密度最大化。合理的对焦调试能够提高激光束的聚焦能力，使其更准确地集中在材料表面，确保切割能量充分集中，有效避免切割误差和热影响区域的扩大。对焦调试涉及到激光切割系统中焦点位置的调整。通过改变切割头与工件之间的距离，调整焦距，使激光束能够准确地汇聚在材料表面。对于不同的材料和切割要求，需要采用不同的焦距设置，以确保切割过程中激光的能量得以充分利用。对焦调试还需要考虑激光切割系统的整体稳定性。确保切割头的固定性和调焦机构的灵活性是对焦调试的关键。一些先进的激光切割系统配备有自动对焦系统，能够实时监测工件表面与切割头之间的距离，并自动进行调焦，从而提高生产效率和精度。对焦调试的成功与否还取决于操作人员的经验和专业技能。经验丰富的操作人员能够根据不同材料的特性和切割要求，快速准确地进行对焦调试，确保切割过程中激光的最佳聚焦效果。此外，一些激光切割系统提供了用户友好的界面和自动化的调焦功能，使得对焦调试变得更加简便和高效。在进行对焦调试时，还需要注意切割头的清洁。清洁度对于激光束的透过和聚焦至关重要。尤其是在切割金属等易产生烟雾和气溶胶的材料时，切割头的光学元件可能会受到污染，影响激光束的传输和聚焦效果。因此，在对焦调试之前，确保切割头处于良好的清洁状态，有助于保证对焦的准确性和稳定性。对焦调试是激光切割工艺中不可忽视的关键步骤，它直接关系到切割过程的精度和质量。通过合理的焦距调整、对焦机构的灵活性以及操作人员的经验，能够确保激光切割系统在切割过程中保持最佳的焦点位置，实现高效、高精度的切割加工。

（五）辅助气体喷射

辅助气体喷射是激光切割工艺中至关重要的步骤，对切割质量、速度和效率都有着显著的影响。辅助气体喷射的主要目的是通过向切割区域喷射气体，实现多重功能。其中包括冷却工件和激光刀具，防止工件过热变形和刀具损坏；清除切割区域的熔融物，避免其对切割质量的影响；以及促进材料的气化过程，加速切割速度，提高切割效率。辅助气体的选择对于激光切割效果至关重要。常用的辅助气体包括氧气、氮气和惰性气体等。氧气通常用于切割有色金属，如不锈钢和铝合金，能够与材料发生化学反应，提高切割速度。氮气通常用于切割碳钢等黑色金属，通过阻碍氧化反应，维护切割区域的纯净性。惰性气体，如氩气，通常用于对一些对氧敏感的材料，如钛合金进行切割，以防止氧化反应的发生。因此，在激光切割中，根据不同材料的性质和切割要求，合理选择辅助气体，能够实现更优异的切割效果。辅助气体的流量和压力的调整也是辅助气体喷射过程中需要仔细考虑的因素。适当的流量和压力可以确保辅助气体充分覆盖切割区域，起到冷却、清理和气化的作用。通过调整流量和压力，可以更好地适应不同材料和切割要求，实现更加精确和高效的激光切割。辅助气体的喷射方式也需要根据不同的切割需求进行调整。一般有集束式和均匀式两种喷射方式。集束式喷射主要集中在刀口位置，适用于要求较高的切割质量和精度。而均匀式喷射则在整个切割区域内均匀分布，适用于一些对切割速度要求较高的应用。通过选择不同的喷射方式，可以更好地满足不同切割需求，提高激光切割的灵活性和适应性。在进行辅助气体喷射时，需要综合考虑切割材料的种类、厚度、切割速度等因素，通过合理的辅助气体喷射调试，能够最大程度地优化激光切割过程，提高切割效果和生产效率。

（六）运动控制

运动控制是激光切割工艺中至关重要的步骤，直接影响到切割系统的定位精度、切割速度和整体效率。运动控制涉及到激光切割系统中的数控系统，负责控制切割头在三维空间内的运动轨迹。通过精确的运动控制，可以实现对工件的高精度定位和复杂形状切割，确保切割质量和准确性。运动控制需要考虑的一个重要因素是切割速度。激光切割系统的数控系统通过准确控制激光切割头在 X、Y 和 Z 轴的运动，实现对切割速度的调控。合理的切割速度既能确保高效的生产，又能保持切割质量。对于不同材料和切割要求，需要调整切割速度以达到最佳的切割效果。运动控制还涉及到加速度和减速度的控制。在切割过程中，需要考虑到切割头在各个方向上的加速和减速，以避免在切割头方向改变时产生振动和过冲现象。通过精密的运动控制，可以实现平滑的运动过程，提高切割速度和质量。运动控制还需要考虑到切割路径的优化。优化的切割路径可以最小化激光切割头在切割区域内的移动距离，提高切割速度和生产效率。通过采用智能的路径规划算法，能够有效降低切割时间，减少能耗，提高整体切割系统的经济性。在运动控制中，数控系统通常采用闭环控制系统，通过激光切割头的实时位置反馈信息，进行动态调整，确保激光切割系统能够稳定运行。一些先进的激光切割系统还配备有自适应控制功能，能够根据不同工件和切割要求自动调整运动控制参数，提高系统的智能化和适应性。在进行运动控制时，需要充分考虑工件的形状、尺寸、切割要求以及材料的特性。通过科学合理地调整运动轨迹、切割速度、加速度和减速度等参数，可以实现对不同工件的精准切割，满足生产的高效性和灵活性需求。运动控制是激光切割工艺中的关键步骤之一，通过精密的数控系统控制切割头在空间中的运动，能够实现高精度、高效率的激光切割加工，适用于多种工业领域。

任务四　激光切割的应用

激光切割作为一种高精度、高效率的材料切割技术，广泛应用于多个制造和加工领域，为各行各业提供了卓越的切割解决方案。其应用涵盖金属材料、非金属材料以及复杂结构的切割需求，成为现代制造业中不可或缺的一部分。激光切割在金属材料领域表现出卓越的优势。通过激光切割，可以对各种金属材料进行高精度、高速度的切割，包括不锈钢、铝合金、铜等。在汽车制造领域，激光切割被广泛用于生产车身结构、底盘零部件以及各种车身外观配件，保证了汽车的结构强度和外观精度。在航空航天领域，激光切割技术用于制造飞机零部件，如机翼、舵面等，以提高飞行器的性能和减轻重量。此外，在建筑业中，激光切割也被应用于制造金属结构、钢结构等，确保建筑物的结构牢固和精度要求。激光切割在非金属材料方面同样发挥着重要作用。木材、塑料、橡胶、布料等非金属材料可以通过激光切割实现精准的轮廓切割，用于家具制造、纺织品加工、包装行业等。在电子行业，激光切割技术被广泛应用于切割印刷电路板（PCB）和其他微电子零部件，确保了电子产品的高精度和稳定性。此外，在医疗器械制造领域，激光切割可以用于切割生物兼容性的材料，制造各种高精密度的医疗器械。激光切割还在复杂结构的切割需求中发挥着独特的优势。通过多轴激光切割系统，可以实现对复杂形状的工件进行高效、精确的切割，满足定制化生产的需求。激光切割与焊接复合工艺更是将切割与连接融为一体，实现一体化的生产过程，提高生产效率和产品质量。在工业制造中，激光切割的高效率和高精度为生产线的自动化和智能化提供了有力支持。激光切割机配备先进的数控系统，可以通过计算机编程实现对切割过程的精密控制，大大提高了生产效率。其无接触、非机械性的切割方式，减少了对刀具的磨损，降低了维护成本。同时，激光切割的热影响区相对较小，减少了材料的变形和氧化，提高了切割质量。在应对个性化定制需求的时代，激光切割技术的灵活性成为其突出的特点。通过调整激光切割机的参数，可以适应不同材料、不同厚度的切割需求。这使得激光切割在小批量生产和定制化生产中有着独特的优势，迎合了市场对多样化产品的需求。

一、激光熔覆再制造——煤炭行业

山西鑫盛激光技术发展有限公司自2016年组建激光熔覆工艺研发队伍，从工艺研发到生产线应用，目前已经应用在各个行业的设备零部件上，根据客户需求提供解决方案，七年来得到客户广泛认可。鑫盛公司结合地域优势，充分利用本土资源在煤炭行业推广应用。

1. 液压支架：油缸、活塞杆、千斤顶、衬套修复。

2. 采煤机：主机架、摇臂、齿轮、齿轮轴、各种衬套、油缸、油缸座、齿座、截齿。

3. 掘进机：油缸、支架、轴、各种衬套、截齿。

4. 刮板运输机：中部溜槽、过渡槽、齿轮、齿轮轴、轴类零件。

5. 转载机：中部溜槽、落地槽、齿轮、齿轮轴、轴类零件。

主要性能参数：

（1）尺寸精度按照国标要求f9公差执行，恢复出厂原始尺寸

（2）功能层厚度单边0.6 mm

（3）表面粗糙度Ra0.2

（4）耐腐蚀粉末修复后柱体表面硬度HRC53°-55°

（5）盐雾腐蚀试验保护等级达到7级

（6）功能层与母材结合强度：冶金结合，结合区域抗拉强度Rm（σb）>800 MPa

（7）无损探伤标准：无裂纹、缺陷，熔敷区针孔率<1%，针孔最大直径<0.05 mm

（8）耐磨损粉末强化后截齿、齿座表面硬度HRC60°-63°

26 油缸、活柱损伤图

27 油缸、活柱修复后效果图

激光熔覆液压立柱图

激光熔覆液压立柱图

截齿强化前图

截齿强化后效果图

齿轮轴轴径损伤图

齿轮轴轴径修复后效果图

齿轮内圈修复前图

齿轮修复后图

衬套修复前损伤图

衬套修复后效果图

行星架修复前损伤图

行星架修复后图

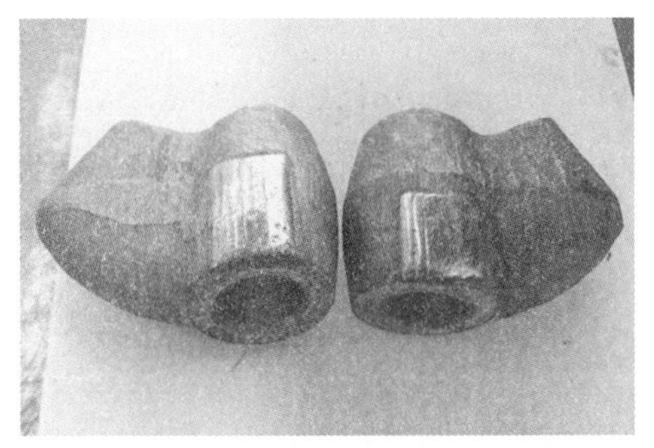
齿座强化效果图

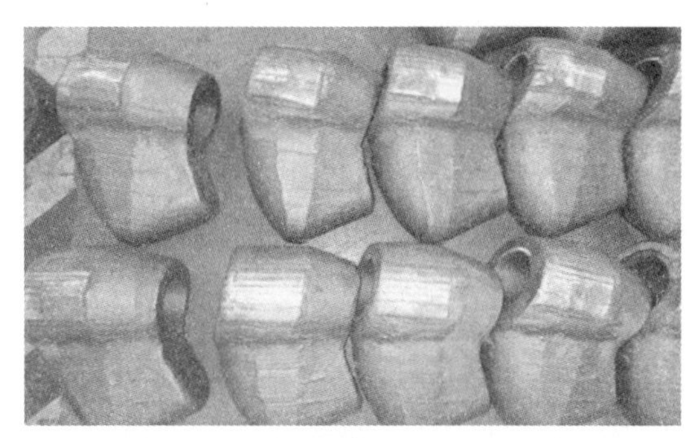
齿座强化效果图

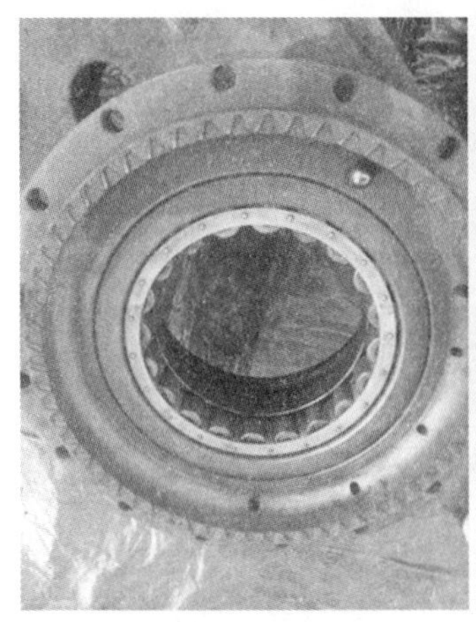
轴承杯损伤图

轴承杯修复图

轴承杯修复后效果图

二、激光熔覆再制造——铸造行业

山西鑫盛激光技术发展有限公司在拓展煤炭市场的同时，针对本土冶炼铸造行业的需求进一步调研，2018 年针对高平泫氏实业、福鑫铸管、骏达铸管、晋城世纪管业、金秋铸造等多个企业进行调研、试验，结合客户采购周期长，设备配件损伤严重等需求，利用激光熔覆工艺为客户解决技术难题。

1. 导向杆、水泵轴、升降油缸杆等轴类耐腐蚀件。
2. 喷涂浇注拖轮、清理工位拖轮
3. 喷涂浇注从动轴、清理工位主动轴
4. 离心机电机转子轴

主要性能参数：

（1）尺寸按照客户需求恢复出厂原尺寸。

（2）功能层厚度单边 1.5 mm。

（3）表面硬度 HRC53°-55°

（4）表面粗糙度 Ra0.4

（5）传动轴两侧轴承位置同轴度<0.02 mm。

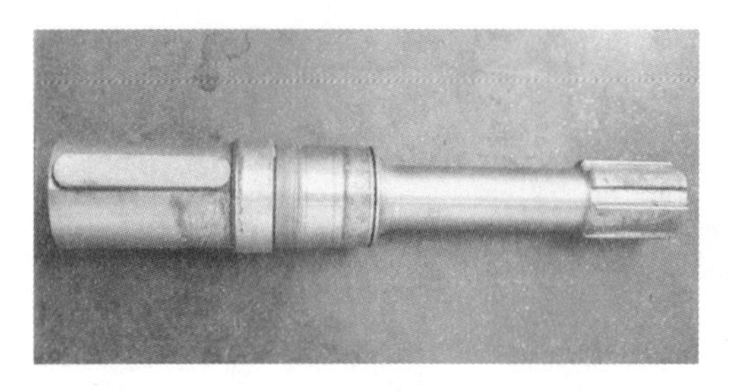

水泵轴修复

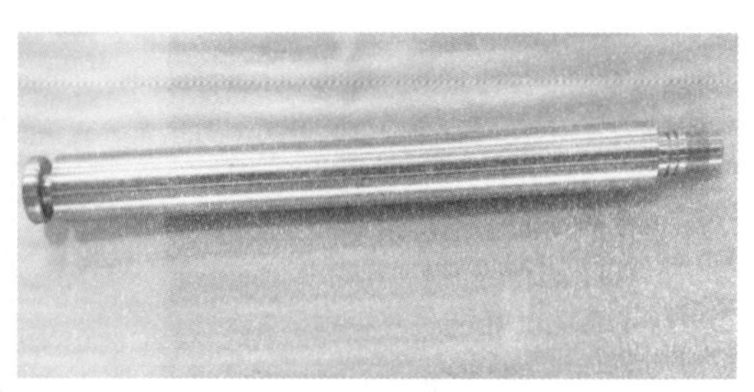

导向杆制新品

导向杆损伤图

导向杆磨削加工图

油缸杆损伤图

油缸杆修复效果图

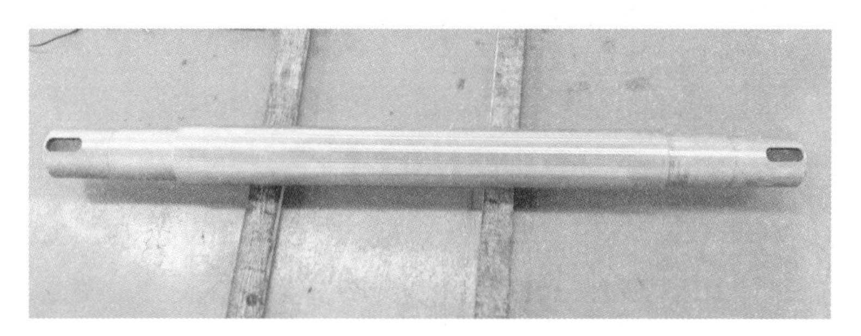

主动轴轴承位置修复效果图

拖轮损伤图

拖轮激光熔覆修复

拖轮修复效果图

水泵轴

离心机电机转子轴轴承损伤图

离心机电机转子轴修复后效果图

曲轴轴径损伤图

曲轴轴径修复效果图

轧辊环高温耐磨强化

轧辊环强化后效果图

知识小结

在深入学习激光切割的原理、设备、工艺和应用的过程中，我们汇总了重要的知识点。激光切割的原理：激光切割利用激光束对材料进行高强度、高密度的能量照射，使材料局部熔化、汽化，从而实现切割。激光切割的关键步骤包括激光的生成、传输、聚焦和反射等。激光切割设备：二氧化碳激光切割机：适用于金属和非金属材料，常用于工业制造。光纤激光切割机：具有高度的光电转换效率和细小的切割线条，常用于精密零部件制造。激光切割工艺：预处理：对材料表面进行清洁和涂层，以提高切割质量。设备设置：确保激光切割机的参数和配置适合特定的材料和切割任务。切割参数调整：调整激光功率、切割速度等参数，以实现最佳的切割效果。激光切割的应用：用于切割汽车零部件，提高生产效率和质量。用于制造精密的医疗设备部件。应用于电路板和微电子器件的精密切割。通过这一项目，我们不仅深入了解了激光切割技术的核心原理和工作机制，还学习了不同类型激光切割设备的特性，以及如何优化工艺参数以实现高效的切割。同时，我们认识到激光切割在各个行业的广泛应用，为现代制造业和科技发展提供了重要支持。这一系列知识的积累为我们更深入地理解激光切割技术的应用领域和发展前景奠定了基础。

思考练习

1. 请简要阐述激光切割的基本原理是什么？涉及到哪些关键步骤？
2. 比较二氧化碳激光切割机和光纤激光切割机的特点和适用范围。
3. 描述激光切割的工艺流程，包括预处理、设备设置和切割参数调整。

项目八　激光熔覆和选区激光熔化

项 目 导 读

激光熔覆与选区激光熔化是先进的表面改性技术，广泛应用于材料加工与制造领域。本项目旨在深入探讨激光熔覆的原理、设备、材料以及工艺，并引入选区激光熔化的相关内容，为读者提供全面的了解和应用指南。任务一聚焦于激光熔覆的原理与点。通过解析激光与材料相互作用的机理，揭示激光熔覆的基本原理，进而深入讨论熔覆点的选取与优化，为后续工艺提供理论基础。任务二涉及激光熔覆设备与材料。我们将介绍激光熔覆的常见设备类型以及适用于该技术的不同材料，为读者选择合适的设备和材料提供参考依据。任务三详细讲解激光熔覆的工艺，包括预处理、参数设定、熔覆过程控制等关键环节。读者将深入了解如何优化工艺参数，提高熔覆质量和效率。任务四引入选区激光熔化，重点探讨其原理和与传统激光熔覆的差异。通过对比分析，读者将更好地理解选区激光熔化的优势和适用场景。在任务五中，我们将深入探讨激光熔覆的应用领域，包括但不限于汽车制造、航空航天、医疗器械等。读者将了解到该技术在提高材料性能、修复零部件、定制制造等方面的广泛应用，为实际生产提供创新性的解决方案。通过本项目的学习，读者将对激光熔覆与选区激光熔化的原理、设备、工艺和应用有系统全面的了解，为在相关领域开展研究和应用提供强有力的支持。

学 习 目 标

了解激光熔覆在汽车制造、航空航天、医疗器械等领域的广泛应用。熟悉不同类型的激光熔覆设备，了解它们的工作原理和特点。理解激光与材料相互作用的基本原理，掌握激光熔覆的熔覆点选择原则，形成对激光熔覆基础理论的全面认识。掌握激光熔覆的关键工艺参数设定和控制技术，提高加工效率和质量。掌握激光熔覆所需的各类材料，包括金属合金、陶瓷等。学会预处理步骤，包括表面清理和预热等。掌握激光熔覆的关键工艺参数设定和控制技术，提高加工效率和质量。能够根据实际需求选择合适的激光熔覆设备和材料。具备优化激光熔覆工艺参数的实际操作能力，解决相关行业中的技术难题。掌握激光熔覆在提高材料性能、修复零部件和实现定制制造等方面的实际案例。通过达到这些整体学习目标，学员将全面掌握激光熔覆和选区激光熔化的核心概念、技术原理和实际应用，为其在相关领域的研究、工程和制造中发挥积极作用提供有力的支持。

思政之窗

通过深入学习项目八，我们将在技术探索的同时，打开一扇思政之窗，引领学员深思科技发展与社会责任之间的关系。通过学习选区激光熔化技术的应用，思考在高科技发展背后的技术伦理问题。学员将被引导思考科技工作者在推动技术创新的同时，应对社会、环境和伦理问题负有何种责任。了解激光熔覆技术在汽车制造、航空航天、医疗器械等领域的应用，思考科技如何推动社会各行业的进步。学员将思考如何更好地将科技成果转化为社会福祉和经济发展的力量。通过学习工艺参数优化等内容，培养学员的创新精神。思考技术创新如何对国家的经济和科技发展起到积极推动作用，促使学员在学有所得的同时，更多地思考如何回馈社会。这扇思政之窗将引导学员在技术研究的同时，审视科技发展对社会、环境和伦理的影响，培养工程技术人员的全球视野、社会责任感和可持续发展意识。

任务一　激光熔覆的原理与点

激光熔覆技术是 20 世纪 70 年代随着大功率激光器的发展而兴起的一种新的表面改性技术，是指激光表面熔覆技术是在激光束作用下将合金粉末或陶瓷粉末与基体表面迅速加热并熔化，光束移开后自激冷却形成稀释率极低，与基体材料呈冶金结合的表面涂层，从而显著改善基体表面耐磨、耐蚀、耐热、抗氧化及电气特性等的一种表面强化方法。如对 60#钢进行碳钨激光熔覆后，硬度最高达 2 200 HV 以上，耐磨损性能为基体 60#钢的 20 倍左右。在 Q235 钢表面激光熔覆 CoCrSiB 合金后，将其耐磨性与火焰喷涂的耐蚀性进行了对比，发现前者的耐蚀性明显高于后者。

激光熔覆技术是一种经济效益很高的新技术，它可以在廉价金属基材上制备出高性能的合金表面而不影响基体的性质，降低成本，节约贵重稀有金属材料，因此，世界上各工业先进国家对激光熔覆技术的研究及应用都非常重视。

应用于激光熔覆的激光器主要有：CO_2 激光器、半导体直接输出激光器光纤激光器和二极管激光器，老式灯泵浦激光器由于光电转化效率低，维护繁琐等问题已逐渐淡出市场。

激光熔覆按送粉工艺的不同可分为两类：粉末预置法和同步送粉法。两种方法效果相似，同步送粉法具有易实现自动化控制，激光能量吸收率高，无内部气孔，尤其熔覆金属陶瓷，可以显著提高熔覆层的抗开裂性能，使硬质陶瓷相可以在熔覆层内均匀分布等优点。

激光熔覆具有以下特点：

（1）冷却速度快（高达 106 K/s），属于快速凝固过程，容易得到细晶组织或产生平衡态所无法得到的新相，如非稳相、非晶态等。

（2）涂层稀释率低（一般小于 5%），与基体呈牢固的冶金结合或界面扩散结合，通过对激光工艺参数的调整，可以获得低稀释率的良好涂层，并且涂层成分和稀释度可控；

（3）热输入和畸变较小，尤其是采用高功率密度快速熔覆时，变形可降低到零件的装配公差内。

（4）粉末选择几乎没有任何限制，特别是在低熔点金属表面熔覆高熔点合金；

（5）熔覆层的厚度范围大，单道送粉一次涂覆厚度在 0.2–2 mm，

（6）能进行选区熔覆，材料消耗少，具有卓越的性能价格比；

（7）光束瞄准可以使难以接近的区域熔覆；

（8）工艺过程易于实现自动化。

适合常见易损件的磨损修复。

一、激光熔覆的原理

（一）激光源产生激光束

激光熔覆是一种先进的表面处理技术，其原理涉及到激光源产生激光束并将其集中在工件表面，以实现材料的熔化和覆盖。激光熔覆的第一步是由激光源产生激光束。激光是一种聚焦度极高、单色性好的光束，通常是由激光器生成的。激光器能够将能量转化为激光光束，其特点是具有高强度、高聚焦度和单一波长。产生的激光束经过透镜或反射镜的聚焦系统，使其能量集中到非常小的区域上。这种高度聚焦的激光束能够在狭小的区域内提供足够的能量，以便在下一步中实现材料的熔化。聚焦后的激光束照射到工件表面，产生高温区域。由于激光的高能量密度，材料表面迅速升温并达到熔点。在这一阶段，材料经历短暂的熔化，形成液态。在材料表面熔化的同时，通常还会喷射一定量的添加材料，这可以是粉末或线材。这些添加材料在激光照射的同时融化并与基础材料混合，形成一层新的合金覆盖层。这个过程有助于改善材料的表面硬度、耐磨性和耐腐蚀性。一旦激光束停止照射，熔化的材料迅速冷却并凝固。这样就形成了一层均匀、致密的覆盖层，具有改善的物理和化学性质。冷却的速度对于覆盖层的最终性能至关重要。激光熔覆技术因其能够实现高精度、高效率的表面处理而受到广泛关注。它在许多领域都有应用，包括金属加工、航空航天、汽车制造等。通过调整激光参数和添加材料，可以实现对材料表面性能的精确调控，提高材料的整体质量和耐用性。

（二）光学系统聚焦激光束

激光熔覆的原理涉及到光学系统的关键部分，即激光束的聚焦过程。该过程通过透镜或反射镜等光学元件，将激光束集中在工件表面的狭小区域，实现高能量密度的照射，从而引发材料的熔化和覆盖。光学系统的工作始于激光束的生成。激光通常是由激光器产生的，激光器将能量转化为激光光束。这个激光束具有高强度、高聚焦度和单一波长，为后续的聚焦过程提供了理想的光学特性。光学系统的第一部分是入射激光束的光学透镜系统。透镜是用来调整激光束的方向和焦距，以确保激光能够被有效地聚焦到工件表面的特定区域。通过透镜的形状和位置调整，可以实现激光束的准

直和聚焦。聚焦透镜是光学系统中至关重要的组成部分。聚焦透镜的选择决定了激光束在焦点处的直径和形状。通常使用具有高透过率和热稳定性的透镜材料，以确保在激光照射期间透镜能够保持稳定性。透镜的焦距决定了激光束的聚焦深度，是调整加工区域大小的关键因素。光学系统的核心目标是将激光束聚焦到一个非常小的区域，即焦点。通过透镜系统的调整，激光束在焦点处形成高能量密度的区域。这个小而集中的焦点是后续熔覆过程的关键，因为它提供了足够的能量来引发材料的熔化。除了透镜系统外，有些激光熔覆系统采用反射镜来控制激光束的传输路径。反射镜的角度和位置可以调整，以确保激光束准确地聚焦在工件表面。这种配置提供了更大的灵活性，适应不同形状和尺寸的工件。在实际应用中，光学系统通常需要动态调整焦点位置和形状，以适应复杂的工件表面。这可以通过使用自动调焦系统或实时监测激光束的焦点位置来实现。动态调整确保激光束在整个熔覆过程中保持最佳的聚焦状态。通过以上光学系统的设计和调整，激光束可以被有效地聚焦在工件表面，实现高能量密度的照射，从而促使材料熔化和覆盖。这种光学系统的应用使得激光熔覆成为一种高精度、高效率的表面处理技术，在多个领域得到了广泛的应用。

（三）添加熔覆材料实现合金化

激光熔覆的原理中，添加熔覆材料是实现合金化的重要步骤。这一过程涉及在激光照射的同时向工件表面喷射或添加额外的材料，这些材料可以是粉末、线材等形式。通过与基础材料的混合熔化，形成一层新的合金覆盖层，从而改善材料的表面性能。在激光熔覆过程中，通常会使用喷射系统将额外的熔覆材料引入工作区域。这些熔覆材料可以是金属粉末、线材或其他形式，具体选择取决于应用的要求。喷射系统的设计和控制对于确保材料均匀喷射至激光焦点位置至关重要。熔覆材料的选择对于最终合金覆盖层的性能至关重要。通常选择的熔覆材料与基础材料相容，同时具有所需的性能特征。这可以包括提高硬度、耐磨性、耐腐蚀性等特性。合适的熔覆材料选择是确保形成高质量合金层的关键一步。一旦熔覆材料被喷射到工件表面，它们与基础材料开始交互。在激光束的作用下，这些材料迅速熔化并与基础材料混合。这一过程发生在焦点处，其中激光束的能量密度足够高，能够引发熔化并促使材料混合。激光照射期间，熔化的熔覆材料与基础材料混合形成液态。这种液态中的不同元素相互溶解，实现了合金化的过程。通过在激光焦点位置添加合金元素，可以调控最终合金的成分，以满足特定应用的需求。合金化过程中，激光的高能量密度导致了快速的冷却，形成了具有特定微观结构的合金覆盖层。这个微观结构对于覆盖层的性能至关重要，例如颗粒尺寸、晶体结构等都会受到激光照射条件的影响。通过调整激光参数和熔覆材料的组成，可以实现对微观结构的精确控制。随着激光照射的进行，熔化的熔覆材料在激光束停止后迅速冷却并凝固，形成一层均匀的合金覆盖层。这个合金覆盖层具有基础材料和熔覆材料的优良性能，提升了整体材料的特性。通过添加熔覆材料实现合金化，激光熔覆技术能够在表面形成高性能的合金覆盖层，提高材料的硬度、耐磨性、耐腐蚀性等方面的性能。这种精确控制合金成分和微观结构的能力使激光熔覆成为一种在航空航天、汽车制造、能源领域等多个应用领域广泛使用的先进表面处理技术。

二、激光熔覆的点

(一) 激光源选择

激光熔覆技术的成功应用取决于激光源的选择，激光源是整个系统的核心部分，决定了激光束的特性，包括强度、波长、聚焦度等。在激光熔覆技术中，常见的激光源类型包括气体激光器（如二氧化碳激光器）、固体激光器（如 Nd：YAG 激光器）和半导体激光器。每种类型的激光源都有其独特的特点，适用于不同的应用场景。气体激光器通常具有较高的功率，适用于大面积的熔覆过程；固体激光器在中小功率范围内表现出色，而半导体激光器则具有小巧轻便的优势。激光波长的选择对于激光熔覆过程至关重要。不同波长的激光与材料的相互作用方式不同，因此需要根据应用要求和材料特性选择合适的波长。例如，二氧化碳激光器的波长较长，适用于对吸收较差的材料，而 Nd：YAG 激光器的波长较短，对某些金属材料有更好的吸收。激光功率是影响激光熔覆效果的关键因素之一。激光功率的选择应根据工件材料、厚度和加工速度等因素进行调整。高功率激光源可以提高熔覆速度，但需要更精密的控制以避免过度加热。因此，激光功率的调控需要根据具体应用场景和工艺需求进行精确的设定。激光束的质量直接影响到焦点的形成和能量密度的分布。高质量的激光束能够实现更小的焦点直径和更集中的能量，从而提高熔覆过程的精度。激光束质量的要求包括激光束的横向模式、波前质量等因素，这些要求需要根据具体的加工任务进行优化。激光源的稳定性和可靠性是保障激光熔覆系统正常运行的重要因素。长时间、高强度的激光工作可能导致激光源的损耗和性能下降，因此激光源的设计和制造需要考虑到系统的稳定性和可维护性，以确保持续的高效加工。不同类型和品牌的激光源在成本和能效方面存在差异。在选择激光源时，需要综合考虑投资成本、运行成本以及能源利用效率。一些先进的激光源可能具有更高的能效，但其成本也相应较高，需要在成本和性能之间进行平衡。综合考虑激光源的类型、波长、功率、质量、稳定性、成本等多个因素，可以选择适合特定激光熔覆应用的激光源。正确选择激光源有助于确保激光熔覆系统的高效运行，实现对材料表面的精确处理，从而获得优越的表面性能。

(2) 激光参数调

激光参数的调节是激光熔覆过程中的关键环节，直接影响到最终合金覆盖层的质量和性能。激光参数包括激光功率、照射速度、激光焦点直径、脉冲频率等多个方面。激光功率是影响熔覆过程的主要参数之一。功率的调节直接影响到激光束的能量密度，从而影响到熔化和合金化的效果。较高的功率可以提高熔覆速度，但需要注意防止过度加热导致材料变性。因此，在实际应用中需要根据工件的特性和熔覆深度来合理调整激光功率。照射速度是指激光束在工件表面移动的速度，对于激光熔覆的成形和合金化过程具有重要影响。过高的照射速度可能导致激光束无法充分熔化材料，而过低则可能造成过度加热。通过调整照射速度，可以实现对熔覆层的宽度和厚度的控制，以满足具体应用需求。激光焦点直径决定了能量密度的分布和焦点深度。通过调整激光焦点直径，可以实现对焦点大小的控制，影响到熔覆层的表面质量和微观结构。较小的焦点直径可以提高能量密度，适用于对材料表面进行精细处理。对于激光熔覆中的脉冲激光系统，脉冲频率是一个关键参数。脉冲激光可以在短时间内提供高能量，有助于实现快速熔化和冷却。通过优化脉冲频率，可以调整熔覆过程的稳定性和效率，同时对于某些材料的熔化过程也有明显的影响。不同波长的激光与材料的相互作用方式不同，因此激光波长的选择也是激光参数调节的一部分。例如，对于金属材料，Nd：YAG 激光器的较短波长更容易被金属吸收，因此在选择激光源时需要考虑波长与工件材料的匹配。引入实时监测和反馈系统有助于及时调整激光参数，以适应工件表面的变化和不均匀性。这可以通过感测器、红外摄像机等设备来实现，确保激光熔覆过程中的稳定性和一致性。激光参数的调节是激光熔覆技术中的一项技术挑战，需要充分考虑材料特性、应用需求和系统性能。通过精确控制激光功率、照射速度、焦点直径等参数，可以实现对合金覆盖层的微观结构、硬度、表面质量等性能的优化。这种精密调控使得激光熔覆技术能够适应不同材料和应用场景，广泛应用于航空航天、汽车制造、能源等领域。

（三）熔覆过程控制

激光熔覆过程的控制是确保最终合金覆盖层质量和性能的关键因素。该过程的有效控制涉及多个方面，包括激光系统参数、材料特性、熔覆材料添加、熔覆速度等。激光系统的参数，如激光功率、焦点直径、照射速度等，需要在整个熔覆过程中进行实时监测与调整。通过先进的激光控制系统，可以实现对这些参数的在线监测，并在需要时进行自动调整，以确保激光束的稳定性和一致性。熔覆过程中的温度控制至关重要。过高或过低的温度都可能对合金覆盖层的性能产生负面影响。通过控制激光功率、熔覆速度和熔覆材料的添加，可以有效管理热影响区域，确保合金覆盖层在理想温度范围内形成。熔覆材料的均匀喷射和分布是实现合金化的关键步骤。通过精密控制喷射系统，确保熔覆材料均匀地覆盖在激光照射区域内。这有助于形成均匀的合金覆盖层，提高材料的表面硬度和耐磨性。熔覆速度是指激光束在工件表面移动的速度，对合金覆盖层的形成和表面质量有直接影响。通过合理调控熔覆速度，可以实现对覆盖层宽度、厚度和表面粗糙度的控制，以获得理想的表面质量。合金覆盖层的性能取决于合金元素的种类和含量。通过精确控制熔覆材料的成分和添加量，可以调配出具有特定性能的合金覆盖层，以满足不同应用的需求。这需要对合金元素的溶解、扩散和凝固等过程有深入的了解。激光熔覆过程中，由于迅速的冷却，形成的合金覆盖层具有特定的微观结构。通过调控激光参数和熔覆材料，可以实现对晶粒粒度和晶体结构的优化。这对于提高覆盖层的强度、韧性和耐磨性等性能至关重要。引入在线质量监测和缺陷检测系统，可以实时监测合金覆盖层的形成过程，并及时发现可能的缺陷和问题。这有助于采取及时的措施进行调整，确保最终产品的质量符合要求。通过对激光熔覆过程进行综合控制，包括激光系统参数、温度、熔覆材料、熔覆速度等方面的调节，可以实现对合金覆盖层质量和性能的优化。这种细致而全面的过程控制使得激光熔覆技术成为一种高效、精密的表面处理方法，在多个领域取得了广泛的应用。

任务二　激光熔覆设备与材料

一、激光熔覆设备

（一）激光器

激光熔覆设备的核心组成部分是激光器，它是整个系统的动力源，直接影响到激光束的特性和照射效果。激光器的选择对于激光熔覆技术的成功应用至关重要。激光熔覆设备常用的激光器类型包括气体激光器、固体激光器和半导体激光器。气体激光器，如二氧化碳激光器，通常具有较高的功率，适用于大面积的熔覆过程。固体激光器，如 Nd：YAG 激光器，在中小功率范围内表现出色，而半导体激光器则具有小巧轻便的优势。激光器的波长直接影响到激光束与材料的相互作用方式。不同波长的激光适用于不同的材料，例如对于金属材料，Nd：YAG 激光器的较短波长更容易被金属吸收，提高了能量转换效率。激光功率的调节范围决定了设备的适用范围，不同的应用可能需要不同功率的激光束。激光功率的宽范围调节使得设备能够适应不同材料和厚度的加工需求。激光束的质量直接关系到焦点的形成和能量密度的分布，影响到激光熔覆的加工精度。优质的激光束应具有高的横向模式、波前质量等特性，确保激光照射的稳定性和均匀性。聚焦系统包括透镜、反射镜等光学元件，用于将激光束聚焦到工作区域。良好的聚焦系统能够确保激光在焦点处形成高能量密度，提高熔覆效果。一些设备可能采用自动调焦系统，以适应复杂的工件表面。激光器的稳定性和可靠性是设备正常运行的基础。长时间、高强度的激光工作可能导致激光器的损耗和性能下降，因此激光器的设计和制造需要考虑到系统的稳定性和可维护性。激光器在工作过程中会产生大量的热量，需要有效的冷却系统来保持激光器的稳定性。冷却系统的设计要能够快速、均匀地将热量排出，防止激光器过热影响其性能。一些激光熔覆设备采用光纤输送系统，将激光束从激光器传输到工作区域。光纤的使用可以提高设备的灵活性，使激光束能够更灵活地照射到不同的工件表面。在激光熔覆设备的设计和使用中，安全性是一个至关重要的方面。必须采取适当的安全措施，包括防护罩、安全传感器等，以防止激光辐射对操作人员造成危害。通过对激光器及其相关系统的精心设计和优化，激光熔覆设备能够提供高效、精密的表面处理能力，广泛应用于航空航天、汽车制造、能源等领域，为材料表面提供卓越的性能和质量。

（二）数控系统设备

激光熔覆设备的数控系统是其关键组成部分之一，对于实现精密、高效的表面处理具有重要作用。数控系统通过对激光熔覆过程中的各项参数进行智能调控，实现对材料表面的精准处理，提高生产效率和产品质量。数控系统负责对设备的多轴运动进行精确控制，确保激光束在工作区域内能够按照预定的轨迹进行运动。这包括激光头的三轴运动、工作台的运动等，通过高精度的轴控制和运动系统，实现对工艺的高度可控性。数控系统需要建立和校准坐标系，确保激光束的运动与工件表面的期望位置和轨迹相匹配。这包括对激光头、工作台等各个部件进行坐标系的准确定位，以保证激光熔覆过程的准确性和一致性。在激光熔覆过程中，数控系统负责路径规划和插补算法，确定激光束的运动路径和速度。这需要综合考虑工艺要求、工件形状和激光功率等因素，通过智能的路径规划确保激光束在表面形成均匀的合金覆盖层。数控系统能够实时监测并动态调整激光功率和脉冲频率，以适应工艺中可能出现的不同材料、厚度和表面状态。这种动态调整能够确保激光熔覆过程中的稳定性和一致性，提高生产效率和能效。引入实时监测和反馈系统，数控系统能够实时获取激光熔覆过程中的关键参数信息，如温度、熔覆材料的喷射情况等。通过这些信息，系统可以进行实时的反馈调整，保持激光熔覆过程的稳定性和一致性。数控系统提供直观友好的用户界面，使操作人员能够轻松进行参数设置、监测激光熔覆过程并进行必要的调整。这种人机交互设计提高了设备的易用性，降低了操作难度。数控系统通常具有数据库管理功能，能够存储和管理不同工艺参数的设定。这使得操作人员可以方便地选择和加载预设的工艺参数，提高了设备的灵活性和适应性。数控系统配备了完善的报警系统和故障诊断功能，能够在设备运行出现异常时及时发出警报并提供相应的故障诊断信息。这有助于快速解决问题，保证生产流程的连续性。激光熔覆设备的数控系统通过对多个关键参数的智能调控，实现了对激光熔覆过程的高度控制和优化。这种高度自动化和智能化的数控系统使得激光熔覆设备能够适应不同材料、形状和加工需求，广泛应用于航空航天、汽车制造、能源等领域，为材料表面提供精密、高效的处理方案。

（三）辅助气体设备

激光熔覆设备中的辅助气体设备是保障熔覆过程正常进行、调控熔覆材料喷射以及优化合金化效果的重要组成部分。这些辅助气体的选择、控制和管理对于最终合金覆盖层的质量和性能起着关键作用。保护气体在激光熔覆过程中扮演着重要的角色，主要用于防止熔覆区域与周围环境中的氧气和其他污染物发生反应。通常采用惰性气体，如氩气，作为保护气体。辅助气体设备通过精确的控制系统，确保保护气体的流量、压力和流速等参数，以保障熔覆过程的惰性气氛。在激光熔覆过程中，通过辅助气体的调节，可以调控熔覆区域的气氛，从而影响合金化反应的进行。例如，在特定应用中，通过控制氧气的含量，可以实现对合金元素的氧化还原反应，优化合金覆盖层的化学成分和性能。辅助气体设备包括雾化喷嘴和喷射系统，用于将熔覆材料以雾化的形式喷射到工作区域。雾化喷嘴的设计和性能直接影响到熔覆材料的均匀喷射和分布，从而影响到合金覆盖层的形成。通过精密的控制系统，可以调整喷嘴的参数，如喷嘴口径、雾化气体流量等，以实现不同工件的需求。辅助气体设备通过调整喷嘴的喷射方向和模式，可以实现对熔覆材料的精准定向喷射。这对于形成复杂形状的合金覆盖层、修复局部缺陷等具有重要意义。通过数控系统的精密控制，可以实现对喷射方向和模式的灵活调整。在熔覆过程中，需要对熔化的材料进行迅速冷却，以确保合金覆盖层的微观结构和性能。辅助气体设备中的冷却气体用于在熔覆区域形成快速冷却的气氛，通过控制冷却气体的流量和温度，可以实现对熔覆过程的冷却速度进行精确调控。辅助气体设备通常配备实时监测系统，用于监测气体的成分和质量。这有助于确保保护气体的纯度，防止气体中的杂质对熔覆过程产生不良影响。实时监测还可以提供反馈信息，用于调整和优化辅助气体的使用条件。在激光熔覆过程中，可能会产生一些废气，包括气溶胶、气体排放等。辅助气体设备还包括废气处理系统，用于收集、处理和排放这些废气，确保生产环境的安全和环保。通过精心设计和控制，辅助气体设备在激光熔覆过程中发挥着不可替代的作用。它不仅确保熔覆区域的惰性气氛，防止氧化、污染等问题的发生，同时通过对辅助气体的智能调控，实现了对合金覆盖层的优化，为激光熔覆技术提供了稳定、高效的加工环境。

（四）粉末供给设备

激光熔覆设备中的粉末供给设备是实现表面合金化的关键组成部分，负责将熔覆材料以粉末形式输送到激光照射区域。这一设备的设计和性能直接影响到合金覆盖层的质量、均匀性以及整个激光熔覆过程的效率。粉末供给设备首先需要考虑的是所使用的熔覆粉末的性质和种类。根据不同的应用需求，可以选择金属粉末、合金粉末等，以满足特定工件的合金化要求。同时，设备需要具备适应不同粉末特性的能力，确保输送系统的畅通和稳定。粉末供给设备包括粉末输送系统，其设计应考虑到粉末的流动性、密度和颗粒大小等因素。通过合理的输送管道、喷嘴和振动器等装置，确保粉末在输送过程中保持均匀的流动状态，避免发生堵塞和不均匀喷射。粉末供给设备需要具备对粉末喷射进行精确控制的能力。通过调整喷嘴的流量、喷射方向和喷射模式，实现对熔覆材料的均匀喷射，确保合金覆盖层的均匀性和质量。粉末供给设备通常配备实时监测系统，用于监测粉末的供给量。通过精确的流量监测，系统可以实时调整粉末的供给量，以适应激光熔覆过程中材料的消耗和变化，确保熔覆过程的稳定性。粉末的尺寸分布直接影响到熔覆层的性能和表面质量。粉末供给设备需要具备对粉末尺寸分布的控制能力，通过优化粉末的生产工艺和筛分系统，确保粉末的均匀性和一致性。针对某些特殊的激光熔覆工艺，粉末供给设备可能配备有粉末预热系统。通过预热粉末，可以提高其熔化效率，降低熔化能量，从而实现对熔覆过程的优化控制。粉末喷射速度和粒子速度是影响熔覆过程的关键参数。通过调整粉末供给设备中的相关参数，如气体压力、喷嘴直径等，可以实现对粉末喷射速度和粒子速度的调节，以满足不同工件和合金覆盖层的需求。为了提高粉末的利用率，粉末供给设备通常包括粉末收集和回收系统。这些系统能够收集未被熔化的粉末，通过处理和过滤，将其重新输送到粉末供给系统，减少资源浪费。为防止粉末输送系统中的堵塞，粉末供给设备通常配备有防堵系统。这包括振动器、清洗装置等，用于定期清理输送管道，确保粉末的畅通输送。激光熔覆设备中的粉末供给设备是激光熔覆技术中不可或缺的关键组件，直接影响到合金覆盖层的形成和性能。通过对粉末的选择、输送系统的设计和实时监测等方面的综合优化，粉末供给设备能够在激光熔覆过程中发挥重要作用，实现对合金化过程的精准控制和优化。

二、激光熔覆材料

（一）合金粉末

激光熔覆技术的成功应用离不开高质量的熔覆材料，而合金粉末作为一种重要的激光熔覆材料，具有独特的优势和广泛的应用领域。合金粉末的选择涉及到合金成分、颗粒特性、工艺性能等多个方面，对激光熔覆过程和最终合金覆盖层的性能产生深远影响。合金粉末的成分直接关系到最终合金覆盖层的性能，包括硬度、耐磨性、耐腐蚀性等。通过精确设计和优化合金成分，可以满足不同应用领域对于合金覆盖层性能的特定需求。例如，钴基、镍基、铁基等合金粉末在不同条件下展现出卓越的性能。合金粉末的颗粒大小和分布对于激光熔覆过程中的熔化、喷射和熔覆效果具有重要影响。通过控制粉末制备工艺，可以实现对颗粒大小和分布的精确控制，从而影响合金覆盖层的微观结构和性能。合金粉末的形状和表面处理对于其在激光熔覆过程中的流动性和附着性有显著影响。球形、扁平等不同形状的粉末可以影响喷射的均匀性和合金层的密实性。表面处理如涂层或改性有助于提高粉末的稳定性和抗氧化性。合金粉末的熔点和流动性直接关系到激光熔覆过程中的熔化和喷射行为。通过合金成分的选择和调整，可以实现对粉末的熔点和流动性的优化，使其更好地适应激光熔覆工艺参数。合金粉末的附着性和结合强度是影响熔覆层与基材结合质量的重要因素。优质的合金粉末应该能够在激光熔覆过程中有效地附着在基材表面，并形成牢固的结合，以确保合金覆盖层的耐磨性和耐腐蚀性。合金粉末的热导率和导热性直接关系到激光熔覆过程中的温度分布和传导行为。通过调控合金成分，可以实现对热导率和导热性的调控，以达到对合金覆盖层热影响区域的微观结构和性能的优化。合金粉末在激光熔覆过程中会受到高温和气氛的影响，因此其抗氧化性和稳定性显得尤为重要。通过添加抗氧化元素、采用特殊制备工艺等手段，可以提升合金粉末在高温环境下的抗氧化性和稳定性。在合金粉末的选择和设计中，环保和可持续性因素也应该得到考虑。优选可回收的合金材料，减少对资源的浪费，采用环保的制备工艺等措施，有助于降低激光熔覆过程的环境影响。合金粉末作为激光熔覆材料的一种重要形式，通过合理的设计和优化，可以实现对合金覆盖层性能的高度控制和调节。在航空航天、汽车制造、能源等领域，合金粉末的广泛应用为材料表面提供了优越的性能和应用潜力。

（二）陶瓷粉末

陶瓷粉末作为激光熔覆材料的一种重要形式，具有一系列独特的性能和应用优势。这种材料在激光熔覆技术中被广泛应用于提升表面硬度、耐磨性、耐高温性等方面。陶瓷粉末因其天然的硬度和耐磨性而在激光熔覆中备受青睐。通过将陶瓷粉末应用于表面涂覆，可以显著提升工件表面的硬度，增加其抗磨损性，使其在恶劣工作环境下具备更长寿命和更高的耐久性。陶瓷粉末具有优异的耐高温性和热稳定性，使其在高温工作环境中表现出色。激光熔覆陶瓷粉末可以形成坚固的陶瓷覆盖层，提供有效的隔热性能，防止高温下的表面损伤和变形。陶瓷粉末通常表现出卓越的化学稳定性和抗腐蚀性，使其成为在腐蚀性环境中进行表面保护的理想选择。激光熔覆陶瓷粉末可以形成致密、均匀的陶瓷覆盖层，有效隔离外界环境，提高工件的抗腐蚀性。陶瓷粉末在导热性和绝缘性方面具有独特的平衡，使其在特定应用场景中得到广泛应用。通过激光熔覆陶瓷粉末，可以在保持一定的导热性的同时，实现对绝缘性的提升，满足不同工艺的需求。陶瓷粉末的形状和颗粒分布对激光熔覆过程中的熔化、喷射和熔覆效果具有关键影响。通过合理的制备工艺，可以实现对陶瓷粉末的颗粒形状和分布的精确控制，确保陶瓷覆盖层的均匀性和质量。通过激光熔覆陶瓷粉末，可以实现对表面涂层的微观结构的优化。这种微观结构的优化包括晶粒尺寸、结晶方式等方面的调控，从而影响陶瓷覆盖层的力学性能、热性能等。在一些特殊应用中，陶瓷粉末与金属粉末的复合应用也得到了广泛研究。通过调节陶瓷与金属的比例，可以实现涂层既具有金属的导电性和韧性，又具有陶瓷的硬度和耐磨性。陶瓷粉末在激光熔覆技术中的应用领域十分广泛，包括航空航天、汽车制造、电子器件、能源装备等。在这些领域，陶瓷粉末的独特性能使其成为提升材料表面性能的理想选择。在陶瓷粉末的选择和应用中，可持续性和环保因素也应该得到充分考虑。选择可回收的陶瓷材料、采用绿色制备工艺等措施，有助于降低激光熔覆过程的环境影响。陶瓷粉末作为激光熔覆材料展现出了出色的性能和多样的应用潜力。通过合理的设计和优化，激光熔覆陶瓷粉末能够为材料表面提供卓越的硬度、耐磨性、耐高温性等性能，为多个领域的高性能工程应用提供了可靠的解决方案。

（三）金属线材

金属线材作为激光熔覆材料的一种形式，具有独特的特性和广泛的应用领域。这种材料在激光熔覆技术中被广泛应用于表面修复、涂覆和合金化等方面，为提升材料表面性能提供了一种高效、精准的解决方案。金属线材作为激光熔覆材料，可以实现对合金成分的精准控制。通过选择不同的金属线材，可以调整熔覆层的化学成分，以满足特定应用领域对于合金性能的要求，例如提高硬度、耐磨性等。金属线材的特殊形式使得激光熔覆过程中熔化和喷射更为可控。激光束直接照射金属线材，实现对线材的精确熔化和均匀喷射，从而形成致密、均匀的涂层，提高熔覆效果和表面质量。金属线材的连续供给特性使得激光熔覆过程可以实现连续性涂覆，提高生产效率。相较于粉末供给方式，金属线材的使用可以减少停机时间，降低生产成本，适用于大规模、高效的生产需求。金属线材适用于各种金属材料，包括但不限于铁、铜、铝、镍、钛等。这种适应性广泛的特点使得金属线材在不同行业和应用领域都能够发挥作用，满足多样化的工程需求。通过激光熔覆金属线材，可以实现对涂层微观结构的优化和精确控制。金属线材的连续供给和激光熔覆过程的高度可控性，有助于形成致密、细致的微观结构，影响涂层的硬度、韧性等性能。金属线材的供给方式使得覆盖层的厚度可以灵活调整。通过调整激光功率、线速等参数，可以实现对覆盖层厚度的精准控制，以满足不同工件和应用的要求。由于金属线材的连续供给特性，激光熔覆金属线材适用于对大型、复杂结构进行涂覆。这包括航空航天、汽车制造等领域，其中大型零部件的表面涂覆是提高性能的重要步骤。金属线材的使用为激光熔覆过程的自动化和数控化提供了可能。通过自动供给系统和数控设备的配合，可以实现对激光熔覆过程的高度精密控制，提高生产效率和一致性。金属线材的使用相较于一些其他形式的激光熔覆材料具有较低的粉尘产生，有助于降低环境污染。在选择金属线材时，还可以考虑选择可回收的金属材料，从而提高激光熔覆过程的环保性。金属线材作为激光熔覆材料在表面工程和涂覆领域展现出了独特的优势。其精准的合金成分控制、高度可控的熔化喷射过程、适应性广泛的金属种类等特点使得金属线材成为实现表面功能性改良的重要选择，广泛应用于航空航天、汽车制造、能源等领域。

（四）石墨、碳纳米管

石墨和碳纳米管作为激光熔覆材料，在表面工程和涂覆领域展现出了独特的特性和广泛的应用潜力。它们以碳为主要成分，具有轻质、导电、导热等优异特性，为材料表面提供了改良的选择。石墨和碳纳米管因其碳元素的高导电性和导热性而在激光熔覆中备受瞩目。这些材料可以有效地提高涂层的导电性，使其在电子器件、传感器等领域发挥重要作用。同时，高导热性有助于提高涂层的散热性能，适用于高温环境下的应用。石墨和碳纳米管具有轻质的特性，有助于减轻工件的整体重量。此外，碳纳米管以其独特的结构带来高比表面积，有助于增加涂层与基材的接触面积，提高附着力和涂层的稳定性。石墨和碳纳米管表现出卓越的化学稳定性和抗腐蚀性，使其在恶劣环境下表现出色。激光熔覆这些材料形成的涂层能够有效隔离外界环境，提高工件的抗腐蚀性能，适用于化学工业等领域。由于石墨的层状结构和碳纳米管的奇异形态，这些材料在激光熔覆涂层中可以展现出独特的滑动性能。涂层表面形成一层润滑性能良好的薄膜，具备自润滑效果，适用于需要减小摩擦和磨损的工程领域。碳纳米管由于其纳米级的尺寸效应，表现出与宏观材料不同的电学、光学和力学性质。在激光熔覆中应用纳米尺度的碳纳米管，可以实现对涂层性能的微观尺度调控，拓展了应用领域。石墨和碳纳米管具有优异的热稳定性和高温性能，使其在高温工作环境中表现出色。激光熔覆这些材料形成的涂层能够有效隔离外界高温环境，提高工件的耐高温性能，适用于航空航天、燃气轮机等高温工程领域。利用石墨和碳纳米管的多功能性，激光熔覆涂层可以同时具备导电、导热、润滑、抗腐蚀等多种性能。这使得这些材料在复合涂层、多功能表面工程中发挥着重要的作用。碳纳米管由于其自组装的能力，可以在涂层中形成复杂的结构，包括纳米管的纵横交错等形态。这种结构有助于提高涂层的强度和韧性，适用于需要高强度、高韧性涂层的领域。在石墨和碳纳米管的选择和应用中，可以考虑其环保和可持续性。这些材料具备可回收性，且碳纳米管可以通过绿色制备工艺进行生产，有助于降低激光熔覆过程的环境影响。石墨和碳纳米管作为激光熔覆材料具有独特的特性，广泛应用于电子器件、化工工业、航空航天等领域。通过激光熔覆这些材料，可以实现对材料表面性能的多方面提升，为工程应用提供了创新性的解决方案。

任务三　激光熔覆工艺关键步骤

一、激光熔覆表面准备

激光熔覆表面准备是确保激光熔覆工艺成功实施的关键步骤之一。它直接影响着涂层的附着力、均匀性和最终性能。表面准备包括清洁、去除氧化物、粗化表面等多个步骤，旨在创造一个适合激光熔覆的理想基材表面。以下是对激光熔覆表面准备的关键步骤和影响因素的详细解释：表面的清洁是激光熔覆成功的首要步骤。任何油脂、灰尘、水分等污染物都可能对涂层的附着力产生负面影响。采用合适的溶剂、清洁剂或超声波清洗等方法，确保基材表面彻底清洁，排除表面杂质。表面氧化物是影响涂层附着力的主要因素之一。采用机械刷洗、酸洗、喷砂等方法去除表面的氧化物，确保激光熔覆时基材表面具有足够的活性，有利于涂层与基材的牢固结合。表面的粗糙度直接影响着涂层的附着力和均匀性。适度的表面粗糙化可以增加涂层与基材的机械锚定效应，提高附着力。采用喷砂、机械磨削等方法，控制表面粗糙度，以满足激光熔覆的要求。在进行激光熔覆前，对基材进行适度的预热有助于提高涂层的熔化和润湿性。预热可减小基材和涂层之间的温度梯度，降低应力，改善结合质量。预热温度和时间的选择需要根据基材的种类和涂层材料的特性来确定。在表面准备过程中，适度的表面精加工有助于提高涂层的表面质量。通过磨削、抛光等方法，可以去除残余的氧化物和瑕疵，确保表面的平整度和光洁度，有利于涂层的形成和性能提升。不同的涂层材料需要采用不同的前处理方法。例如，对于金属涂层，可能需要电镀、电解抛光等前处理步骤，以确保金属颗粒的均匀分布和涂层的质量。合适的前处理有助于提高激光熔覆涂层的一致性和性能。表面准备过程中的环境条件，如温度、湿度等，也会对涂层的质量产生影响。保持适当的环境条件有助于避免杂质的吸附、减缓氧化的速度，确保表面准备的有效性。在表面准备完成后，进行质量检测和表征是确保涂层性能的重要手段。采用显微镜、扫描电子显微镜、表面粗糙度仪等工具，对表面进行检测和分析，以确保表面准备的效果符合激光熔覆的要求。在激光熔覆表面准备过程中，实时监测和控制是确保一致性和可控性的关键。采用实时监测设备，如激光散射仪、红外热像仪等，对表面的清洁程度、氧化物的去除、温度等进行实时监测，以便及时调整工艺参数。激光熔覆表面准备是确保涂层质量和性能的基础。通过精心设计和实施表面准备工艺，可以提高激光熔覆涂层的附着力、均匀性和耐用性，为涂层的最终性能提供可靠的保障。

二、涂敷材料的选择

激光熔覆工艺的成功实施在很大程度上取决于涂敷材料的选择，这一关键步骤直接影响着涂层的性能、适用领域以及整体工程的成本效益。在进行涂敷材料选择时，需要综合考虑多个因素，确保涂层能够在实际应用中达到最佳的性能和稳定性。基材性质的匹配是涂敷材料选择的首要考虑因素。涂层与基材之间的相容性直接影响着涂层的附着力和整体稳定性。因此，对于不同性质的基材，如金属、陶瓷、复合材料等，需要选择相应的涂敷材料，以确保涂层能够紧密结合于基材表面。工程应用的要求是涂敷材料选择的关键指导。不同领域和应用场景对涂层性能提出了不同的需求，包括抗腐蚀性、耐磨性、高温性能等。根据实际工程应用的需求，选择能够满足这些要求的涂敷材料，确保涂层能够在特定环境下发挥出最佳效果。涂敷材料的功能性需求也是决定选择的重要因素之一。根据涂层的功能性需求，选择适当的涂敷材料变得至关重要。例如，在需要导电性的应用中，金属涂敷材料可能更为合适；而在要求抗腐蚀性能较高的场景中，防腐涂敷材料可能是更好的选择。综合考虑涂层的功能性需求，选择能够满足这些需求的涂敷材料。耐高温性能在一些应用中是至关重要的。涂敷材料的选择需要考虑其在高温环境下的稳定性，确保涂层在高温工作条件下仍能保持其性能。同时，涂敷材料与基材的热膨胀系数需要匹配，以避免在温度变化时产生应力集中、开裂等问题。耐磨性和硬度是在一些工程应用中必须考虑的性能指标。涂敷材料的选择应该具备良好的耐磨性和硬度，以提高涂层的耐磨性，延长工件的使用寿命。金属合金、陶瓷等硬度较高的涂敷材料通常被用于这些要求较高的场景。在涂敷材料的选择中，化学稳定性是另一个需要被充分考虑的因素。涂层在不同化学环境中的稳定性对于其抗腐蚀性能至关重要。因此，选择具有良好化学稳定性的涂敷材料，有助于提高涂层的抗腐蚀性。可持续性和环保考虑也成为了现代涂敷材料选择的趋势之一。在涂敷材料的选择中，可回收、可再生的涂敷材料或采用环保制备工艺，有助于减少潜在的环境影响，符合可持续发展的理念。成本效益是涂敷材料选择的一个重要考虑因素。在保证性能的前提下，选择成本相对较低的涂敷材料，有助于提高整体工程的经济效益。涂敷材料的选择需要全面考虑基材性质、工程应用要求、涂层功能性需求等多方面因素。通过科学合理的材料选择，可以确保激光熔覆涂层在实际应用中能够发挥最佳的性能和效果。

三、激光参数设置

激光参数设置是激光熔覆工艺中的至关重要的步骤，直接决定了激光熔覆过程中能量传递、熔池形成以及最终涂层质量的关键因素。合理的激光参数设置对于实现理想的熔覆效果和涂层性能至关重要。激光功率是激光参数设置中的核心参数之一。激光功率的选择直接关系到熔覆过程中的能量输入，过高或过低的功率都可能导致涂层质量不佳。适当的激光功率能够确保熔池充分形成、熔覆材料得到有效熔化，同时防止过度加热引起的氧化和蒸发现象，从而保证涂层的致密性和附着力。激光扫描速度是激光参数设置中需要精心控制的参数。激光扫描速度的选择直接关系到激光熔覆过程中每个点的停留时间，影响着涂层的结晶结构和熔池的形状。适度的扫描速度能够实现涂层表面的均匀性，防止过快的扫描速度导致涂层中的裂缝和不致密区域。激光直径是激光参数设置中的关键因素之一。激光直径的选择直接关系到激光束的焦点大小，进而影响到激光熔覆过程中的焦点能量密度。适当的激光直径能够在保持足够能量密度的同时，实现较小的焦点尺寸，有助于提高熔池的精细度和涂层的均匀性。激光的脉冲频率也是激光参数设置中需要仔细考虑的参数。脉冲频率的选择关系到激光熔覆过程中的脉冲数目和时间间隔，对于熔池形成和熔覆速度的调控起到至关重要的作用。合理的脉冲频率有助于实现较高的熔覆速度，同时保证熔池的稳定性和涂层的致密性。焦距是激光参数设置中需要精确控制的参数之一。焦距的选择直接关系到激光束在熔覆过程中的聚焦深度和焦点位置。适当的焦距能够确保激光束在熔覆材料表面形成较小的焦点，有助于提高能量密度，实现更精细的熔池控制和更高的熔覆速度。激光的波长也是影响激光熔覆的重要参数之一。激光波长的选择直接关系到激光束在材料中的透过深度和吸收率。不同材料对激光波长的敏感性不同，因此在选择激光波长时需要综合考虑熔覆材料的光学特性，以保证激光能够有效地被材料吸收，实现充分的能量转化。激光参数设置是激光熔覆工艺中的关键步骤，合理的参数选择直接关系到涂层的质量、性能和生产效率。通过仔细调控激光功率、扫描速度、激光直径、脉冲频率、焦距和波长等参数，可以实现对激光熔覆过程的有效控制，为涂层的最终性能提供可靠的保障。

四、激光熔覆涂层质量检测

激光熔覆涂层质量检测是确保激光熔覆工艺成功实施和产出高质量涂层的关键步骤。涂层的质量直接关系到其性能、耐久性和最终应用效果，因此必须通过全面而精密的检测手段来确保其符合设计和应用要求。显微结构分析是涂层质量检测的重要环节之一。通过光学显微镜、电子显微镜等设备，对涂层的微观结构进行观察和分析，以检测是否存在裂纹、孔洞、晶粒大小和分布等缺陷。这有助于评估涂层的致密性和结合质量，提供关键的微观层面信息。表面形貌和粗糙度检测是涂层质量评估中的另一关键方面。采用表面粗糙度仪、三维轮廓仪等设备，对涂层表面的形貌进行定量和定性分析，以确保表面光洁度和均匀性。这对于特定应用领域，如光学器件、航空航天等，具有重要的意义。化学成分分析是涂层质量检测中不可或缺的一环。通过采用光谱仪、X 射线荧光光谱仪等仪器，对涂层的化学成分进行准确分析，以验证其是否符合设计要求。这对于合金涂层、功能性涂层等具有特殊化学成分要求的应用至关重要。硬度测试是涂层力学性能评估的重要手段。通过维氏硬度计、洛氏硬度计等设备，对涂层的硬度进行测试，以评估其抗磨损性能和机械强度。硬度测试结果为设计和应用提供了关键的力学性能参数。涂层的精密厚度测量是确保涂层均匀性和一致性的重要步骤。采用光谱法、X 射线法等设备，对涂层的厚度进行定量测量，以确保其在整个工件表面的均匀分布，避免厚度不足或过度的问题。热处理效应的分析对于一些对涂层耐热性要求较高的应用至关重要。通过热处理实验和热分析仪器，对涂层在高温环境中的稳定性进行检测，以验证其抗热膨胀、抗氧化等性能。电学性能测试适用于需要涂层具备导电性质的应用领域。采用电阻计、导电性测试仪等设备，对涂层的电导率、电阻等电学性能进行检测，确保其符合电学要求。红外热像技术可用于检测涂层在实际工作条件下的热分布情况。通过红外热像仪等设备，对涂层在受热状态下的表面温度进行实时监测，以评估其热传导性能和耐热性。耐腐蚀性测试是针对在恶劣环境中使用的涂层进行的关键检测。通过模拟腐蚀环境的腐蚀试验，对涂层的抗腐蚀性进行评估，以确保其在实际使用中具有足够的耐腐蚀性能。，激光熔覆涂层质量检测是确保激光熔覆工艺成功的不可或缺的环节。通过显微结构分析、表面形貌和粗糙度检测、化学成分分析、硬度测试、厚度测量、热处理效应分析、电学性能测试、红外热像技术以及耐腐蚀性测试等多方面手段的综合应用，可以全面评估涂层的质量，确保其达到设计和应用的要求。这一系列的质量检测手段有助于提高激光熔覆涂层的可靠性、稳定性和性能，为涂层在各类工业领域的应用提供了坚实的技术保障。

五、后处理

后处理是激光熔覆工艺中不可或缺的关键步骤，其目的是通过一系列的处理手段，进一步提升涂层的性能、稳定性和适用性，以满足特定的工程需求。后处理过程涵盖了多个方面，包括热处理、表面处理、性能测试和最终涂层的应用。热处理是后处理中的一个重要环节。通过对激光熔覆涂层进行热处理，可以调整其晶体结构和相组成，优化机械性能和热性能。常见的热处理方法包括退火、淬火、时效等，根据涂层的具体要求和工程应用，选择合适的热处理方案，提高涂层的硬度、耐磨性和抗热膨胀性。表面处理是后处理中另一个关键的步骤。通过机械抛光、化学抛光、喷砂等手段，对涂层表面进行精细处理，提高表面光洁度和均匀性。表面处理有助于消除涂层表面的粗糙度、减小颗粒尺寸，进一步改善涂层的外观和性能。性能测试是确保后处理效果的重要手段。通过硬度测试、耐磨性测试、耐腐蚀性测试等一系列的性能评估，对后处理后的涂层进行全面检测。性能测试的结果反映了涂层的综合性能，为最终应用提供了有力的支持和依据。除了热处理、表面处理和性能测试，最终涂层的应用也是后处理的重要环节。将经过后处理的涂层应用到实际工程中，验证其在实际工作环境下的性能和稳定性。通过在实际工程场景中的应用测试，可以收集更多的数据和经验，为后续的工程应用提供有益的参考和指导。质量控制和监测也是后处理中不可忽视的环节。建立完善的质量监控体系，对后处理过程中的各个环节进行实时监测和调整。通过监测参数、记录数据，及时发现潜在问题并进行纠正，确保后处理过程的稳定性和一致性。后处理是激光熔覆工艺中至关重要的关键步骤，其目的在于进一步优化涂层的性能、稳定性和适用性，以满足特定的工程需求。通过热处理、表面处理、性能测试、应用和质量控制等多方面的综合手段，后处理为激光熔覆涂层的最终成功应用提供了坚实的技术保障。通过合理设计和实施后处理方案，可以确保激光熔覆涂层具有卓越的性能和可靠的稳定性，为各类工业领域的涂层应用提供了强有力的支持。

任务四　选区激光熔化

一、选区激光熔化的含义

选区激光熔化是激光加工领域中的一项重要技术，其含义涵盖了通过激光束有选择性地熔化材料的过程。这一技术具有广泛的应用，包括激光熔覆、激光熔切、激光合金化等多个方面。选区激光熔化的核心理念在于通过激光束对材料进行高度精确的能量输入，局部加热至熔点以上，实现对材料的局部熔化和固化。选区激光熔化在激光熔覆领域的应用是十分显著的。通过在特定区域使用激光束进行熔化，可以实现对工件表面的局部修复、合金化或涂覆。这种精细的加工方式使得在复杂形状或大尺寸工件上实现局部熔覆成为可能，提高了工件表面性能和耐磨性。选区激光熔化在激光熔切领域也展现出卓越的应用价值。通过对材料进行局部熔化，可以实现对材料的高精度切割，而不会引起材料的变形或损伤。这使得在微电子、医疗器械等领域，对薄膜、导线等微小结构的精密切割成为可能。在激光合金化方面，选区激光熔化同样具备独特的优势。通过局部加热材料，实现局部熔化和混合，可以在合金化的过程中实现对合金成分的精确控制。这对于提高材料的强度、耐腐蚀性以及其他性能指标具有重要作用，尤其是在定制化材料合金化方面表现出显著的优势。在选区激光熔化的实施中，光束的聚焦和定位是至关重要的。激光束的聚焦决定了能量密度的分布，而激光束的定位则直接关系到熔化区域的位置和形状。通过先进的光学系统和精密的控制技术，可以实现对激光束的高度精确的聚焦和定位，确保选区激光熔化的精度和可控性。选区激光熔化是一项技术极为精密和灵活的激光加工方法，其应用领域涵盖了多个工程和科学领域。通过精确控制激光束的能量输入，实现对材料的局部熔化和固化，选区激光熔化为实现复杂材料加工、微结构制备以及定制化合金等提供了一种高效、精准的解决方案。随着激光技术的不断进步和应用领域的拓展，选区激光熔化将继续发挥其独特的作用，推动材料加工和制造领域的创新与发展。

二、选区激光熔化的过程

（一）数码建模

选区激光熔化的过程中，数码建模扮演着至关重要的角色。数码建模是一种先进的工程手段，通过计算机辅助设计（CAD）软件，将实际工件的几何形状和结构数学抽象成数字模型。在选区激光熔化中，数码建模不仅能够精确表达工件的形状和尺寸，还提供了对激光熔化过程中各项参数的全面控制。数码建模通过 CAD 软件将工程师或设计者的概念转化为数字形式。这包括对于工件的几何形状、尺寸和结构等方面的详细描述。通过数码建模，设计者能够在计算机上呈现出精确的三维模型，从而为后续的激光熔化过程提供了实体基础。数码建模对于激光熔化的路径规划起到了决定性的作用。在数码建模的基础上，通过激光路径规划算法，确定激光束在工件表面的移动轨迹。这种路径规划不仅考虑了工件的形状和尺寸，还考虑了激光熔化的工艺要求，如层间步距、激光功率等参数。通过数码建模，设计者可以在计算机上模拟出激光路径，确保激光熔化的过程能够精准地按照设计要求进行。同时，数码建模也对激光能量的分布进行了优化。在数码建模的基础上，利用数值模拟和仿真技术，预测激光束在工件表面的能量密度分布。这有助于确定激光功率的调整，确保激光熔化过程中每个点都能够得到适当的能量输入，从而实现涂层的均匀性和一致性。数码建模还能够进行材料参数的建模与优化。通过数值模拟，可以考虑材料的热物理性质、熔化和凝固行为等因素，建立材料的数学模型。这为激光熔化过程中对材料性能的优化提供了理论基础，使得设计者能够更好地选择激光功率、扫描速度等参数，以满足不同工程需求。数码建模在多尺度建模方面也发挥了关键作用。在激光熔化的过程中，涉及到宏观尺度的工件整体结构，也涉及到微观尺度的熔池形成和相变过程。数码建模通过多尺度模型的建立，将这些尺度的关系有机地结合起来，为实现激光熔化的整体过程提供了更全面的视角。数码建模在选区激光熔化的过程中具有不可替代的作用。通过 CAD 软件的运用，设计者能够将工件的几何信息数字化，为后续的激光熔化过程提供精确的参考。数码建模为激光路径规划、能量分布优化、材料参数建模与优化等方面提供了理论基础，使得激光熔化的过程更加精密、高效、可控。这种先进的数字化设计手段不仅提高了激光熔化的工程实施水平，同时也推动了激光加工技术在制造领域的不断创新和发展。

（二）层叠切片

层叠切片在选区激光熔化的过程中扮演着至关重要的角色，这一先进的工艺手段通过将三维数字模型分解成一系列薄层切片，为激光熔化提供了精确的路径规划和能量控制。这一过程通常分为数码建模、切片处理和路径规划三个主要步骤，共同构成了选区激光熔化的高度精细化与自动化生产流程。数码建模是层叠切片的起点。通过 CAD 软件，设计者可以将实际工件的三维几何形状和结构数字化成为准确的数学模型。这一模型包括了工件的每一个微小的细节，为后续的切片处理提供了实体基础。数码建模的精度直接决定了后续切片过程中对工件形状和结构的准确度，从而影响整个激光熔化过程的质量和精度。切片处理是将数学模型分解为一系列薄层切片的关键步骤。在数码建模的基础上，计算机软件会将三维模型沿着垂直方向切割成为具有一定厚度的层叠切片。这种切片的厚度通常与激光熔化的层间步距相关，影响着最终涂层的表面光滑度和形貌。切片处理不仅考虑了工件的整体形状，还综合了激光加工的工艺参数，确保了每个切片都能够在激光熔化过程中被准确加工。路径规划是层叠切片中的另一重要环节。通过计算机算法，将每个层叠切片上的激光熔化路径规划出来，确保激光束按照设计要求在每个切片上运动。路径规划不仅考虑了工件的几何形状，还考虑了激光熔化的工艺参数，如扫描速度、激光功率等。通过高效而精确的路径规划，激光束可以在每个切片上有序而迅速地进行熔化，从而实现整体工件的高质量加工。层叠切片的实施使得选区激光熔化过程变得高度可控，提高了生产效率和成品质量。通过数码建模、切片处理和路径规划的协同作用，可以精确控制激光束的运动，使其在每个层叠切片上按照预定的轨迹进行熔化。这不仅确保了工件形状的准确还原，同时提高了激光熔化过程的自动化水平。在工程制造领域，层叠切片的应用已经成为选区激光熔化过程中的一项关键技术。通过精确的数码建模、切片处理和路径规划，选区激光熔化可以实现对各种材料的高效加工，包括金属合金、陶瓷、复合材料等。层叠切片的广泛应用不仅提高了激光熔化的工程实施水平，也推动了激光加工技术在制造领域的不断发展与创新。

（三）准备粉末材料

准备粉末材料是选区激光熔化过程中的关键步骤之一。这一过程的成功与否直接影响到最终激光熔化涂层的质量、性能和稳定性。在准备粉末材料的阶段，需要考虑粉末的选择、处理和分布，以确保在激光熔化过程中能够实现均匀、致密且具有良好性能的涂层。粉末的选择是影响激光熔化涂层性能的重要因素。不同的应用领域和工程要求可能需要不同种类的粉末材料，包括金属粉末、陶瓷粉末、复合材料粉末等。粉末的选择需要考虑其熔点、热传导性、热膨胀系数等物理性质，以及涂层的最终用途，确保选用的粉末能够满足激光熔化涂层的特定要求。粉末的处理是确保激光熔化涂层质量的重要环节。通常，粉末需要经过球磨、合金化、喷雾干燥等处理过程，以确保其颗粒的均匀性和细度。细小且均匀的粉末颗粒有助于在激光熔化过程中实现更均匀的熔化和沉积，从而提高涂层的致密性和均匀性。此外，通过合金化等处理，可以调整粉末的成分，以满足特定合金化要求。粉末的分布也是准备粉末材料阶段需要重点考虑的问题。在激光熔化过程中，粉末需要均匀地分布在工件表面，确保激光束能够精确熔化所需区域。采用喷粉或滚筒喷粉等手段，将粉末均匀覆盖在工件表面，是实现良好分布的关键步骤。粉末的均匀分布有助于涂层的致密性、成型性和性能的提升。粉末的预热也是准备粉末材料阶段需要注意的方面。在激光熔化涂层过程中，粉末需要迅速升温并熔化，以实现良好的涂层沉积效果。通过对粉末进行预热，可以降低其升温时间，提高其流动性，有助于在激光熔化过程中实现更加均匀和稳定的熔化效果。准备粉末材料是选区激光熔化过程中的关键步骤，直接关系到最终涂层的质量和性能。通过选择适当的粉末、进行粉末处理、实现均匀分布以及预热等手段，可以确保激光熔化涂层具有良好的致密性、均匀性和性能，满足不同工程领域对于涂层质量的高要求。这一系列准备粉末材料的操作为选区激光熔化技术的成功应用奠定了坚实的基础。

（四）激光照射

激光照射是选区激光熔化过程中的核心步骤，通过高能量密度的激光束对预先准备好的粉末材料进行瞬时的局部加热，实现材料的熔化和涂层的形成。这一过程的关键在于激光源的选择、激光参数的调控以及对激光与材料相互作用机制的深入理解，从而确保涂层在熔化过程中能够达到所需的性能、致密性和几何形状。激光源的选择对于激光照射至关重要。通常使用的激光源包括二氧化碳激光、二极管激光、纤维激光等。不同的激光源具有不同的波长、功率、聚焦能力和能量分布特性，因此在选区激光熔化中的应用需要根据具体要求进行选择。激光源的功率直接关系到熔化过程中的能量输入，而聚焦能力则影响了激光束的焦点大小，对熔化区域的精细度和分辨率有着直接的影响。激光参数的调控是实现精准激光照射的关键。激光功率、扫描速度、激光束直径等参数的合理选择直接决定了激光照射过程中材料的温度分布、熔化深度和涂层的成型速度。通过精确调控这些参数，可以实现对涂层的厚度、致密性、成分分布等关键性能的精确控制。同时，激光参数的调控还涉及到对激光照射区域的选择，通过合理设计激光扫描路径，确保每个区域都能得到适当的能量输入，从而形成均匀、致密的涂层。激光与材料相互作用机制是激光照射过程中的理论基础。激光照射使得粉末材料表面迅速升温，达到或超过材料的熔点，发生瞬时的熔化和凝固过程。在这个过程中，激光能量被高效地吸收并转化为热能，使得材料迅速熔化形成液态熔池，然后通过快速凝固形成均匀的固态涂层。理解激光与材料的相互作用机制对于确定激光参数、优化涂层性能和提高生产效率至关重要。激光照射过程中的熔化行为也直接影响着涂层的成型质量。在激光照射下，粉末材料经历了复杂的熔化、流动和凝固过程，这需要充分考虑熔池的形成与流动、凝固的速度以及涂层表面的平整度。通过对激光照射过程中熔池行为的深入研究，可以调控激光参数以实现熔池的稳定形成，提高涂层的表面光洁度和成型质量。激光照射是选区激光熔化过程中的关键步骤，其成功实施需要对激光源、激光参数和激光与材料相互作用机制的深入了解。通过精心选择激光源、调控激光参数、理解激光与材料的相互作用，可以实现精确控制激光照射过程，形成高质量、高性能的选区激光熔化涂层。这一过程在制造、航空航天、医疗等领域具有广泛的应用前景，为实现复杂结构零部件的高效制造提供了强有力的技术支持。

（五）逐层堆叠

逐层堆叠是选区激光熔化过程中的关键步骤，通过逐层的方式将激光照射、熔化和固化的过程循环进行，逐渐堆叠形成完整的三维结构。这一过程是现代制造业中高度精密、复杂零部件制造的重要工艺，通过精确控制激光的照射路径和参数，实现对材料的局部熔化和涂层的逐层构建，从而实现对复杂形状和高性能材料的精细加工。逐层堆叠的基础在于先前所述的数码建模、切片处理和路径规划等工艺步骤。通过数码建模，设计者可以将工件的三维几何形状数字化成为层叠切片的数学模型。切片处理将这一模型分解成为一系列薄层切片，同时路径规划确定了激光在每一层上的运动轨迹。这些准备步骤为逐层堆叠提供了详细的工艺指导，确保每一层涂层能够按照设计要求逐步堆叠。逐层堆叠的实施需要通过激光照射、熔化和固化过程来实现。在每一层的激光照射中，粉末材料在激光的高能量密度下被局部加热至熔化点以上，形成液态熔池。随后，在熔池凝固的瞬间，激光焦点移动至下一层，进行下一层的照射。这个逐层的过程使得每一层的涂层能够按照事先设计好的轨迹逐渐堆叠，形成整体工件的三维结构。激光照射和逐层堆叠的过程需要紧密结合，确保每一层的涂层能够精确叠加，并在堆叠的过程中保持几何形状和表面质量。通过调控激光的焦点位置、功率、扫描速度等参数，可以实现涂层的高度精细化和定制化。同时，逐层堆叠中的涂层之间的层间粘结也是一个需要注意的问题，通过精确控制激光参数和涂层之间的重叠度，可以确保不同层次之间的结合紧密、牢固。逐层堆叠技术的优势在于能够制备复杂结构的零部件，具有出色的灵活性和可塑性。与传统加工方法相比，逐层堆叠无需模具，能够直接制造复杂几何形状，节省了制造周期和成本。这一技术还能够实现多材料、多功能性涂层的构建，为高性能材料的制备提供了新的途径。逐层堆叠是选区激光熔化过程中的核心环节，通过对激光照射、涂层熔化和逐层堆叠的精确控制，实现对材料的高度定制化加工。这一先进的制造工艺在航空航天、医疗器械、汽车制造等领域取得了显著的成果，为未来高效、精密制造领域的发展提供了强有力的支持。

（六）冷却和固化

冷却和固化是选区激光熔化过程中至关重要的环节，直接影响着涂层的结构、性能和质量。在激光照射后，涂层经历了迅速的熔化和液态形成过程，而冷却和固化阶段旨在将涂层从高温状态迅速冷却至固态，确保其微观组织的稳定性和整体结构的完整性。冷却和固化过程的控制需要考虑激光照射后涂层的温度分布和熔化深度。激光照射造成的局部加热使得涂层表面温度迅速升高，而冷却和固化的目标是在短时间内将温度降至涂层熔点以下，以防止过多的热量传导至基底材料，导致不必要的热影响区域。通过合理调控冷却速度，可以实现对涂层温度梯度的控制，从而影响涂层的晶体生长速率和相变行为。冷却和固化过程中需要考虑激光照射区域的热应力。激光照射造成的局部加热和冷却过程中的温度梯度可能引发热应力，影响涂层的结构和性能。为了减缓热应力的产生，可以通过控制冷却速度和固化温度梯度，实现涂层内部的温度均匀分布，降低热应力对结构的不利影响。冷却和固化还涉及到固态涂层的晶体生长和相变过程。在快速冷却的条件下，涂层内部的晶体生长速率会受到影响，可能导致晶粒尺寸的变化和晶格结构的调整。通过精确控制冷却速度，可以影响晶体的形貌和分布，从而调节涂层的微观结构和性能。冷却和固化过程的成功实施还需要考虑涂层表面的光洁度和形貌。激光照射后，冷却和固化的过程可能形成不同程度的凹凸、裂纹或孔隙等缺陷，这对于涂层的表面质量和性能构成挑战。通过优化冷却过程，控制固化温度梯度，可以减少这些缺陷的产生，提高涂层的表面光洁度和形貌。冷却和固化过程还需要综合考虑激光参数的调整、材料的选择和工艺条件的优化。合理的冷却和固化方案需要根据具体涂层的要求，结合实际应用中的工艺条件和材料特性进行调整，以实现最佳的结构和性能。冷却和固化是选区激光熔化过程中的关键环节，直接关系到涂层的微观结构、性能和表面质量。通过精密调控冷却速度、固化温度梯度和激光参数，可以实现对涂层形成过程的有效控制，确保涂层在快速冷却的同时保持良好的结构完整性和性能表现。这一过程在现代制造业中的应用广泛，为高性能涂层的制备提供了重要的技术支持。

任务五　激光熔覆的应用

一、激光熔覆再制造——煤炭行业

山西鑫盛激光技术发展有限公司自 2016 年组建激光熔覆工艺研发队伍，从工艺研发到生产线应用，目前已经应用在各个行业的设备零部件上，根据客户需求提供解决方案，七年来得到客户广泛认可。鑫盛公司结合地域优势，充分利用本土资源在煤炭行业推广应用。

（1）液压支架：油缸、活塞杆、千斤顶、衬套修复。

（2）采煤机：主机架、摇臂、齿轮、齿轮轴、各种衬套、油缸、油缸座、齿座、截齿。

（3）掘进机：油缸、支架、轴、各种衬套、截齿。

（4）刮板运输机：中部溜槽、过渡槽、齿轮、齿轮轴、轴类零件。

（5）转载机：中部溜槽、落地槽、齿轮、齿轮轴、轴类零件。

主要性能参数：

（1）尺寸精度按照国标要求 f_9 公差执行，恢复出厂原始尺寸

（2）功能层厚度单边 0.6 mm。

（3）表面粗糙度 $R_a=0.2$。

（4）耐腐蚀粉末修复后柱体表面硬度 HRC53°~55°。

（5）盐雾腐蚀试验保护等级达到 7 级。

（6）功能层与母材结合强度：冶金结合，结合区域抗拉强度 Rm（σ_b）> 800 MPa。

（7）无损探伤标准：无裂纹、缺陷，熔敷区针孔率 < 1%，针孔最大直径 < 0.05 mm 耐磨损粉末强化后截齿、齿座表面硬度 HRC60°~63°

二、耐磨涂层的制备

激光熔覆技术在制备耐磨涂层方面发挥着重要的作用。耐磨涂层的制备旨在提高材料表面的硬度、耐磨性和耐腐蚀性，以应对恶劣工作环境中的摩擦、磨损和化学侵蚀。通过激光熔覆，可以精确控制涂层的成分、结构和性能，实现对耐磨性能的定制化提升。激光熔覆技术能够选择多种合金粉末作为涂层材料，如高硬度的钨钼合金、碳化钨合金等。这些合金粉末具有出色的耐磨性和硬度，通过激光熔覆将它们精确涂覆在工件表面，形成坚固耐磨的保护层。激光的高能量密度使得涂层在瞬间熔化并迅速凝固，确保涂层与基底材料紧密结合，不易脱落。激光熔覆过程中的局部加热和快速冷却有助于形成细小而均匀的晶粒结构，提高了涂层的硬度。这种微观结构的调控可以通过精确控制激光参数、冷却速度和固化过程中的温度梯度来实现。细小的晶粒结构有助于减缓磨擦和磨损过程，提高涂层的抗磨性，使其能够更好地抵御外界的摩擦和磨损。激光熔覆涂层的成分调控也是实现耐磨性能提升的重要手段。通过合理选择合金粉末的成分，可以使涂层具有更高的抗腐蚀性和耐磨性。例如，添加一些耐蚀元素如铬、镍等，可以提高涂层的抗腐蚀性，同时通过调整合金成分，实现耐磨性和硬度的平衡。激光熔覆技术还具有高度的局部化特性，能够实现对特定区域的精确加工。这为制备耐磨涂层提供了更灵活的选择，可以在需要强化的部位精确涂覆耐磨材料，同时保持其他区域的原始性能。这种局部化加工的优势使得激光熔覆在修复和强化工件表面的同时，避免了对整体性能的不必要影响。激光熔覆涂层的厚度也可以通过调整激光参数和堆叠层数来进行精确控制。这为在不同工况下需要不同涂层厚度的应用提供了可行的解决方案。通过合理设计涂层的厚度，可以满足不同工件在使用中对于耐磨性的不同要求，提高了激光熔覆技术的适用性和实用性。激光熔覆技术在耐

磨涂层的制备中展现出了独特的优势。通过选择合适的合金粉末、调控激光参数、实现局部化加工和精确控制涂层厚度，激光熔覆技术能够为工件表面提供定制化、高性能的耐磨涂层，为制造业的提升和创新提供了有力支持。

三、防腐蚀涂层的制备

激光熔覆技术在防腐蚀涂层的制备领域发挥着重要作用，为材料表面提供高效的防腐保护。防腐蚀涂层的制备旨在提高材料的抗腐蚀性，防止金属表面在恶劣环境中遭受腐蚀、氧化和化学侵蚀。通过激光熔覆，可以实现对涂层成分、微观结构和性能的精确控制，从而提供优越的防腐蚀性能。激光熔覆技术能够利用各种合金粉末，如不锈钢、镍基合金等，作为涂层材料，这些合金具有出色的抗腐蚀性。通过激光的高能量密度，涂层材料在局部区域迅速熔化并凝固，形成致密、坚固的防腐蚀涂层。激光熔覆过程中的局部加热和快速冷却有助于形成细小晶粒结构，提高了涂层的硬度和抗腐蚀性。激光熔覆涂层的成分调控是实现优越防腐蚀性能的关键。通过选择抗腐蚀性能较好的合金粉末，并调整合金成分，可以使涂层具有更高的耐腐蚀性和化学稳定性。例如，添加抗腐蚀元素如铬、钼等，可以提高涂层对氧化和腐蚀介质的抵抗能力，从而增强了防腐蚀效果。激光熔覆涂层的微观结构调控也对防腐蚀性能起到关键作用。激光熔覆过程中的快速冷却有助于形成致密的晶粒结构，减少了缺陷和孔隙的形成，从而提高了涂层的密封性和防腐蚀性。通过调整激光参数，可以精确控制涂层的微观结构，以满足不同环境下的防腐蚀需求。激光熔覆技术的另一优势是其高度的局部化加工能力。激光熔覆可以实现对特定区域的精确加工，为局部防腐蚀提供了可行的解决方案。通过在特定部位涂覆抗腐蚀性材料，可以在保持整体结构强度的同时，提供局部的防腐蚀保护，延长工件的使用寿命。激光熔覆涂层的良好附着力和致密性使其能够有效封锁氧气和湿气等环境介质，防止其进入材料内部引发腐蚀。这种有效的屏障效应为涂层提供了卓越的防腐蚀性能，使其在海洋、化工、航空航天等恶劣环境中得到广泛应用。激光熔覆技术在防腐蚀涂层的制备中具有独特的优势。通过选择合适的合金粉末、调控激光参数、实现局部化加工和微观结构调控，激光熔覆技术能够为工件表面提供高性能的防腐蚀涂层，为材料在恶劣环境下的长期稳定运行提供了可靠的防护。

四、热障涂层的制备

激光熔覆技术在热障涂层的制备领域展现了卓越的应用潜力，为提高材料的高温抗氧化性和热隔离性提供了有效手段。热障涂层的制备旨在保护基底材料在高温环境中免受氧化和热损伤，同时提供热隔离效果，减缓热传导。通过激光熔覆，可以实现对涂层成分、结构和性能的精确控制，为制备高性能热障涂层提供了可行而灵活的解决方案。激光熔覆技术能够选择高温合金粉末，如镍基合金、铬铝合金等，作为热障涂层的材料。这些合金粉末具有优异的高温抗氧化性和耐热性，通过激光熔覆将其均匀涂覆在基底材料表面，形成致密而坚固的抗氧化层。激光的高能量密度使得合金粉末在瞬间熔化并迅速凝固，保证了涂层与基底材料的紧密结合，增强了涂层的附着力和稳定性。激光熔覆过程中的局部加热和快速冷却有助于调控涂层的微观结构，提高了其耐高温的性能。通过合理调控激光参数、冷却速度和固化过程中的温度梯度，可以形成具有细小晶粒和均匀结构的热障涂层。这种微观结构的调控有助于减缓高温氧化过程，提高涂层的稳定性和长期使用寿命。热障涂层的成分调控也是实现优越性能的重要因素。通过选择合适的高温合金成分，如添加铝、铬等元素，可以提高涂层的抗氧化性和热稳定性。激光熔覆技术为这一过程提供了高度的灵活性，使得热障涂层的成分可以根据具体应用需求进行精确调控。激光熔覆技术的局部化特性为热障涂层的精确设计和定制提供了可能。通过在特定区域进行热障涂层的加工，可以实现对不同部位的热隔离效果的精细调控。这种局部化加工的灵活性使得激光熔覆技术在热障涂层的应用中具有独特的优势。热障涂层的良好附着力和致密性也是激光熔覆技术在这一领域脱颖而出的原因。激光熔覆过程中形成的坚固结合和细小晶粒结构保证了涂层与基底材料之间的强大连接，提高了涂层的稳定性和耐高温性能。激光熔覆技术在热障涂层的制备中展现了独特的优势。通过选择高温合金粉末、调控激光参数、实现局部化加工和微观结构调控，激光熔覆技术为制备高性能、定制化的热障涂层提供了创新的途径。这一技术在航空航天、能源、发电等领域的高温环境中有着广泛的应用前景。

五、增材制造

激光熔覆技术在增材制造领域的应用为制造业带来了革命性的变革，为高效、精密的零部件制造提供了全新的解决方案。增材制造，又被称为 3D 打印，是一种通过逐层堆叠材料来构建物体的先进制造技术。激光熔覆作为增材制造的重要技术手段，通过精确控制激光束，将粉末材料逐层熔化和凝固，实现了高度复杂结构的定制制造。激光熔覆技术为增材制造提供了材料多样性和设计灵活性。通过选择不同种类的粉末材料，包括金属、陶瓷、聚合物等，激光熔覆可以在同一构件内实现多材料的层叠，为制造出具有多种性能和功能的零部件提供了可能。这种多材料的组合可以在同一构件中实现硬度、导电性、耐磨性等性能的优化，满足不同应用领域的需求。激光熔覆技术在增材制造中实现了高度精密的构建。由于激光束的高能量密度和可控性，激光熔覆能够实现对每一层构建的精确控制，确保制造出的零部件具有精密的几何形状和尺寸。这一优势使得增材制造技术可以应对复杂结构、精密零部件和个性化产品的制造需求，为定制化生产提供了高效手段。激光熔覆技术的高度局部化特性为增材制造提供了灵活性和效率。激光束可以准确照射在需要构建的区域，而不必浪费材料和能量在不需要构建的区域。这种局部加工的灵活性不仅提高了材料的利用率，还缩短了制造周期，使得增材制造成为一种高效率、低浪费的生产方式。激光熔覆技术为增材制造提供了对材料微观结构的调控能力。在激光熔覆的过程中，由于快速加热和冷却，材料的微观结构可以被调整，从而影响零部件的性能。这一特性使得激光熔覆技术能够定制制造具有特定性能和功能的材料，拓展了增材制造的应用领域。最重要的是，激光熔覆技术为制造业带来了快速原型制作的可能性。通过激光熔覆，设计师和工程师可以在短时间内制造出复杂零部件的原型，进行测试和验证。这种快速原型制作的特性极大地加速了产品研发和设计过程，降低了制造新产品的成本。激光熔覆技术在增材制造领域的应用为制造业带来了前所未有的创新和效益。其材料多样性、精密构建、局部灵活性、微观结构调控和快速原型制作等特点，使得激光熔覆成为增材制造领域的核心技术之一。随着技术的不断发展，激光熔覆在制造业中的应用前景将更加广泛，为生产制造提供更多可能性。

知识小结

激光熔覆的原理与点，激光熔覆基于激光与材料相互作用的原理，实现材料表面的熔融和涂覆。关键在于理解激光能量的传递与吸收机制，以及如何选择合适的熔覆点，影响熔覆效果的重要因素。激光熔覆设备与材料，学习激光熔覆设备的种类和工作原理，包括激光源、光学系统和控制系统。了解激光熔覆所需的不同材料，包括金属合金、陶瓷等，为合理选择设备和材料提供依据。激光熔覆工艺，掌握激光熔覆的整体工艺流程，包括预处理、参数设定、熔覆过程控制等。深入了解如何通过优化工艺参数，提高熔覆质量、效率和精度。选区激光熔化，了解选区激光熔化相对于传统熔覆技术的独特之处，重点关注其原理和应用。通过对比分析，理解选区激光熔化在零部件修复和快速制造领域的优势。激光熔覆的应用，包括汽车制造、航空航天、医疗器械等。了解该技术在提高材料性能、修复零部件和实现定制制造方面的实际应用案例。这一系列任务深入剖析了激光熔覆和选区激光熔化技术的方方面面，从基础原理到实际应用，使学员全面掌握这一先进制造技术，为未来在相关领域的研究和应用奠定了坚实的知识基础。传

思考练习

1. 解释激光熔覆的基本原理是什么？

2. 选择合适的激光熔覆材料对工艺有何影响？举例说明不同材料在激光熔覆中的应用场景。

3. 描述激光切割的工艺流程。

项目九　粉末冶金材料与技术应用

项 目 导 读

随着科技的不断发展，粉末冶金作为一种先进的材料制备技术，在多个领域展现出巨大的应用潜力。本项目将深入探讨粉末冶金的关键方面，包括材料概述、科学与技术应用，以及强韧化技术的原理与实际应用。通过系统学习这些内容，学员将全面了解粉末冶金领域的最新发展，为未来的工作和研究奠定坚实基础。

在项目的开篇，我们将全面介绍粉末冶金的基本概念和工艺流程。学员将了解粉末冶金的起源、发展历程以及其在材料制备中的优越性。同时，我们会深入探讨不同粉末冶金材料的特性，从金属粉末到陶瓷粉末，为后续学习打下扎实基础。任务二将着眼于粉末冶金的科学原理和广泛应用。我们将深入研究粉末的物理性质、粉末合金的形成机制等关键科学概念，并学习粉末冶金技术在工业制造、电子器件、航空航天等领域中的应用案例。这一部分将使学员更好地理解粉末冶金的实际意义和产业价值。最后，我们将深入研究粉末冶金材料的强韧化技术。学员将了解强韧化技术的基本原理，包括合金设计、热处理等关键技术，以及这些技术在提高材料性能和延长材料寿命方面的实际应用。这一环节旨在培养学员在材料改性方面的创新思维和实际操作能力。通过本项目，学员将获得全方位的粉末冶金知识，掌握先进的材料制备技术，为将来在相关领域的研究、生产和创新奠定坚实基础。同时，通过项目任务的设计，学员将培养团队协作和沟通技能，提升综合素养。愿这个项目为学员开启粉末冶金领域的知识之门，激发学术热情，引领未来的材料科学发展。

学 习 目 标

了解粉末冶金的起源、发展历程，以及其在现代材料科学中的重要性。了解粉末冶金的科学原理，包括粉末的物理性质和合金形成机制。了解粉末冶金材料强韧化技术的基本原理，包括合金设计、热处理等关键技术。理解粉末冶金的科学原理，包括粉末的微观结构、物理性质等。理解不同类型粉末冶金材料的制备工艺与特性。理解粉末冶金技术在多领域的广泛应用，包括工业制造、电子器件、航空航天等方面的具体案例。深入研究粉末冶金材料强韧化技术的机理和实施过程。掌握不同强韧化技术的优缺点，能够根据需求选择适用的强韧化策略。掌握粉末冶金的实际操作技能，包括制备、成型和烧结等工艺步骤。运用实际案例，掌握粉末冶金技术在不同领域的具体应用方法。在解决实际问题的过程中，能够综合运用所学粉末冶金科学与技术知识。能够设计并实施粉末冶金材料的强韧化技术，以提高材料性能。通过了解、理解和掌握上述学习目标，学员将在粉末冶金材料与技术应用项目中全面提升对该领域的认知水平，具备将理论知识转化为实际技能的能力。

思 政 之 窗

粉末冶金材料与技术应用项目不仅是一次专业技术学习，更是一扇引领思想深化的窗口。通过深入研究粉末冶金的材料概述、科学与技术应用，以及强韧化技术及其应用，我们不仅仅获取了关于新材料和先进技术的知识，更在思想和价值观方面得到了启迪。思考粉末冶金技术在现代社会中的可持续性和环境友好性。我们的科技发展应当如何与可持续发展理念相协调，以促进社会繁荣而不损害生态平衡？考虑粉末冶金技术的广泛应用对社会产生的影响，包括对产业结构、就业和资源利用的影响。我们在科技发展中承担社会责任，确保科技的发展是全面促进人类福祉的。通过了解粉末冶金科学与技术应用的实例，思考科技创新对社会的变革。在项目的学习中，着眼于团队协作与共同发展的理念。粉末冶金不仅仅是一项个人技术的学习，更是团队在协同合作中实现共同目标的过程。强调技术伦理在粉末冶金材料与技术应用中的重要性。在追求技术创新的同时，我们如何充分考虑技术带来的伦理和人文关怀，确保科技的发展符合人类的共同价值观？通过这扇思政之窗，我们不仅深入了解了粉末冶金技术的实际应用，更拓宽了我们对科技发展与社会互动的思考。科技是一种力量，而我们在学习技术的同时，更要注重培养对社会、对环境、对人类未来发展的关怀和责任。希望这个项目为学员提供更多思考的空间，引领他们在科技领域中成为具有社会责任感和人文关怀的领军人才。

任务一　粉末冶金材料概述

一、铁基粉末冶金材料

铁基粉末冶金材料是一类重要而广泛应用的材料，通过精密的制备工艺将铁粉末进行混合、成型、烧结等过程，形成各种具有特定性能的零部件。这类材料在工业领域中发挥着关键作用，不仅应用于传统的制造业，如汽车和机械制造，还在不断涌现的领域如新能源、电子等方面展现其巨大潜力。铁粉末是铁基粉末冶金的基础，其制备过程通常包括机械研磨、气雾化等方法，以获得微细均匀的粉末颗粒。这一步骤的精密程度直接影响最终材料的性能，确保了后续工艺的高效进行。铁基粉末的选择取决于具体应用的要求，可以是纯铁粉或与其他元素形成合金的粉末。混合是将铁粉末与其他合金元素进行混合的过程，以调控最终合金的成分。不同的合金元素可以赋予铁基粉末冶金材料更多的特性，如强度、硬度、耐腐蚀性等。这一过程需要高度的精确控制，以确保合金成分的均匀性，使得最终材料具有稳定的性能。成型阶段是将混合后的粉末通过压缩形成所需形状的关键步骤。通过冷压、热压、注射成型等技术，铁基粉末得以紧密结合，形成初步的零件。这一步骤的精度和稳定性直接关系到最终零件的质量，尤其在要求较高的工业领域中，如汽车制造。烧结是粉末冶金过程中不可或缺的环节，通过高温处理使得粉末颗粒结合在一起，形成致密的结构。对于铁基粉末冶金材料而言，烧结过程不仅有助于颗粒的结合，还能够改善材料的机械性能和耐磨性。这一步骤的控制对于材料的最终性能至关重要。除了基本的工艺步骤外，铁基粉末冶金材料的热处理过程也是不可忽视的。通过淬火、回火等热处理工艺，可以调控铁基粉末冶金材料的硬度、韧性等性能，使其更好地适应各种使用环境。铁基粉末冶金材料在工业应用中具有广泛的应用，其中之一是汽车制造。在汽车零部件中，铁基粉末冶金材料被广泛应用于发动机零部件、传动系统零件等。这得益于铁基粉末冶金材料具有良好的机械性能、磁性能以及成本效益的优势。铁基粉末冶金材料还在电气、电子领域发挥着关键作用。电磁铁、电感、传感器等电子元件中常使用铁基粉末冶金材料，其具有良好的导磁性和导电性，适用于各种电气应用。在可再生能源领域，铁基粉末冶金材料也发挥了关键作用。在风力发电领域，用于制造风力发电机的磁性材料中，铁基粉末冶金材料是重要的选择。铁基粉末冶金材料凭借其高效、精密的制备工艺以及优越的性能，广泛应用于多个工业领域。在不断的技术创新和发展中，铁基粉末冶金材料有望在更多领域展现其独特的优势，为工业制造带来更多可能性。

二、铝基粉末冶金材料

铝基粉末冶金材料是一类在现代工业中广泛应用的重要材料，其制备过程涉及铝粉末的制备、混合、成型、烧结等关键步骤。这类材料以铝为基础，通过混合其他合金元素，形成具有优异性能的合金，适用于多个领域，如航空航天、汽车制造、电子和可再生能源等。铝粉末的制备是铝基粉末冶金的起始步骤，通常采用机械研磨、气雾化等方法，以获得微细均匀的铝粉末颗粒。这一步骤的质量和精密度对后续的工艺步骤至关重要，确保最终合金具有稳定的性能。混合是将铝粉末与其他合金元素进行混合的过程，以调控最终合金的成分。通过添加元素如铜、锌、镁等，铝基粉末冶金材料可以获得更丰富的性能，如提高强度、硬度、耐腐蚀性等。这一步骤需要高度的工艺控制，确保合金成分的均匀性，从而获得最佳的性能。成型阶段是将混合后的粉末通过压缩形成所需形状的关键步骤。采用冷压、热压、注射成型等技术，铝基粉末得以紧密结合，形成初步的零部件。成型的精度和稳定性直接关系到最终零件的质量，特别是在要求较高的航空航天领域。烧结是粉末冶金过程中不可或缺的环节，通过高温处理使得粉末颗粒结合在一起，形成致密的结构。铝基粉末冶金材料的烧结过程不仅有助于颗粒的结合，还能够改善材料的机械性能和耐腐蚀性。这一步骤的控制对于材料的最终性能至关重要。铝基粉末冶金材料在热处理过程中也经常受到关注。通过淬火、回火等热处理工艺，可以调控铝基粉末冶金材料的硬度、韧性等性能，使其更好地适应各种使用环境。铝基粉末冶金材料在航空航天领域具有重要地位。在航空工程中，铝基粉末冶金材料广泛用于制造飞机结构件，如机身、翼面等。其优越的轻质高强性能使其成为航空领域理想的结构材料。在汽车制造领域，铝基粉末冶金材料也发挥着关键作用。由于其轻量化、高强度、良好的成型性能，铝基粉末冶金材料被广泛应用于汽车车身、发动机零部件等，有助于提高燃油效率和减轻车辆重量。电子领域也是铝基粉末冶金材料的重要应用领域。在电器和电子器件中，铝基粉末冶金材料用于制造导热件、散热片等部件，其导热性能优越，有助于保持设备的稳定性能。可再生能源领域，铝基粉末冶金材料在制造风力发电设备中发挥着关键作用。在风力发电机的制造中，铝基粉末冶金材料常用于制造轻量化的发电机部件，提高风力发电设备的效率。铝基粉末冶金材料以其轻质高强、导热性好等优异特性，在多个工业领域得到了广泛应用。随着技术的不断进步，铝基粉末冶金材料有望在更多领域展现其独特的优势，推动工业制造向着更高效、更环保的方向发展。

三、钛基粉末冶金材料

钛基粉末冶金材料是一类在现代工业中备受关注的重要材料，其制备过程包括钛粉末的制备、混合、成型、烧结等关键步骤。作为一种轻量、高强度、耐腐蚀的金属材料，钛基粉末冶金材料在航空航天、医疗器械、化工等领域展现出巨大的应用潜力。钛粉末的制备是钛基粉末冶金的关键步骤之一。通常采用气雾化、机械研磨等技术，将钛原料加工成微细的粉末颗粒。这一步骤的精密度直接关系到后续工艺的顺利进行，确保最终材料的质量和性能。混合是将钛粉末与其他合金元素进行混合的过程，以调控最终合金的成分。通过添加元素如铝、铜、镁等，钛基粉末冶金材料可以获得更加优越的性能，如提高强度、改善机械性能等。混合的精确度对最终材料的性能具有直接影响。成型阶段是将混合后的粉末通过压缩形成所需形状的重要步骤。采用冷压、热压、注射成型等技术，将钛基粉末成型为初步的零部件。成型的准确性和稳定性直接关系到最终零件的质量和性能。烧结是粉末冶金过程中不可或缺的环节，通过高温处理使得粉末颗粒结合在一起，形成致密的结构。对于钛基粉末冶金材料而言，烧结过程不仅有助于颗粒的结合，还能够改善材料的机械性能和耐腐蚀性。这一步骤的控制对于材料的最终性能至关重要。钛基粉末冶金材料在热处理过程中也经常受到关注。通过淬火、回火等热处理工艺，可以调控钛基粉末冶金材料的硬度、韧性等性能，使其更好地适应各种使用环境。航空航天领域是钛基粉末冶金材料的重要应用领域之一。由于其轻量化、高强度、耐腐蚀性等特性，钛基粉末冶金材料广泛应用于制造飞机结构、发动机零部件等，有助于提高航空器性能。在医疗器械领域，钛基粉末冶金材料也得到了广泛应用。由于其良好的生物相容性和抗腐蚀性，钛基粉末冶金材料常用于制造人工关节、牙科植入物等医疗器械，为患者提供可靠的治疗方案。化工领域也是钛基粉末冶金材料的重要市场。其抗腐蚀性能使其成为耐腐蚀设备的理想材料，用于制造反应器、换热器等设备，提高了化工工艺的稳定性和可靠性。钛基粉末冶金材料以其独特的物理和化学性能，为多个领域提供了高性能、高可靠性的解决方案。随着科技的不断进步，钛基粉末冶金材料将在更多领域展现其潜力，推动工业制造向着更先进、更可持续的方向迈进。

四、镍基粉末冶金材料

镍基粉末冶金材料是一类在现代工业中备受瞩目的关键材料，其制备过程涵盖了镍粉末的制备、混合、成型、烧结等关键步骤。作为一种高温合金，镍基粉末冶金材料以其卓越的高温稳定性、耐腐蚀性和机械性能，在航空航天、能源、化工等领域展现出重要的应用潜力。镍粉末的制备是镍基粉末冶金制程的初始步骤。常见的制备方法包括气雾化、机械研磨等，以获取微细而均匀的镍粉末颗粒。这一步骤的高精密度直接关系到后续工艺步骤的成功进行，确保最终材料具有卓越的性能和质量。混合是将镍粉末与其他合金元素进行混合的关键步骤，以调控最终合金的成分。通过添加元素如铬、钼、钛等，镍基粉末冶金材料可以获得更优越的高温稳定性、耐腐蚀性以及机械性能。混合的过程需要高度的工艺控制，以确保合金成分的均匀性，从而赋予最终材料理想的性能。成型阶段是将混合后的粉末通过压缩形成所需形状的关键步骤。通过冷压、热压、注射成型等技术，将镍基粉末成型为初步的零部件。成型的准确性和稳定性直接关系到最终零件的质量，特别在高要求的航空航天领域。烧结是粉末冶金过程中不可或缺的环节，通过高温处理使得粉末颗粒结合在一起，形成致密的结构。对于镍基粉末冶金材料而言，烧结过程有助于提高材料的机械性能和耐热性。这一步骤的控制对于材料的最终性能至关重要。热处理是镍基粉末冶金材料制备的关键一环，通过淬火、回火等热处理工艺，可以调控材料的硬度、韧性等性能，使其更好地适应高温、高压等极端工作环境。镍基粉末冶金材料在航空航天领域占有重要地位。由于其卓越的高温性能，镍基高温合金广泛用于制造航空发动机的关键零部件，如涡轮叶片、燃烧室等，以确保引擎在高温高压环境下的可靠运行。在能源领域，镍基粉末冶金材料也发挥着重要作用。在火电厂、核电站等能源设备中，镍基粉末冶金材料常用于制造叶片、管道等受高温高压影响较大的部件。化工领域是镍基粉末冶金材料的另一个重要应用领域。其耐腐蚀性能使其成为制造化工设备的理想材料，用于制造反应器、换热器等关键设备，提高了化工工艺的稳定性和可靠性。镍基粉末冶金材料以其在高温、腐蚀等极端环境下的出色性能，为多个领域提供了高性能、高可靠性的解决方案。随着科技的不断进步，镍基粉末冶金材料有望在更广泛的应用领域展现其独特优势，推动工业制造向着更先进、更可持续的方向发展。

五、铜基粉末冶金材料

铜基粉末冶金材料是一类在工业领域中具有广泛应用的重要材料，其制备过程包括铜粉末的制备、混合、成型、烧结等关键步骤。作为一种优良的导电材料和导热材料，铜基粉末冶金材料在电子、电气、汽车、航空航天等领域展现出卓越的性能和应用前景。铜粉末的制备是铜基粉末冶金的关键环节之一。采用气雾化、机械研磨等技术，将铜原料加工成细小均匀的粉末颗粒。这一步骤的精密度直接关系到后续工艺步骤的进行，确保最终材料具有良好的导电性和导热性。混合是将铜粉末与其他合金元素进行混合的关键步骤，以调控最终合金的成分。通过添加元素如锡、铝等，铜基粉末冶金材料可以获得更优越的性能，如提高强度、硬度、耐腐蚀性等。混合的过程需要高度的工艺控制，确保合金成分的均匀性，从而赋予最终材料理想的性能。成型阶段是将混合后的粉末通过压缩形成所需形状的关键步骤。通过冷压、热压、注射成型等技术，将铜基粉末成型为初步的零部件。成型的准确性和稳定性直接关系到最终零件的质量，特别在对导电性要求较高的电子领域。烧结是粉末冶金过程中不可或缺的环节，通过高温处理使得粉末颗粒结合在一起，形成致密的结构。对于铜基粉末冶金材料而言，烧结过程不仅有助于颗粒的结合，还能够改善材料的机械性能和导电性。这一步骤的控制对于材料的最终性能至关重要。除了基本的工艺步骤外，铜基粉末冶金材料的热处理过程也是不可忽视的。通过淬火、回火等热处理工艺，可以调控铜基粉末冶金材料的硬度、韧性等性能，使其更好地适应各种使用环境。铜基粉末冶金材料在电子领域发挥着重要作用。在电器和电子器件中，铜基粉末冶金材料广泛用于制造导电件、连接器、散热器等部件，其优异的导电性能为电子设备的稳定运行提供了有力支持。在电气领域，铜基粉末冶金材料被广泛应用于电缆、电极等制品的制造。其导电性能和导热性能的优势使其成为电气领域中理想的材料选择。在汽车制造领域，铜基粉末冶金材料同样具有显著的应用潜力。在制动系统、发动机零部件等方面，铜基粉末冶金材料的高导热性和耐磨性使其成为理想的材料选项。铜基粉末冶金材料以其优越的导电性、导热性和机械性能，在多个领域发挥着重要作用。随着技术的不断进步，铜基粉末冶金材料有望在更多领域展现其独特的优势，推动工业制造向着更高效、更可持续的方向迈进。

六、钴基粉末冶金材料

钴基粉末冶金材料是一类在现代工业中备受瞩目的关键材料，其制备过程包括钴粉末的制备、混合、成型、烧结等关键步骤。作为一种耐高温、抗腐蚀、高强度的合金材料，钴基粉末冶金材料在航空航天、医疗、能源等领域展现出卓越的性能和广泛的应用前景。钴粉末的制备是钴基粉末冶金的初始环节。采用气雾化、机械研磨等技术，将钴原料处理成微细均匀的粉末颗粒。这一步骤的制备质量直接关系到后续工艺步骤的进行，确保最终材料具有出色的性能和质量。混合是将钴粉末与其他合金元素进行混合的关键步骤，以调控最终合金的成分。通过添加元素如铬、镍、钛等，钴基粉末冶金材料可以获得更为卓越的高温稳定性、耐腐蚀性和机械性能。混合过程需要高度的工艺控制，确保合金成分的均匀性，为最终材料赋予理想的性能。成型阶段是将混合后的粉末通过压缩形成所需形状的关键步骤。采用冷压、热压、注射成型等技术，将钴基粉末成型为初步的零部件。成型的准确性和稳定性直接关系到最终零件的质量，特别是在高要求的航空航天领域。烧结是粉末冶金过程中不可或缺的环节，通过高温处理使得粉末颗粒结合在一起，形成致密的结构。对于钴基粉末冶金材料而言，烧结过程不仅有助于颗粒的结合，还能够改善材料的机械性能和高温稳定性。这一步骤的控制对于材料的最终性能至关重要。热处理是钴基粉末冶金材料制备的关键环节之一，通过淬火、回火等热处理工艺，可以调控材料的硬度、韧性等性能，使其更好地适应高温、高压等苛刻的工作环境。航空航天领域是钴基粉末冶金材料的主要应用领域之一。由于其卓越的高温稳定性和耐腐蚀性，钴基高温合金广泛用于制造发动机零部件、涡轮叶片等关键部件，以确保飞机在极端条件下的安全运行。在医疗领域，钴基粉末冶金材料也发挥着重要作用。由于其生物相容性和优异的耐腐蚀性，钴基粉末冶金材料常用于制造人工关节、植入器械等医疗器械，为患者提供可靠的治疗方案。能源领域同样是钴基粉末冶金材料的重要应用领域。在核能领域，钴基粉末冶金材料被用于制造核反应堆零部件，其高温稳定性和辐射抗性使其成为核能应用中的理想材料。钴基粉末冶金材料以其高温稳定性、抗腐蚀性和高强度等卓越性能，为多个领域提供了高性能、高可靠性的解决方案。随着科技的不断进步，钴基粉末冶金材料有望在更广泛的应用领域展现其独特的优势，推动工业制造向着更先进、更可持续的方向迈进。

七、硬质合金粉末

硬质合金粉末是一类在工业领域中广泛应用的重要材料，其制备过程包括原料选择、混合、压制、烧结等关键步骤。硬质合金粉末以其高硬度、优异的耐磨性和高温稳定性，在金属切削、采矿、油田钻井等领域展现出卓越的性能和广泛的应用前景。硬质合金粉末的原料选择是影响最终产品性能的关键因素之一。常见的硬质合金成分包括钨（W）、钴（Co）等。通过选择合适的原料成分和比例，可以调控硬质合金的硬度、韧性等性能，以满足不同工业应用的需求。混合是将原料粉末进行均匀混合的重要步骤。通过采用球磨、干燥等工艺，确保硬质合金粉末中各种元素均匀分散，从而提高最终产品的均匀性和稳定性。压制是将混合后的硬质合金粉末通过高压成型成所需形状的关键步骤。采用冷压、等静压等技术，确保硬质合金粉末具有足够的强度和致密度。压制的过程需要高度的工艺控制，以确保最终产品的质量。烧结是硬质合金粉末制备中不可或缺的环节，通过高温处理使得粉末颗粒结合在一起，形成致密的硬质合金。烧结过程中，钨和钴元素相互扩散，形成坚固的金属结合相，赋予硬质合金出色的硬度和耐磨性。烧结的控制对于最终硬质合金的性能至关重要。硬质合金粉末广泛应用于金属切削工具的制造。硬质合金刀具因其高硬度、优异的耐磨性，被广泛用于车削、铣削、钻孔等金属加工过程，提高了工具的耐用性和加工效率。在采矿工业中，硬质合金粉末常用于制造岩钻头、钻杆等工具。这些工具因其在复杂岩石中的耐磨性和高强度，在地质勘探、矿山开采等领域发挥了重要作用。油田钻井是另一个硬质合金粉末应用的重要领域。硬质合金钻头因其在高温、高压油井环境下的稳定性和耐磨性，被广泛用于油井勘探和开发过程中。在汽车制造领域，硬质合金粉末也用于制造刹车片、离合器片等零部件。其高硬度和耐磨性使得这些零部件具有更长的使用寿命和更好的性能。硬质合金粉末在医疗领域也发挥着关键作用，用于制造手术刀片、牙科钻头等医疗器械。硬质合金器械因其尖锐度和耐磨性，在手术和牙科治疗中得到了广泛应用。硬质合金粉末以其卓越的硬度、耐磨性和高温稳定性，为多个领域提供了高性能、高可靠性的解决方案。随着技术的不断进步，硬质合金粉末有望在更广泛的应用领域展现其独特的优势，推动工业制造向着更先进、更可持续的方向发展。

任务二　粉末冶金科学与技术应用

一、粉末制备技术的应用

粉末冶金科学与技术在工业应用中具有广泛的影响，其中粉末制备技术是粉末冶金的关键环节之一。粉末制备技术主要包括气相法、液相法、固相法等多种方法，其应用涵盖了航空航天、汽车制造、电子工业等多个领域。气相法是一种常用于精密制备金属粉末的技术。通过将金属或合金原料加热至气化温度，然后在气氛中冷凝形成微细的粉末颗粒。这种方法制备的金属粉末颗粒均匀，粒径可控，广泛应用于高科技领域，如航空航天中的先进合金材料制备。液相法是通过将金属或合金溶解于适当的溶剂中，然后通过化学反应或其他手段使溶液中的金属析出为粉末颗粒。这种方法能够制备出精细、均匀的金属粉末，适用于需要高纯度和特殊形状的应用，如电子行业中的导电材料生产。固相法是通过机械力或热力将金属块或合金块处理成粉末颗粒。这种方法制备的粉末颗粒形状多样，可适应不同工业领域的需要。在汽车制造中，固相法制备的金属粉末常用于制造高强度、轻量化的零部件。粉末冶金技术的应用不仅体现在金属领域，还广泛涉及陶瓷和塑料等材料。通过粉末制备技术，陶瓷颗粒可以以精确的尺寸和形状被制备出来，用于制造高性能的陶瓷制品，如刀具、陶瓷轴承等。在塑料工业中，通过将塑料原料制备成粉末，可以更好地实现塑料的成型和加工，提高制品的质量和性能。此外，粉末冶金技术的应用还拓展到了新兴领域，如增材制造（3D 打印）。通过将金属或陶瓷粉末精确地沉积层叠，可以直接制造出具有复杂结构的零部件，为定制化生产和轻量化设计提供了新的可能性。在航空航天领域，粉末冶金技术被广泛应用于制备高强度、高温稳定性的金属合金零部件。通过合金化和精密制备技术，粉末冶金材料在航空发动机、航天器结构等方面取得了显著的突破，提高了材料性能和整体系统的可靠性。电子工业是另一个粉末冶金技术应用的重要领域。通过粉末制备技术，可以生产出微米级别的金属和陶瓷粉末，用于制造电子元器件、电路板连接材料等。这些材料不仅具有优异的导电性能，还能够满足电子产品对精密度和高性能的要求。粉末冶金科学与技术在粉末制备技术的应用方面不断创新，为各个领域提供了高性能、高可靠性的材料解决方案。随着技术的不断进步，粉末冶金将继续推动工业制造向更高效、更可持续的方向迈进。

二、粉末成型技术的应用

粉末冶金科学与技术的一个重要应用领域是粉末成型技术，这一技术通过将粉末材料进行成型，制备出各种形状的零部件和产品。粉末成型技术的应用广泛涉及到汽车制造、医疗器械、电子设备等多个工业领域。粉末冶金的粉末成型技术在汽车制造领域发挥着关键作用。通过采用注射成型、压铸成型等技术，可以将金属粉末成型为复杂形状的零部件，如发动机零件、制动系统组件等。这些零部件具有高强度、轻量化的特点，有助于提升汽车性能和燃油效率。医疗器械领域是粉末冶金粉末成型技术的另一重要应用领域。通过采用金属粉末成型技术，可以制备出精密的医疗器械零部件，如人工关节、牙科种植体等。这些零部件具有高度的生物相容性和精准的形状，为医疗领域提供了可靠的解决方案。在电子设备制造领域，粉末冶金粉末成型技术同样发挥着关键作用。采用注射成型、压铸成型等技术，可以制备出微小而复杂的金属零件，如连接器、散热器等。这些零部件在电子设备中具有重要的功能，对设备性能和稳定性产生深远影响。粉末成型技术还在航空航天领域得到广泛应用。通过采用注射成型、热等静压成型等技术，可以制备出高温合金零部件，如涡轮叶片、航空发动机零件等。这些零部件对于航空航天领域的高性能要求至关重要。粉末成型技术的一大优势在于能够实现复杂形状和精密尺寸的制造，而传统的加工方法往往难以达到这一水平。通过控制粉末的颗粒大小、形状以及成型工艺，可以精准地调控最终产品的性能。这使得粉末成型技术在各个工业领域都能够提供高度定制化的解决方案。随着粉末冶金技术的不断发展，粉末成型技术也在不断创新和完善。先进的成型技术，如激光烧结、电子束熔化成型等，进一步提高了成型精度和生产效率。这些创新技术为粉末成型技术的应用开辟了更广阔的前景，推动了工业制造向着高效、精密、可持续的方向发展。粉末冶金科学与技术中的粉末成型技术在工业应用中发挥着重要作用，为各个领域提供了高性能、高可靠性的精密制造解决方案。随着技术的不断进步，粉末成型技术有望在更多领域展现其独特优势，推动工业制造迈向更加智能、高效的未来。

三、粉末注射成型技术的应用

粉末冶金科学与技术的一个重要应用领域是粉末成型技术，这一技术通过将粉末材料进行成型，制备出各种形状的零部件和产品。粉末成型技术的应用广泛涉及到汽车制造、医疗器械、电子设备等多个工业领域。粉末冶金的粉末成型技术在汽车制造领域发挥着关键作用。通过采用注射成型、压铸成型等技术，可以将金属粉末成型为复杂形状的零部件，如发动机零件、制动系统组件等。这些零部件具有高强度、轻量化的特点，有助于提升汽车性能和燃油效率。医疗器械领域是粉末冶金粉末成型技术的另一重要应用领域。通过采用金属粉末成型技术，可以制备出精密的医疗器械零部件，如人工关节、牙科种植体等。这些零部件具有高度的生物相容性和精准的形状，为医疗领域提供了可靠的解决方案。在电子设备制造领域，粉末冶金粉末成型技术同样发挥着关键作用。采用注射成型、压铸成型等技术，可以制备出微小而复杂的金属零件，如连接器、散热器等。这些零部件在电子设备中具有重要的功能，对设备性能和稳定性产生深远影响。粉末成型技术还在航空航天领域得到广泛应用。通过采用注射成型、热等静压成型等技术，可以制备出高温合金零部件，如涡轮叶片、航空发动机零件等。这些零部件对于航空航天领域的高性能要求至关重要。粉末成型技术的一大优势在于能够实现复杂形状和精密尺寸的制造，而传统的加工方法往往难以达到这一水平。通过控制粉末的颗粒大小、形状以及成型工艺，可以精准地调控最终产品的性能。这使得粉末成型技术在各个工业领域都能够提供高度定制化的解决方案。随着粉末冶金技术的不断发展，粉末成型技术也在不断创新和完善。先进的成型技术，如激光烧结、电子束熔化成型等，进一步提高了成型精度和生产效率。这些创新技术为粉末成型技术的应用开辟了更广阔的前景，推动了工业制造向着高效、精密、可持续的方向发展。粉末冶金科学与技术中的粉末成型技术在工业应用中发挥着重要作用，为各个领域提供了高性能、高可靠性的精密制造解决方案。随着技术的不断进步，粉末成型技术有望在更多领域展现其独特优势，推动工业制造迈向更加智能、高效的未来。

任务三　粉末冶金材料强韧化技术及应用

一、晶粒细化应用

晶粒细化是粉末冶金材料强韧化技术中的一项关键手段，通过控制晶粒的尺寸和形貌，可以显著提高材料的塑性和韧性。在晶粒细化技术的应用方面，涉及到材料制备、烧结工艺和性能调控等多个领域。晶粒细化是粉末冶金材料强韧化技术中的一项重要策略，通过控制晶粒的尺寸和形貌，有效改善材料的力学性能，提高其塑性和韧性，从而满足不同领域对高性能材料的需求。在粉末冶金材料的制备中，晶粒细化技术已经成为实现强韧化的核心手段之一。晶粒细化技术在粉末制备阶段发挥了关键作用。通过采用先进的粉末制备方法，如机械合金化、球磨法等，可以在初步阶段实现对原始粉末的晶粒细化。机械合金化通过高能球磨设备，使粉末在高速碰撞的过程中发生塑性变形和热变形，从而实现了晶粒尺寸的减小。这一阶段的晶粒细化为后续的烧结工艺奠定了基础，为材料强韧性的提升打下了坚实的基础。晶粒细化在粉末冶金材料的烧结工艺中得到广泛应用。在烧结过程中，通过合理控制温度、时间和气氛等因素，可以实现对晶粒的再次细化。特别是采用快速烧结技术，如等离子烧结、微波烧结等，可以有效地减小晶粒尺寸，提高材料的致密性和均匀性。这种烧结过程中的晶粒细化，使得材料具有更高的塑性，更为均匀的晶界分布有助于提高材料的抗裂纹传播能力，进一步增强了材料的韧性。在材料的性能调控方面，晶粒细化技术也发挥了重要作用。通过合适的合金设计和添加强化相等手段，可以实现在晶界或晶内形成纳米级别的颗粒，进一步提高了材料的硬度和强度。这种晶内强化机制对于阻止裂纹扩展、提高材料的屈服强度具有显著效果。通过晶粒细化技术，可以精密调控材料的微观结构，使其具备更优异的综合性能。晶粒细化技术的应用不仅限于传统的金属材料，也在陶瓷、复合材料等多种粉末冶金材料中得到广泛运用。在高温合金、硬质合金、陶瓷复合材料等领域，晶粒细化技术为材料的优化设计提供了新的思路。这一技术的成功应用，不仅推动了粉末冶金领域的发展，也为工程应用中对高性能、高韧性材料的需求提供了有力支持。晶粒细化技术在粉末冶金材料强韧化中发挥着不可替代的作用，为材料设计和制备提供了重要手段。通过探索更先进的制备方法、烧结工艺和性能调控策略，晶粒细化技术将继续为未来高性能、高韧性粉末冶金材料的研发提供新的可能性。

二、合金元素调配应用

合金元素调配是粉末冶金材料强韧化技术中的关键策略之一，通过合理选择和调配不同的合金元素，可以显著改善材料的力学性能、耐腐蚀性和高温稳定性。这一技术在航空航天、汽车制造、能源领域等多个工业应用中展现了广泛的应用前景。合金元素调配技术在航空航天领域发挥着重要作用。通过引入适量的强化元素，如钛（Ti）、铌（Nb）等，可以提高金属材料的强度和硬度，同时保持良好的塑性。这对于制造航空航天用途的结构部件、发动机零件等关键部件至关重要，提高了材料在极端条件下的性能。汽车制造是另一个合金元素调配技术应用广泛的领域。通过合金元素调配，可以调整金属材料的组织结构，改善其耐疲劳性、抗冲击性和耐腐蚀性。例如，添加锰（Mn）、铬（Cr）等元素可以提高钢材的强度和耐久性，使汽车零部件更具可靠性和耐用性。在能源领域，合金元素调配技术同样发挥着关键作用。通过合金化，可以改善金属材料的导电性、热导性等性能，使其更适用于能源设备的制造。合金元素调配技术在太阳能电池、核能设备等领域的应用为能源产业的发展提供了有力支持。在粉末冶金材料的制备中，通过合金元素调配，可以实现对材料性能的定制化。通过控制合金元素的含量和比例，可以调整材料的硬度、强度、韧性等关键性能，以适应不同工业应用的需求。这为粉末冶金材料提供了更多的设计灵活性和应用广度。合金元素调配技术不仅应用于金属材料，还涉及到陶瓷、复合材料等多种材料体系。通过在陶瓷中引入适当的合金元素，可以改善其机械性能，拓展了陶瓷在高温、高压等极端条件下的应用范围。在复合材料中，通过调配合金元素，可以改善基体与增强相之间的界面结合，提高复合材料的综合性能。合金元素调配技术的优势在于能够实现多元素的协同效应，通过合理搭配元素，达到对材料性能全面提升的目的。此外，通过先进的计算模拟和实验手段，可以更精确地设计合金元素的调配方案，进一步优化材料性能。在合金元素调配技术的研究中，对合金元素在材料微观结构中的相互作用和扩散行为进行深入研究，有助于更好地理解合金元素对材料性能的影响。这种深入的认识为粉末冶金材料的合金设计提供了更加科学和精准的指导，推动了材料科学领域的不断创新。合金元素调配技术在粉末冶金材料强韧化中起到了至关重要的作用。通过合理选择和调配合金元素，可以优化材料的性能，满足不同工业领域对材料性能的多样化需求。随着对合金元素调配机理的深入研究和技术手段的不断提升，这一技术有望在未来更广泛地推动粉末冶金材料的发展和应用。

三、添加强化相应用

添加强化相是粉末冶金材料强韧化技术中的关键策略之一，通过在基体材料中引入具有高强度和硬度的强化相，有效地提升材料整体性能。这一技术在航空航天、汽车制造、能源领域等多个工业应用中展现了广泛的应用前景。航空航天领域是添加强化相技术得到广泛应用的领域之一。通过在金属基体中引入微米级或纳米级的强化相，如碳纳米管、氧化物颗粒等，可以显著提升材料的强度、硬度和抗疲劳性。这对于航空器的结构零件、航天器的制造等关键领域至关重要，提高了材料在极端条件下的性能，增强了整体结构的耐久性和可靠性。在汽车制造领域，添加强化相技术同样发挥了重要作用。通过在金属基体中引入微观颗粒或纤维状的强化相，可以有效提高汽车零部件的强度、硬度和耐磨性。例如，采用碳纤维强化的复合材料可以用于制造轻量化的车身结构，提高燃油效率和整体性能。这种技术在汽车工业中的应用，为制造更安全、更节能的汽车提供了可行的解决方案。在能源领域，添加强化相技术同样发挥了关键作用。在核能和化石能源领域，通过在结构材料中添加强化相，可以提高材料的辐射抗性和耐高温性能，从而更好地适应极端工作环境。同时，在新能源材料的研究中，添加强化相技术也为提高材料的电导率、热导率等关键性能提供了有效途径。粉末冶金材料的制备过程中，添加强化相的方式多种多样。其中一种常见的方法是机械合金化，通过高能球磨等方法，使强化相均匀分散在基体中，形成均匀的结构。另一种方法是在粉末冶金制备过程中直接添加预先制备好的强化相颗粒，实现对强化相含量和分布的精确控制。这些方法不仅适用于金属基体材料，还可应用于陶瓷、复合材料等多种材料体系。在添加强化相技术的研究中，强调强化相与基体之间的协同作用至关重要。合理设计和控制强化相的类型、形态、尺寸等参数，以及与基体的相容性，能够最大限度地发挥强化效果。此外，了解强化相在不同应力条件下的行为，对于精确预测和优化材料性能具有重要意义。在实际应用中，添加强化相技术的优势显而易见。它提供了一种有效的方法，通过增强材料的内在结构，提高材料的整体性能。由于强化相的引入通常能够在微观层面上加强材料，使其在局部区域具有更高的强度和硬度，从而提高了材料的抗疲劳性和抗冲击性。此外，添加强化相还有助于提高材料的高温稳定性和耐腐蚀性，使其更适用于苛刻的工作环境。在未来，添加强化相技术有望继续在粉末冶金材料的强韧化中发挥重要作用。通过深入研究强化相与基体之间的相互作用机制，以及引入新型强化相材料，可以进一步提高材料的性能，推动粉末冶金材料在各个领域的广泛应用。随着材料科学和工程领域的不断发展，添加强化相技术将为制造更先进、更可靠的材料打开新的可能性。

四、纳米结构材料应用

纳米结构材料是粉末冶金材料强韧化技术中的一项创新性策略，通过精确控制材料的结构尺寸在纳米尺度范围内，实现了材料性能的显著提升。这一技术在航空航天、汽车制造、电子工业等领域得到了广泛应用，为材料科学与工程领域带来了新的突破与发展。航空航天领域是纳米结构材料应用的重要领域之一。通过制备纳米结构的金属基材料，如纳米晶体合金或金属纳米复合材料，可以显著提高材料的强度、硬度和耐腐蚀性能。这对于飞行器结构零部件、发动机部件等关键组件的制造至关重要，提高了航空器在高强度、高温等极端条件下的性能和可靠性。在汽车制造领域，纳米结构材料的应用也展现出巨大潜力。通过引入纳米晶体、纳米颗粒等纳米结构元素，可以显著提升汽车零部件的强度、硬度和耐磨性。纳米结构技术在轻量化材料的研发中发挥了积极作用，提高了汽车燃油效率、降低了排放，并增强了汽车整体性能。在电子工业领域，纳米结构材料的应用为制造高性能电子器件提供了新的途径。纳米尺度的半导体材料、导电材料等具有优异的电子传输性能，有助于提高电子元器件的工作效率和稳定性。同时，纳米结构材料的独特性质还为电子器件的微型化和集成化提供了有力支持，推动了电子技术的不断创新。在纳米结构材料的制备中，采用的方法包括机械合金化、溶胶凝胶法、球磨法等。这些方法能够在材料内部形成纳米级晶粒或颗粒，从而使材料在微观结构上呈现出纳米尺度的特征。此外，通过先进的纳米技术手段，如原子层沉积、溅射沉积等，也能够实现对纳米结构的精确控制，确保材料具备所需的性能。纳米结构材料的独特性质主要源于其纳米尺度下的量子效应、表面效应等特征。在纳米晶体中，晶体晶界数量增加，导致晶体结构的重新排列，从而显著改变了材料的力学性能和电学性能。纳米结构还能够提高材料的界面活性，增加与外界的相互作用，进而改善材料的催化活性、光学性能等。纳米结构材料的应用还拓展到了能源领域。在太阳能电池、锂电池等能源设备中，采用纳米结构材料可以提高能源转换效率和储能性能。纳米结构技术为能源存储和转换领域带来了创新机会，有望解决传统材料在能源应用中的一些瓶颈问题。纳米结构材料的应用不仅局限于金属材料，还包括陶瓷、聚合物等多种材料体系。通过在这些材料中引入纳米结构元素，能够有效提升其性能，拓展其在不同领域的应用。例如，在陶瓷材料中引入纳米颗粒可以提高其韧性和抗磨损性，增强其在工程陶瓷领域的应用。纳米结构材料的应用在粉末冶金材料强韧化技术中具有巨大的潜力。通过精确控制材料的纳米结构，可以实现对材料性能的精细调控，拓展了材料在航空航天、汽车制造、电子工业、能源等领域的广泛应用。随着纳米技术的不断发展，纳米结构材料将在未来继续引领材料科学与工程的创新方向，为制造高性能、高可靠性材料开辟更为广阔的前景。

知识小结

在深入学习粉末冶金材料与技术应用项目的过程中，我们首先了解了粉末冶金的基础概念及制备工艺，涉及金属和陶瓷等多种粉末材料。通过对其应用领域的探讨，我们认识到粉末冶金技术的灵活性和多样性。随后，我们深入研究了粉末冶金的科学原理，包括粉末的物理性质和合金形成机制。同时，通过实际应用案例的分析，我们加深了对粉末冶金技术在工业制造、电子器件和航空航天等领域广泛应用的理解。最后，我们深入探讨了粉末冶金材料的强韧化技术，包括合金设计和热处理等关键技术。通过实例的详细解析，我们领会了强韧化技术如何优化材料性能，延长使用寿命，为各行业提供了先进的材料解决方案。这一项目的知识小结使我们对粉末冶金材料与技术应用有了全面而深入的认识。我们不仅掌握了粉末冶金的基础知识和科学原理，还深刻理解了其在现代工业和科技领域的重要性。这将为我们在未来的学术研究和实际工作中，提供坚实的理论基础和应用技能。

思考练习

1. 解释粉末冶金的基本概念，并简要描述其制备工艺中的主要步骤。

2. 比较金属粉末和陶瓷粉末在粉末冶金中的应用特点。
3. 选择一种强韧化技术，例如合金设计或热处理，深入分析其原理和操作步骤。

参考文献

[1] 谭亚宁，李宁，刘乐华等．粉末冶金 Ti-6Al-3Mo-1Zr 钛合金的组织和力学性能［J/OL］．中国有色金属学报，1-18［2024-01-12］．

[2] 林小辉，薛建嵘，高选乔等．粉末冶金 Mo-Re 合金微观组织及高温拉伸性能［J］．粉末冶金技术，2023，41（06）：516-522.

[3] 徐忠庆．粉末冶金机械零件制造工艺及应用探析——评《粉末冶金机械零件实用技术》［J］．中国有色冶金，2023，52（05）：162.

[4] 李沛勇．粉末冶金制备碳纳米管增强金属基复合材料：进展和挑战［J］．航空制造技术，2023，66（18）：14-35.

[5] 杨芳，李延丽，申承秀等．钛及钛合金粉末制备与成形工艺研究进展［J］．粉末冶金技术，2023，41（04）：330-337.

[6] 杨梦想，黄朋朋，史思阳等．致密化工艺对粉末冶金 6061 铝合金组织和性能的影响［J］．粉末冶金工业，2023，33（03）：30-37.

[7] 宋婷婷．粉末冶金材料的热处理工艺探究［J］．中国金属通报，2022，（12）：13-15.

[8] 刘少尊，车洪艳，李欧等．淬火工艺对粉末冶金高碳高铬模具钢组织与性能影响［J］．热加工工艺，2022，51（20）：137-141.

[9] 马磊，付朝强．激光焊接技术的应用研究进展［J］．模具制造，2023，23（11）：157-159.

[10] 张继东，原阳．高强度激光-电弧复合焊接技术在船体焊接中的性能研究［J］．中国水运（下半月），2023，23（11）：25-27.

[11] 冀佳．建筑电气设备铝合金壳体的焊接技术［J］．焊接技术，2023，52（10）：92-95.

[12] 淡书桥，王家胜．振动理论约束下激光焊接技术在不锈钢动力电池外壳中的应用［J］．电镀与精饰，2023，45（10）：46-52.

[13] 魏玉顺，马青军，武鹏博等．TC4 钛合金激光焊接技术研究进展［J］．电焊机，2023，53（08）：55-66.

[14] 胡可，雷家柳，江昆等．含铁冶金固废协同粉煤灰制备铁硅合金的热力学分析［J］．湖北理工学院学报，2022，38（01）：27-31.

[15] 宿庆利．富铁冶金渣玻璃陶瓷制备工艺分析及对策［J］．中国资源综合利用，2019，37（01）：56-58.

[16] 尚学文，崔潇潇，徐磊等．粉末粒度对钛合金闭式叶轮成形的影响［J/OL］．金属学报，1-12［2024-01-12］．

[17] 钟伟杰，焦东玲，邱万奇等．熔体温度和雾化压力对氩气雾化镍基高温合金粉末的影响［J］．材料导报，2023，37（10）：147-152.

[18] 乔永强，李任戈，李志禹等．数控激光切割机的加工原理及其结构组成分析［J］．中国设备工程，2023，(23)：72-74.

[19] 陈义新，裴守魁，银升超．高效切割工艺在钢板切割中的应用及展望［J］．煤矿机械，2023，44（12）：100-102.

[20] 周小彬，邹敬平，原慷等．选区激光熔化打印骨架结构组织研究［J］．有色金属工程，2021，11（06）：5-11.